鋼構造シリーズ 29

鋼構造物の長寿命化技術

土 木 学 会

Steel Structures Series 29

Longer Life Technology
of Steel Structure

Edited by

Sentaro Takagi

Subcommittee for Surveying Longer Life Technology
of Steel Structure

Published by
Committee on Steel Structures
Japan Society of Civil Engineers
Yotsuya 1-chome, Shinjyu-ku,
Tokyo, 160-0004 Japan

Mar, 2018

はじめに

　我が国においては，戦後復興から昭和39年に開催された東京オリンピック前後の高度経済成長期にかけて国内のニーズに応えるべく橋梁など道路施設，港湾施設，電力施設等の社会基盤施設の整備を集中的に行ってきました．これら短期間に数多く整備された種々の社会基盤施設は，建設後50年を経過する割合が急速に増加してきています．例えば，2017年の国土交通白書によると，建設年が明らかな施設を調べると2013年3月に道路橋（約40万か所）の内約18%，トンネル（約1万本）の内約20%，河川管理施設（約1万施設）の内約25%，港湾岸壁（約5千施設）の内約8%が，20年後の2033年には道路橋の約67%，トンネルの約50%，河川管理施設（水門等）の約64%，港湾岸壁の約58%が建設後50年を経過するとしています．このような状況において，地球環境の保全が叫ばれている昨今，いままでの限りある地球資源の消費に立脚した建設中心の消費型社会から，限りある資源を有効活用する循環型社会への転換が急務となっています．ここにあげた循環型社会への転換を進める施策の一つとして予防保全型管理の推進及び計画的な長寿命化対策の実施があります．

　このような現状を踏まえ，国内においては道路施設，河川施設，水道・下水道，港湾施設等の長寿命化に向けた種々の施策が全国的に展開されていますが，施設の長寿命化の本質を正しく捉えた点検・診断，計画の策定，計画実施に向けた設計，施工，維持管理を適切に行う手法は未だ確立されておりません．そこで，本小委員会では，これら課題を解決するため，鋼構造物を対象とした長寿命化のあり方，供用施設の現状を定量的に把握する点検・診断，実務に生かす設計法や施工技術，留意点などに関して提言することを目的として，産官学のメンバーによって長寿命化に関わる現状と課題，その解決策，将来への展望等を多方面から議論し，検討してきました．具体的な検討内容の第一として現状の分析があげられます．平成19年以降に国内で進められてきた「長寿命化修繕計画策定事業」等において行われてきた点検が適切に行われているかです．第二には，点検した結果を基に対象施設の現状を把握し，内在する機能や性能を客観的で工学的な考えによって評価・診断が行われ，対策に反映されているかです．第三には，予防保全型管理を適切に進めるためには，施設の実態と将来を正しく捉えた計画を策定し，世にある種々の維持，補修，補強対策を適切に選定され，効果的な施工が確実に行われているかです．ここに示した第一から第三までの検討項目について本小委員会では，これまで取り組んできた研究成果や多くの事例調査に基づいて分析し，効果的で誤りの無い点検及び診断技術は何か，構造物の劣化予測は工学的に可能か否か，長寿命化と補修・補強の差異，安全性，使用性及び耐久性を向上させる長寿命化対策とはどのような措置方法なのか等について幅広い議論を行ってきました．

　これまで示した検討，議論の本小委員会の成果として，国内で行われてきた目視による点検方法の改善，点検の法制度化及び民間資格の認定等の大きな流れの機会を創ったことがこれまでの成果としてあげられます．これは，学会としての公平・公正な立場による課題の抽出，定量的な分析，望ましい技術に向けた提言が実ったものと言えます．今回示す小委員会の報告書は，これまで曖昧であった「長寿命化」について供用期間中に生じる変状を予測し，期待する機能や性能を想定する期間において保有できるように対策する技術であると定義し，その詳細を示しています．「点検・調査・モニタリング」においては，先に述べた国内の流れを変えた点検精度の検証結果に基づき，効果的な点検，調査，モニタリング技術について概説しました．「劣化予測・診

断」では，鋼構造物の代表的な変状である腐食と亀裂にについて，既往の知見を整理するとともに工学的な劣化予測方法を含め基本的な考え方を整理しています．本委員会の『要』である「長寿命化技術」については，新たな考え方としてリスクマネジメント手法を導入し，「回避」，「軽減」，「転嫁」，「受容」に分類し，コスト，改善効果，効果の持続性などを考慮した工法選定や具体的な事例も示しています．さらに，国内で進められている構造物の長寿命化対策の代表的な事例を委員会終了後も含めて抽出し，対策を行った趣旨，工法詳細，結果等を対策工事の発注者である管理者から解説を加えています．

　以上が，本小委員会の成果及び今回新たに取りまとめた報告書の概要となります．社会基盤施設の急速な高齢化と安全性確保が喫緊の課題となっている現状において，既存の鋼構造物が保有している性能を定量的に評価し，その性能を向上させる多種多様な技術開発を行い，効率的・効果的な長寿命化対策が望ましい形で行われることを望むとともに，木小委員会の成果が，鋼構造物に携わる技術者だけでなく，社会基盤施設に関係する多くの技術者に少しでも役立ち，本成果を活用いただければこの上ない喜びと思っております．

　最後に，点検・診断の実態調査に多大なご理解とご協力いただいた浜松市，富山市の職員の方々，本小委員会活動及び報告書取り纏めに精力的にご支援ご協力いただきました委員の皆様を始め関係各位には心より御礼申し上げるとともに今後のご活躍，ご発展を祈願いたします．

2018 年 3 月

土木学会　鋼構造委員会
構造物の長寿命化技術に関する検討小委員会
委員長　髙木　千太郎

土木学会　鋼構造委員会
構造物の長寿命化技術に関する検討小委員会　　委員構成

委員長　　髙木　千太郎（一般財団法人）首都高速道路技術センター

副委員長　野上　邦栄（首都大学東京）

幹事長　　山口　恒太（パシフィックコンサルタンツ株式会社）

幹　事　　伊藤　裕一　（東海旅客鉄道株式会社）

　〃　　　玉田　和也（舞鶴高専）

　〃　　　全　邦釘（愛媛大学）

　〃　　　重松　勝司（神奈川県）

委員

芦塚　憲一郎（西日本高速道路株式会社）

阿部雅人（株式会社　ビーエムシー）

有井　賢次（株式会社　長大）

稲田　裕（清水建設(株)）

岩崎　初美（株式会社ＩＨＩインフラ建設）

宇都宮　光治（阪神高速技術株式会社）

小郷　政弘（株式会社　構造総研）

大塚　洋（防食溶射協同組合）

柿沼　努（横河工事（株））

菅野　通孝（川田工業(株)）

木ノ本　剛（首都高速道路株式会社）

竹渕　敏郎（MKエンジニアリング株式会社）

澁谷　敦（宮地エンジニアリング（株））

平山　博（大日本コンサルタント（株））

宮内　秀敏（中日本高速道路㈱）

中澤　治郎（パシフィックコンサルタンツ株式会社）

広瀬　剛（東日本高速道路株式会社）

茂呂　拓実（(財)阪神高速道路管理技術センター）

森山　彰（本州四国連絡高速道路株式会社）

山田　潤（JFEエンジニアリング株式会社）

旧委員

小西　由人（首都高速道路株式会社）

酒井　和吉（本州四国連絡高速道路株式会社）

丹波　寛夫（(財)阪神高速道路管理技術センター

内藤　靖（株式会社　オリエンタルコンサルタンツ）

林　健治（大阪工業大学）

目　次

第1章　鋼構造物の点検・調査 ･･ 1

　1.1　はじめに ･･ 1

　1.2　鋼構造物の点検 ･･ 2

　　1.2.1　鋼構造物の点検（定期点検） ･･････････････････････････････････ 3

　　1.2.2　橋梁定期点検の現状認識 ･･････････････････････････････････････ 5

　　1.2.3　橋梁点検要領（鋼道路橋） ････････････････････････････････････ 10

　　1.2.4　その他の点検要領 ･･ 20

　　1.2.5　長寿命化に向けて ･･ 24

　1.3　自治体の点検精度確認調査 ･･････････････････････････････････････ 26

　　1.3.1　富山市の事例 ･･ 27

　　1.3.2　浜松市の事例 ･･ 31

　　1.3.3　点検精度に係わる誤差要因 ･･････････････････････････････････ 38

　　1.3.4　長寿命化のための点検における課題 ･･････････････････････････ 38

　1.4　鋼構造物の調査（詳細調査） ････････････････････････････････････ 41

　　1.4.1　鋼構造物の非破壊試験 ････････････････････････････････････ 42

　　1.4.2　鋼構造物のモニタリング ･･････････････････････････････････ 52

　　1.4.3　画像等を用いた調査技術 ･･････････････････････････････････ 58

　　1.4.4　鋼構造物の性能検証 ･･････････････････････････････････････ 60

第2章　鋼構造物の診断・劣化予測 ･･････････････････････････････････ 69

　2.1　はじめに ･･ 69

　2.2　腐食を生じた鋼構造物の診断・劣化予測 ････････････････････････ 71

　　2.2.1　概要 ･･ 71

　　2.2.2　診断 ･･ 73

　　2.2.3　劣化予測 ･･ 103

　2.3　疲労損傷を受ける構造物の診断、余寿命予測 ････････････････････ 121

　　2.3.1　概要 ･･ 121

　　2.3.2　診断 ･･ 122

　　2.3.3　残存寿命の評価 ･･ 149

　　2.3.4　補修補強降下の確認 ････････････････････････････････････ 157

　2.4　その他の損傷 ･･ 160

　2.5　更新 ･･ 162

第3章　鋼構造物の長寿命化技術　‥‥‥‥‥‥‥‥‥‥‥‥‥‥‥　164

3.1　はじめに　‥‥‥‥‥‥‥‥‥‥‥‥‥‥‥‥‥‥‥‥‥‥‥‥　164

3.2　鋼構造物の対策技術の現状　‥‥‥‥‥‥‥‥‥‥‥‥‥‥‥　164

　3.2.1　長寿命化技術のニーズ　‥‥‥‥‥‥‥‥‥‥‥‥‥‥‥　165

3.3　長寿命化技術の設計に求められること　‥‥‥‥‥‥‥‥‥‥　179

3.4　長寿命化技術の施工に関する留意事項　‥‥‥‥‥‥‥‥‥‥　184

　3.4.1　長寿命化工事（補修・補強）の特殊性　‥‥‥‥‥‥‥‥　184

　3.4.2　補修・補強設計における留意事項　‥‥‥‥‥‥‥‥‥‥　186

　3.4.3　施工計画において留意事項　‥‥‥‥‥‥‥‥‥‥‥‥‥　189

　3.4.4　主な損傷の対策にかかる施工上の留意事項　‥‥‥‥‥‥　190

3.5　鋼構造物の長寿命化対策事例　‥‥‥‥‥‥‥‥‥‥‥‥‥‥　192

　3.5.1　国土交通省の事例　‥‥‥‥‥‥‥‥‥‥‥‥‥‥‥‥‥　193

　3.5.2　本州四国連絡橋における予防保全の事例　‥‥‥‥‥‥‥　208

　3.5.3　阪神高速の鋼構造物の長寿命化の事例（1）　‥‥‥‥‥　215

　3.5.4　阪神高速の鋼構造物の長寿命化の事例（2）　‥‥‥‥‥　219

　3.5.5　阪神高速の鋼構造物の長寿命化の事例（3）　‥‥‥‥‥　223

　3.5.6　阪神高速の鋼構造物の長寿命化の事例（4）　‥‥‥‥‥　226

　3.5.7　東京都における予防保全型の事例　‥‥‥‥‥‥‥‥‥‥　230

　3.5.8　鉄道における鋼構造物の予防保全事例　‥‥‥‥‥‥‥‥　243

3.6　新たな技術シーズの適用　‥‥‥‥‥‥‥‥‥‥‥‥‥‥‥‥　246

　3.6.1　基本的な考え方　‥‥‥‥‥‥‥‥‥‥‥‥‥‥‥‥‥‥　246

　3.6.2　鋼床版の疲労き裂対策として導入したSFRC舗装の事例　‥　246

　3.6.3　当て板補修の際に腐食減肉部にエポキシ　‥‥‥‥‥‥‥　248

　　　　樹脂系接着剤を塗布した事例

第1章　鋼構造物の点検・調査

1.1　はじめに

　社会資本としての鋼構造物は，そこにある限りその機能が将来にわたって維持され続けるという「永久性への暗黙の期待」に応える必要がある[1]．その実現のためには，既設・新設構造物を長寿命化させることが最も効果的な対策である．加えて，ライフサイクルコストの低減や機能向上のための更新，社会資本の集約による廃止も含めた対応が必要となるであろう．いずれの場合においても対象となる鋼構造物の状態を客観的に把握して評価することは，その第一歩であり，適正に点検・調査することが重要であることは言うまでもない．

　鋼構造物の状態を客観的に把握・評価するためには，建造時の設計思想，製造過程，現場施工の状況はもちろん，供用中の周辺環境，外力の作用状況等について熟知している技術者がこれにあたることが理想的である．加えて，維持管理に係わる技術者は，数多くの劣化や損傷状況を診る経験を有し，そのメカニズムを体験的かつ工学的にも分析できるような資質を有する必要もある．

　しかしながら，現状では建設と維持管理に従事し，両方の技術に熟知した技術者は限られること，点検・調査が必要な鋼構造物が多数あることなどから，点検・調査の量（例えば、点検済みの橋梁数）と質を確保するために要領やマニュアルの策定がなされている．このような現状のもと，点検・調査を実施している場合，要領やマニュアルの策定は，ある面マニュアル教条主義（実践による検証を怠り，マニュアルを無批判に盲信するような知的怠惰）に陥る可能性を常に秘めている．これに注意し，要領やマニュアルの技術的背景や知見を踏まえた活用が望まれる．

　構造物の管理状況を見ると，連綿と維持管理がなされ点検技術者の資質を確保している場合や点検すらおぼつかない場合など，鋼構造物の置かれている管理状況はさまざまである．各管理者が策定する要領やマニュアルでは，管理者の態勢や鋼構造物の管理状況が暗黙のうちに反映されていることに注意が必要である．すなわち，対象とする構造物の種類，設置環境，荷重などが類似した場合は，要領やマニュアルも参考になるが，異なる環境下では求められる事項は必然的に異なることに注意すべきである．

　上記のことを踏まえた上で，鋼構造物の長寿命化に欠かかすことができない点検・調査の現状と課題，今後の開発・実用化が望まれる点検・調査技術について述べる．

【参考文献】

1) 西川和廣：社会資本ストックの戦略的維持管理とは何か，国土技術政策総合研究所資料
　　No.482,pp.7-22,2008.12.

1.2 鋼構造物の点検

社会基盤施設の点検は管理構造物や管理者により多様な形態がある．それらは，日常点検，定期点検，詳細点検，異常時点検に大まかに分類することができる．日常点検は比較的短い頻度で実施される第三者被害の発生防止や使用性の確保に主眼を置いた点検である．そのため，構造物そのものの現状把握の側面よりも安全・安心に資する情報取得を目的としている．定期点検は数年に一度の頻度で実施される構造物の現状を把握するための点検であり，主に目視による点検と打音検査等によって実施されている．この定期点検結果をもとに鋼構造物の長寿命化修繕計画が策定・実施される必要がある．目視点検は，遠望目視と近接目視に分類され，構造物の状況を概略的に把握するために遠望目視を行い，その情報に基づき，損傷の有無を近接目視されている．詳細点検は，定期点検で発見された損傷や異常についてより客観的で詳細な情報を得るために実施される点検であり，非破壊検査や微破壊検査，応力・変位・振動の計測，長期モニタリング等が実施されることがある．損傷程度をより詳細に把握したり，表面からの目視によるだけでは検出できない損傷（例えば，き裂など）を調査したりする上で，非破壊検査が有効であることも多い．異常時点検は，地震や豪雨・洪水等の異常が発生した後に実施される点検で危機管理対応として実施される．そのため安全性と復旧・供用再開に必要な情報収集が主な目的となる．

一般に行われる定期点検・詳細調査は，以下の3つの情報収集に着眼される．

①劣化及び損傷の状態の把握

鋼構造物の耐荷性能への影響，第三者被害発生の有無を確認すること．目視及び簡易測定のみでは，損傷状態の把握が困難な場合もあるため，構造物の安全性の担保に必要な詳細調査が併用される．

②劣化及び損傷の進行状況

鋼構造物に発生した経年的な劣化や突発的な事象による損傷に対して，進行の有無を明確にする．一般には，目視点検を一定期間ごとに実施することで，前回点検結果との比較等により，劣化及び損傷の進行状況が明らかになる．また，計測機器等を設置，もしくは測量等で進行状況を把握する場合もある．

③劣化及び損傷原因の推定

鋼構造物に発生した劣化及び損傷の原因を推定し，その後の診断，対策実施へと情報を引き継がれる．目視点検により原因の推定が困難な場合には，原因究明のために必要な計測や非破壊試験が併用される．

本章では，詳細点検等と並び鋼構造物の長寿命化のための基礎情報を取得する場となることが期待される定期点検について詳述する．

1.2.1 鋼構造物の点検（定期点検）

　社会基盤施設の，道路，鉄道，上下水道，港湾，空港，河川，砂防，海岸，通信，エネルギー施設等における鋼構造物の定期点検について概説する．

(1) 鋼構造物の種類

　社会基盤施設として供用されている鋼構造物を以下に示す．

　道路施設：鋼道路橋，鋼歩道橋，鋼製シェッド，鋼製の標識・照明柱，その他付属物

　鉄道施設：鋼鉄道橋

　上下水道施設：管路専用橋

　港湾施設：桟橋

　空港施設：連絡橋，空港進入灯橋梁

　河川施設：水門，樋門，閘門

　砂防施設：鋼製砂防えん堤

　海岸施設：鋼矢板，鋼管矢板

　通信施設：通信鉄塔

　エネルギー施設：送電用鉄塔，風力発電鉄塔，煙突支持鉄塔，タンク

(2) 対象とする損傷

　鋼構造物の長寿命化に係わる点検項目として，防食機能の低下等による腐食損傷，疲労による損傷，連結部のボルトのゆるみ・脱落の 3 項目に大別できる．鋼構造物に発生する腐食を抑えるために必要な防食機能の維持は，酸素，水，塩分等を環境中から排除することが困難であることから，必要不可避な問題である．疲労による損傷は，活荷重や風荷重等の繰り返し作用を受ける構造物に発生するため，ある程度対象とする鋼構造物を限定することができる．疲労損傷の点検は，既知の疲労損傷発生箇所を基本として実施するため，最新の知見を共有することが必要とされる．高力ボルトの遅れ破壊については，建造年代や材料を特定できれば損傷の発生を予測できる．遅れ破壊によるボルトの脱落については第三者被害への影響が大きいことから，定期点検の前段階である事前調査での対応が望まれる．

　なお，上記の 3 項目の他に，車両・船舶の衝突や地震，津波などの過大な外力による変形・欠損，異常なたわみ，振動，騒音なども定期点検の対象となることがある．

(3) 点検方法

　鋼構造物の定期点検は，近接目視を主とし，触診，テストハンマーによる打音点検，ノギスや巻尺，下げ振り等を用いた簡易な計測を行う場合がある．

　鋼構造物はそれぞれ使用環境や構造特性に適合した防食性能を付与されているため，それに応じた着目点検箇所や部位が例示されている場合が多い．また，防食の方法，水分及び塩分の供給状況に応じた点検項目の設定がなされている．疲労損傷に対しては，管理する鋼構造物の特性と過去の疲労損傷に関する知見に基づいた点検部位の例示がなされていることもある．

　定期点検は近接目視を基本とするとされている．橋梁の場合において目視を行い難い部位については，鏡やファイバスコープ，点検カメラ等の簡易機器の使用を認めている場合もある．しか

し，それらの機器によっても観察することが困難な部位（場所）もある．例えば，橋梁における支承機能の水平可動の確認や水平反力分散機能，免震機能の確認は，目視や触診だけでは困難な場合もあり，これらの点検・調査については今後の研究・開発が望まれる分野である．

　個々の損傷を点検するための近接目視の他に，鋼構造物の全体構造や周辺環境を観察するには遠望からの目視も必要であることは言うまでもない．設計図に基づく全体形状の確認，境界条件の確認など，舗装から下部構造まで橋梁全体を見渡す視点も必要である．

　近接目視とは，点検員が構造物に手の届く範囲にまで接近し目視により行う点検である．このため，構造物の高さ条件や構造物の立地条件などにより，足場，高所作業車や橋梁点検車などの仮設備が必要となる．また，構造物に接近するという特質上，鋼製巻尺（例えば，コンベックス等）などを用いた簡易な計測や触手点検・打音点検などが可能である．近接目視に加えてこれらの作業を行うことで，損傷の規模や要因など診断や補修設計および補修計画の立案に必要となる情報の取得が可能となる．近接目視を行う上で留意すべき点は，構造物に接近するという特質を最大限に活かすことである．橋梁を例に具体化すると，「支承や伸縮装置などの腐食・破損」や「遠望目視では確認し難い疲労き裂」などを確認するために実施する．

　遠望目視とは，点検員が構造物に対し遠望からの目視により行う点検である．遠望目視は，近接目視と異なり構造物に接近しないため得られる情報が限定される．遠望目視の場合は，構造物の規模や形状により不可視部分が生じるため，ある種の限界点があることを念頭に置く必要がある．一方で，遠望目視は，その方法より点検速度が速くなる傾向にある．したがって，構造物の状態について早期に橋梁全体の概略を知る必要がある場合などは有効である．また，遠望目視は，対象構造物や部材の相対変位を把握することが可能な点検方法であることにも留意すべきである．

　打音点検とは，近接目視を行う際に損傷状態をより正確に把握するため，点検箇所をテストハンマーなどにより適度に打撃する点検である．一般には，打撃に伴う発生音により，損傷の有無を確認できる．コンクリート構造物では，コンクリートの剥離や浮きを確認するために行われるが，鋼構造物の場合では，腐食損傷度の把握やボルトの折損を確認するために行われる．打音点検は，近接目視を補完する有用な点検となるため，近接目視時にたとえ変状が見られない場合でも，抜取り的に実施することなどが重要である．

　一般に鋼構造物の定期点検は近接目視及び打音点検を主体に行われているが，目視のみでは損傷を正確に把握できない場合や定量化できない場合がある．例えば，塗装を施した鋼部材や溶接部などに生じるき裂は，当該割れが「塗膜割れ」か「母材や溶接金属にも生じている割れ」なのかが目視のみでは正確に把握できない場合がある．また，ボルトでは触手や打音点検のみで把握できないボルト軸力，塗膜では目視のみで定量化できない塗膜厚や塗膜の劣化，付着性能などがある．定期点検においてこれらの損傷が疑われる場合は，詳細点検や特別点検として各種の非破壊検査が行われる．各種鋼構造物の点検では，損傷有無の把握や損傷度の定量化などを目的に非破壊検査を実施する．

1.2.2 橋梁定期点検の現状認識

構造物の代表例として鋼道路橋の定期点検に基づく長寿命化についての現状と課題を以下に示す．

(1) 管理橋梁の階層化

これまで国の直轄国道や高速道路会社で実施されてきた橋梁点検は，橋の状況を把握し，健全な状態に保持し，国民に安全・安心して生活できる道路環境を提供する使命のために行われてきた．また，緊急輸送道路については震災対策の観点から各種の補強が施されている．

一方，緊急輸送道路に指定されていない都道府県道や市町村道においては，建設されてから点検等の維持管理対策が実施されていることのない橋梁が大多数であった．そこで，平成19年の道路橋に関する基礎データ収集要領（案）[1]により，全国の橋梁の概略の状態を把握し，落橋に至るような橋梁を見つけ出すとともに道路管理者に対して管理責任者として点検・修繕に係る自覚を再認識することを促した．さらに，平成26年には道路橋定期点検要領[2]により，橋長2m以上の橋梁に対する5年に一度の近接目視による定期点検を義務付けた．

日本国内の道路橋は，図1.1に示すように従前からその重要性を認識されて維持管理されてきた橋梁と，建設後はじめて点検される橋梁にグループ分けすることができる．直轄国道や高速道路，都市高速道路，緊急輸送道路のように，比較的豊富な財源と技術力を有する管理者や修繕施工者などの維持管理態勢が整っている橋梁群をグループⅠとする．グループⅡは，緊急輸送道路以外の都道府県道，市町村道の橋梁群であり，財源の不足や橋梁に関する専門知識を有さない管理者，調査及び施工業者が今後の対応をしていくことになる．

図1.1　橋梁のグループ分け

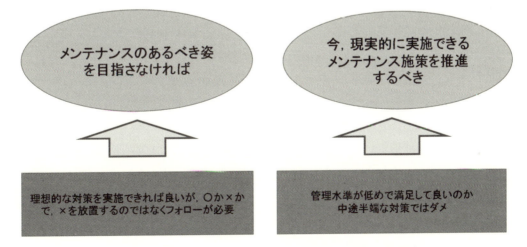

図1.2　メンテナンスに係る議論の立脚点の相違

橋梁の維持管理を語るとき，現状（2017年）の橋梁には上記の2つのグループのあることを共通認識として共有する必要がある．同じ橋梁という言葉を使っても，グループⅠとⅡでは橋梁の規模や架橋環境，維持管理環境が異なるためメンテナンスに係わる議論が噛み合わない可能性がある．それに加え，メンテナンスに係る議論の立脚点として，図1.2に示す2つの立場がある．最終的に到達すべき理想的な状況に向けての議論と財政や保有する技術力，世論の理解などの現状を鑑みた実行可能な方策に対する議論である．理想を語らなければ現実を変えていくことは出来ないが，現実を直視した方策が無いと一歩も前進できない訳であり，双方の議論が必要である．このとき，橋梁の2つのグループのどちらを対象とするかを明確にした上で議論を進めることが求められる．

(2) 道路橋定期点検要領における健全度

健全度に対する考え方について，平成26年の道路橋定期点検要領[2) 3)]の近接目視点検に立脚した道路管理者とし遵守すべき健全度の考え方と，耐荷力や余寿命など工学的なアプローチによって診断するという考え方がある．さらに，定期点検要領の健全度（耐荷性，耐久性）には耐震性能が含まれていない．このことは予算枠が異なるため，という行政的には説明できる整理された事象かもしれないが，一般市民の立場で考えた場合，橋の健全度に耐震性能が含まれないことに対する違和感は拭えないと思われる．

工学的なアプローチを考える場合，設計はバーチャルに対する行為であり，維持はリアルに対処する行為であると考えることができる．例えば，設計時に考える作用は仮想のものであり，橋梁への実際の作用は，その橋梁ごとに頻度や輪荷重が異なるため，設計時に想定した作用との差異が大きい場合がある．また，橋梁の抵抗についても，構造解析や断面計算に仮定が入り込んでいる上に，2次部材などを含む構造の立体的な挙動の影響もあり，設計（バーチャル）と維持管理する場合の実態（リアル）との間に差異がある．これらの差異は，設計上，安全側の差異であれば問題ないとされてきたが，維持管理における健全度を考える場合にこの差異の取扱が問題となってくる．さらに，設計基準が年代によって変遷しているため健全度を評価する際の抵抗側（耐荷性）の評価に直接影響してくる．その他，耐久性については，施工精度や架橋環境の影響が大きく関与してくる．

以上より，道路橋定期点検要領[2) 3)]では，工学的アプローチを厳密に適用するのではなく，建造時より耐荷性能が明らかに低下している場合を健全度Ⅲ判定とし，5年以内に対策を講じることとしている．また，落橋の可能性が高い場合を健全度Ⅳ判定として，即時の通行止めと修繕対策の実施が求められる．また，健全度Ⅰは健全，Ⅱは健全な状態ではないものの耐荷性能の低下がみられない状態を示している．これらは，既存の構造物が建設時に有していた性能を基準とした健全度の判定である．現時点の社会状況，技術力を鑑みた際，日本全国の橋梁に対し適用することを想定するなら，健全度判定の考え方としては妥当なところではないかと考えられる．一方で健全度に関するあるべき姿やそれを追求するために必要な点検・調査技術についての議論は今からである．

(3) 工学的アプローチによる健全度の定義

　工学的なアプローチには上述した課題を認識した上で，健全度の定義として，ここでは要求される性能に対する対象物の性能をその比で表したものと考える．構造物の設計は作用と抵抗の比較によって成立するため，構造物の性能を「抵抗」÷「作用」≧1.0 で表すことができる．これを設計上要求される性能と考えると，同様に維持管理上の実際の構造物の性能は「実際の抵抗」÷「実際の作用」と表すことができる．このときの「実際の抵抗」÷「実際の作用」を健全度と考えることもできる．この場合，要求性能を 1.0 以上と見立てていることになる．この健全度に関して，道路橋定期点検要領による維持管理の現状に鑑みた場合，上述した次の 4 点の懸案事項について改めて考える．

① 耐震性能を含めるのか？

　道路橋定期点検要領の健全度の判定区分のコメントとして「大規模な地震の作用などに対して所要の機能が発揮されない」状況を考慮しているため，地震を想定していると考えられる．しかし，最新の耐震設計に対応した性能を有しているのかという観点で健全度を判定しているわけではない．橋梁の健全度として耐荷性能と耐震性能を併せて考える必要があるのではないかと考えられるが，目視等の点検結果から基礎等を含めた橋梁としての耐震性能を評価することは，これまでの研究等でもほとんどない．よって，耐震性能と健全度の関係については，どのような評価ができるのかという観点を含めて，検討をする必要があるものと思われる．

② 作用をどのように考えるのか？

　現行の道路橋定期点検要領による健全度の評価では，建設年代による作用の変遷等は考慮していない．

　要求性能を考える際の作用は，現行の設計基準の B 活荷重である 25 トン相当の活荷重を想定する．実際の構造物の性能を考える際の作用も現行の設計基準の B 活荷重を考えるのが正論であり，既存不適格を許容しないとする正当な考え方である．この立場に立つと，健全度は「実際の抵抗」÷「要求される抵抗」となる．現行基準による設計の作用と抵抗の比が 1.0 であるとすると，「要求される抵抗」と「要求される作用」はイコールとなるため，健全度は「実際の抵抗」÷「要求される作用」ということになる．この場合，平成 2 年以前に建設された橋梁の多くは B 活荷重より軽い荷重で設計されているため，健全度が 1.0 以下となる可能性が高いため，グループⅠの橋梁群については既に B 活荷重対応（照査・補強）が実施されている．設計基準における B 活荷重は，実際の車両による作用を大胆にモデル化したものであり，実載荷状態を忠実に再現しているものではない．これに対し，グループⅡに分類される橋梁では，設計時の「要求される作用」に替わって橋梁の架橋環境を考慮した健全度を算出するための「照査用の作用」を考案する必要があると考える．当然，重要橋梁などのグループⅠに分類される橋梁は「要求される作用」＝「照査用の作用」となる．このように，健全度の定義において，**図 1.3** に示す定義式の分母として考える「作用」について「照査用の作用」を検討する必要がある．

② 設計上の抵抗と実際の差異

　近接目視による定期点検によって，構造物の損傷を発見し，それを評価する現状の道路橋定期

点検要領による健全度の場合，当初より耐荷性能が落ちたか否かの点について評価しているのが現状である．**図 1.4** に示すような「作用」と「抵抗」の不確定要因，例えば，建設年代の違いによる設計基準や構造ディテールの変遷，施工精度（初期欠陥の有無）などを本来は考慮するべきである．さらに設計時の応力余裕や構造物の立体挙動を考慮した耐荷力解析によって得られる余剰耐力も抵抗の評価に加えるべきであろう．

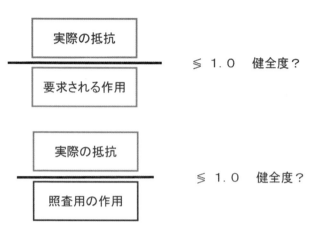

図 1.3　健全度の定義

④判定区分と工学的評価

道路橋定期点検要領による健全度判定は I ～ IV に分類されるが，I，II は耐荷性能の低下が見られない損傷・劣化であり，IV は安全な通行を保障できない落橋相当の状態を想定しているため，耐荷性能については二段階評価と考えることができる．目視点検による判定であるため，二段階評価は妥当であると考えられるが，工学的アプローチにより細分化することで修繕計画の策定や修繕工法の選定の精度が向上すると考えられる．健全度と耐荷性能のイメージを鋼材の応力・ひずみ曲線に類比させて図に表すと**図 1.5** のようになる．判定 IV は落橋そのものではなく，物理的な落橋は破断点のイメージであると言える．

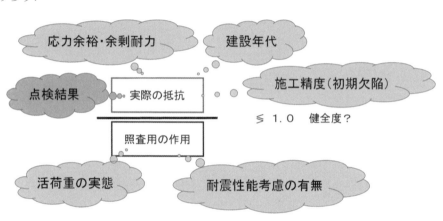

図 1.4　実用的な健全度評価

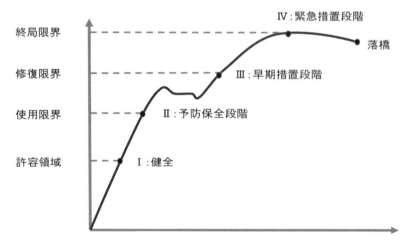

図 1.5　健全度と耐荷性能のイメージ図

【参考文献】

1) 国土交通省，国土技術政策総合研究所：道路橋に関する基礎データ収集要領（案），2007.5.

2) 国土交通省道路局：道路橋定期点検要領（技術的助言），2014.6.

3) 国土交通省道路局国道・防災課：橋梁定期点検要領（国管理），2014.6.

1.2.3 橋梁点検要領（鋼道路橋）

鋼構造物の代表例として国道及び地方自治体，高速道路会社が管理する鋼道路橋に関する点検要領について概観する．

(1) 橋梁定期点検要領（案）[1] 平成 16 年 3 月

国土交通省，内閣府沖縄総合事務局が管理する一般国道の橋梁の定期点検を対象とした定期点検要領（案）である．定期点検の頻度は，供用後 2 年以内に初回を行うものとし，2 回目以降は，原則として 5 年以内に行うよう規定されている．初回点検は，橋梁の初期欠陥を含む初期状態を把握してその後の損傷の進展経過を明らかにすることを目的としている．

なお，本要領においては，点検の品質を確保するために「定期点検は，これを適正に行うために必要な橋梁に関する知識及び技能を有する者が行なければならない」と規定されている．

橋梁点検における点検対象となる 26 種類の損傷のうち，鋼構造物に関連する損傷と点検の標準的な点検方法，点検技術及び点検の現状を次に示す．いずれも近接目視を主に，必要に応じて簡易な点検器具を用いることを基本としている．

1) 腐食

腐食は，断面欠損による応力超過，応力集中によるき裂への進展，主桁と床版接合部の腐食は，橋梁の剛性及び耐荷力の低下につながる．特にケーブル構造物のケーブル材に著しい腐食が生じ，その腐食が構造安全性を著しく損なう状況や，鈑桁形式の桁端の腹板が著しい断面欠損を生じており，対象部材の耐荷力の喪失によって構造安全性を著しく損なう状況などにおいて，緊急対応が必要となる場合がある．

代表的な損傷原因は，床版ひびわれからの漏水，防水層の未設置，排水装置設置部からの漏水，伸縮装置の破損部からの漏水及び付着塩分等の自然環境によるものがある．

点検は，目視により腐食部位とその範囲，進行状況及び鋼材表面の膨張具合を確認し，板厚減少が疑われる場合には，ノギス，マイクロメータ，キャリパーゲージ，超音波板厚計等により板厚測定を行う．表面の凹凸の計測には，型取り工具等を用いる．

2) き裂

き裂は，断面減少に伴う応力超過及びき裂の急激な進行による部材断裂につながる．特に，き裂が鈑桁形式の主桁腹板や鋼製橋脚の横梁の腹板などの主たる構造部材に達しており，き裂の急激な進展によって構造安定性を損なう状況や，鋼床版構造で縦リブとデッキプレートの溶接部からデッキプレート方向に進展するき裂が輪荷重載荷位置直下で生じて，路面陥没によって交通に障害が発生する状況などにおいては，緊急対応が必要となる場合がある．代表的な損傷原因は，支承の機能障害による構造系の変化，路面の不陸による衝撃力の作用，腐食の進行，主桁間のたわみ差の拘束（荷重分配機能），溶接部の施工品質や継手部の応力集中，荷重偏載による構造全体のねじれ及び活荷重直下の部材の局部的な変形がある．点検は，目視による外観調査によって塗膜表面の割れの検出を行う．き裂が生じた原因の推定や当該部材の健全性の判断を行うためには，表面的な長さや開口幅などの性状だけでなく，き裂の深さや深さ方向のき裂幅の変化，当該部位の構造的特徴や鋼材の状態(内部きずの有無，溶接の種類，板組や開先)，

第 1 章　鋼構造物の点検・調査　　　11

発生応力などを総合的に評価することが必要である．このことから，原因やき裂が生じた範囲
などが容易に判断できる場合を除いて，基本的には詳細調査を行う．

　詳細調査では，テストハンマーやワイヤブラシ等の工具を用いて塗膜やさび，塵埃などの付
着物を除去し，磁粉探傷試験，超音波探傷試験，渦流探傷試験及び浸透探傷試験により表面き
ず及び内部きずの長さや大きさを確認する．

3) ゆるみ・脱落

　ゆるみ・脱落は，直ちに耐荷力には影響はないが，進行性のある場合には危険な状態となる．
主桁のうき上がりによる伸縮装置の段差の発生や，ボルト等の脱落による二次的災害につなが
る場合がある．特に，接合部で多数のボルトが脱落しており，接合強度不足で構造安定性を損
なう状況や，常に上揚力が作用するペンデル支承においてアンカーボルトにゆるみを生じ，路
面に段差が生じるなど，供用性に直ちに影響する事態に至るケースや，F11T や F13T ボルト
において脱落が生じており，遅れ破壊が他の部位において連鎖的に生じ，第三者被害が懸念さ
れる状況などは，緊急対応が必要となる場合がある．

　代表的な損傷原因は，連結部の腐食，走行車両による振動，ボルトの腐食による断面欠損，
F11T や F13T ボルトの遅れ破壊，車両の衝突，除雪車による損傷がある．

　点検は，目視による確認のほか，ボルトヘッドマークの確認，たたき試験，超音波探傷（F11T
等），軸力測定を用いる．

4) 破断

　破断は，鋼部材が完全に破断しているか，破断しているとみなせる程度に断裂している状態
で，床組部材や対傾構・横構などの 2 次部材，あるいは高欄，ガードレール，添架物やその取
り付け部材などに多く見られる．特に，アーチ橋の支材や吊り材，トラス橋の斜材，ペンデル
支承のアンカーボルトなどが破断し，構造安全性を著しく損なう状況や，高欄が破断しており，
歩行者あるいは通行車両等が橋から落下するなど，第三者等への被害の恐れがある状況などに
おいては，緊急対応が必要となる場合がある．

　代表的な損傷原因は，風や交通荷重による疲労，振動，腐食，応力集中である．

　点検は，目視による確認が基本となる．

5) 防食機能の劣化

　防食機能の劣化は，腐食への進展が懸念される損傷である．大規模なうきや剥離が生じてお
り，施工不良や塗装系の不適合などによって急激にはがれ落ちることが懸念される状況や，異
常な変色があり，環境に対する塗装系の不適合，材料の不良，火災などによる影響などが懸念
される状況などにおいては，詳細調査の実施が必要となる場合がある．

　代表的な損傷原因は，床版ひびわれからの漏水，防水層の未設置，排水装置設置部からの漏
水，伸縮装置の破損部からの漏水，自然環境（付着塩分）である．
点検は，目視による確認を基本とし，その他に，写真撮影（画像解析による調査），インピーダ
ンス測定，膜厚測定，付着性試験がある．

13) 遊間の異常

遊間の異常は，上部構造への拘束力の作用が懸念される損傷である．遊間が異常に広がり，自転車やオートバイが転倒するなど第三者等への障害を及ぼす懸念があるなどにおいては，緊急対応が必要となる場合がある．

代表的な損傷原因は，下部工の変状である．

点検は，目視及びコンベックスを用いた確認が基本となる．

16) 支承の機能障害

支承の機能障害は，移動，回転機能の損失による拘束力の発生，地震，風等の水平荷重に対する抵抗力の低下，主桁のうき上がりにより伸縮装置等に段差の発生，荷重伝達機能の損失及びき裂の主部材への進行が懸念される損傷である．特に，支承ローラーの脱落により支承が沈下し，路面に段差が生じて自転車やオートバイなど第三者等への障害を及ぼす懸念がある状況などにおいては，緊急対応が必要となる場合がある．

代表的な損傷原因は，床版，伸縮装置の損傷による雨水と土砂の堆積，防水層の未設置，腐食による断面欠損，斜橋・曲線橋における上揚力作用，支承付近の荷重集中，支承の沈下，回転機能損失による拘束力の作用がある．

点検は，目視による確認を基本とし，その他に，移動量の測定などが考えられる．

18) 定着部の異常

定着部の異常は，耐荷力の低下が懸念される損傷であり，特にケーブルをコンクリートや鋼製ブラケットに定着している構造において，当該部の腐食やひびわれによる構造安全性の低下が懸念される．

点検は，目視による確認を基本とし，その他に，たたき試験，赤外線調査などが考えられる．

20) 漏水・滞水

漏水・滞水は，主桁の剛性低下，耐荷力の低下，主構造の腐食，合成桁では合成作用の損失等が懸念される損傷である．

代表的な損傷原因は，ひびわれの進行，防水層未施工，打設方法の不良，目地材の不良，橋面排水処理の不良，止水ゴムの損傷，シール材劣化，脱落，排水管の土砂詰まり，腐食，凍結によるわれ，床版とますの境界部からの雨水の侵入がある．

点検は，目視による確認を基本とする．

21) 異常な音・振動

異常な音・振動は，き裂の主部材への進行や応力集中によるき裂への進展が懸念される損傷で，橋梁の構造的欠陥または損傷が原因となり発生する．特に，車両の通過時に大きな異常音が発生し，近接住民に被害を及ぼしている状況においては，緊急対応が必要となる場合がある．

代表的な損傷原因は走行車両による振動であり，点検は，異音確認及び目視により確認することが基本となる．

22) 異常なたわみ

異常なたわみは，き裂の主部材への進行，応力集中によるき裂への進展が懸念される損傷であり，橋梁の構造的欠陥または損傷が原因となり発生する．

代表的な損傷原因は走行車両による振動であり，点検は，目視により確認することが基本となる．

23) 変形・欠損

変形・欠損は，二次的災害，断面欠損による耐荷力の低下，鋼材の腐食が懸念される損傷である．特に，高欄が大きく変形しており，歩行者あるいは通行車両など，第三者への障害が懸念される状況などにおいて，緊急対応が必要となる場合がある．

代表的な損傷原因は，かぶり不足，局部応力の集中，衝突または接触がある．

点検は，目視，水糸，コンベックスを用いた確認が基本となる．

24) 土砂詰り：目視

土砂詰まりは，主構造の腐食，床版の劣化，移動，回転機能の損失による拘束力の発生が懸念される損傷である．

代表的な損傷原因は，床版とますの境界部からの雨水の侵入，床版，伸縮装置の損傷による雨水と土砂の堆積などがあり，点検は，目視により確認することが基本となる．

点検体制は，必要な要件の標準を示し，橋梁検査員，橋梁点検員，点検補助員の作業内容を定めている．

対策区分の判定は下に示す7種類に分類する．

A：損傷が認められないか，損傷が軽微で補修を行う必要がない．

B：状況に応じて補修を行う必要がある．

C：速やかに補修等を行う必要がある．

E1：橋梁構造の安全性の観点から，緊急対応の必要がある．

E2：その他，緊急対応の必要がある．

M：維持工事で対応する必要がある．

S：詳細調査の必要がある．

なお，主要部材についてC又はE1の判定を行った場合は，対策として補修もしくは更新が必要かを併せて判定することになっている．

(2) 道路橋に関する基礎データ収集要領（案）[2] 平成19年5月

道路橋に関する基礎データ収集要領（案）は適用の範囲として，「本要領（案）は，できるだけ簡易に道路橋の健全度に関して概略が把握できることを意図し，一般的な構造形式の道路橋において，主要な部材のみに着目し，かつ損傷発生頻度が高い箇所や同じ部材の中でも劣化が先行的に進行する箇所のみに着目するなどにより省力化を図ったものである．」とある．

なお，調査従事者に関する要件の明示はない．

全調査項目は12項目あり，そのうち鋼道路橋に関する5項目を次に示す．

1) 腐食：a〜eの5段階区分

2) き裂：有無

3) ボルトの脱落：有無

4) 破断：有無

11) 支承の機能障害：有無

調査方法は目視を基本とするが，桁端部や支承部は近接目視するものの，近接目視が著しく困難な場合は遠望目視と周辺部材の状況から推定することとなっている．

定期点検要領（案）では全26項目のうち鋼道路橋に関する点検項目は13項目（いずれも5段階区分）であるのと比較して簡略化されている．

(3)総点検実施要領（案）【橋梁編】[3]平成25年2月

道路法（昭和27年法律第180号）第3条に規定する道路の道路橋において，道路利用者及び第三者被害を防止する観点から実施する道路ストック総点検の道路橋編である．橋梁本体及び付属施設の損傷状態を把握するための点検を実施し，損傷等による落下及び倒壊・変形による道路利用者及び第三者被害の危険性の有無を判定する．

対象橋梁とその箇所は第三者被害を想定すると，桁下を道路・鉄道が交差する場合，公園又は駐車場として利用している場合，道路が並行する場合がある．道路利用者被害としては，路面より上に橋梁部材が存在する場合，照明柱，防護柵等の付属物が路面より上に設置されている場合が対象となる．

なお，点検従事者に関する要件の明示はない．

全調査項目は8項目あり，鋼構造物に関する4項目を次に示す．点検の方法は，近接目視を基本とし，点検項目に応じて，触診，打音検査等を併用する．ただし，コンクリートの「うき」に対しては，打音検査の実施を原則とする．

1) 著しい腐食：近接目視

2) き裂・破断：近接目視，打音

3) ゆるみ・脱落：近接目視，打音，触診

4) ボルト類：近接目視，打音，触診

判定区分は次のとおりである．

無：将来の被害リスクが拡大する危険性が無い場合

B：応急措置にて当面のリスクが忌避できた場合

C：応急措置を試みたもののその目的が達成できなかった場合⇒措置計画策定

D：異常は無いものの将来の被害リスクが予測される場合

未：点検が実施できなかった場合⇒点検計画策定

(4)橋梁定期点検要領（国管理）[4]　平成26年6月

国土交通省，内閣府沖縄総合事務局が管理する一般国道の橋梁の定期点検を対象とした定期点検要領である．道路法の道路における橋梁を対象とした定期点検要領である．

本要領の適用範囲は「支間2.0m以上の道路橋」と明示された（横断歩道橋定期点検要領とシェッド，大型カルバート等定期点検要領が同時に通知された）．定期点検の目的として，損傷状況の

把握，対策区分の判定に加えて，健全性の診断を行うこととされている．

定期点検は，供用開始後2年以内に初回を行い，2回目以降は，5年に1回の頻度で行うことを基本としている．また，定期点検は，近接目視により行うことを基本とし，必要に応じて触診や打音等の非破壊検査などを併用して行うこととされている．

対策区分は7段階から9段階区分になり，予防保全の観念が明示された．

　　A：損傷が認められないか，損傷が軽微で補修を行う必要がない．

　　B：状況に応じて補修を行う必要がある．

　　C1：予防保全の観点から，速やかに補修等を行う必要がある．

　　C2：橋梁構造の安全性の観点から，速やかに補修等を行う必要がある．

　　E1：橋梁構造の安全性の観点から，緊急対応の必要がある．

　　E2：その他，緊急対応の必要がある．

　　M：維持工事で対応する必要がある．

　　S1：詳細調査の必要がある．

　　S2：追跡調査の必要がある．　　※下線部：H16年度　点検要領（案）からの追加事項

なお，主要部材について C2 又は E1 の判定を行った場合は，対策として補修もしくは更新が必要かを併せて判定することになっている．

健全性の診断では，部材単位の診断を行い，その主要な部材に着目してもっとも厳しい評価を橋単位の診断とすることができる．健全性の判定区分は下記の4段階区分とする．

　　Ⅰ健全　　　　　　：道路橋の機能に支障が生じていない状態⇒A，B

　　Ⅱ予防保全段階：道路橋の機能に支障が生じていないが，予防保全の観点から措置を講ずることが望ましい状態．⇒C1，M

　　Ⅲ早期措置段階：道路橋の機能に支障が生じる可能性があり，早期に措置を講ずべき状態．⇒C2

　　Ⅳ緊急措置段階：道路橋の機能に支障が生じている，又は生じる可能性が著しく高く，緊急に措置を講ずべき状態．⇒E1，E2

(5)道路橋定期点検要領（技術的助言）[5]　平成26年6月

本要領は，道路法（昭和27年法律第180号）第2条第1項に規定する道路 における橋長2.0m以上の橋，高架の道路等(以下「道路橋」という)の定期点検に適用する．道路法施行規則第4条の5の2の規定に基づいて行う点検について，最小限の方法，記録項目を具体的に記したものである．国交省版との相違点として，適用範囲が「橋長2.0m以上の道路橋」となっている．また，定期点検の頻度についても5年に1回の頻度とあるだけで，直轄橋梁における初回点検は省かれている．定期点検は，近接目視により行うことを基本としており，必要に応じて触診や打音等の非破壊検査等を併用して行うことと規定されている．

点検体制は，橋梁検査員，橋梁点検員，点検補助員等の名称は無いものの定期点検を行う者の要件を「道路橋の定期点検を適正に行うために必要な知識及び技能を有する者がこれを行うとし，道路橋に関する相応の資格または相当の実務経験を有すること，道路橋の設計，施工，管理に関

する相当の専門知識を有すること，道路橋の点検に関する相当の技術と実務経験を有すること」と明示している．損傷状況の把握，対策区分の判定，健全性の診断は国交省版と同じ内容である．

本要領では，健全性の診断に加えて「道路の効率的な維持及び修繕が図られるよう，必要な措置を講ずる．」とある．具体的には，対策（補修・補強，撤去），定期的あるいは常時の監視，通行規制・通行止め等の措置を講ずることになる．さらに記録では，定期点検後に，補修・補強等の措置を行った場合には，健全性診断を改めて行い，記録に反映させる必要がある．

本要領では，自治体管理の橋梁の諸元と部材単位の診断結果，道路橋毎の診断結果，全景写真，損傷状況の写真を記載した点検記録の作成・保存が求められている．これにより，国道，都道府県道，市町村道に架かる橋梁に対し同一の基準による4段階評価でその健全性を評価できるようになった．

一方，自治体が実施する必要のある管理橋梁の長寿命化修繕計画の策定や計画の見直し及び精度向上のために必要な点検情報の記録方法については明記されていない．そのため，管理者である自治体がこれまで実施してきた橋梁点検と平成26年版橋梁定期点検要領を参照しながら独自に点検項目や損傷程度の評価，対策区分等を策定していく必要がある．

(6) 道路構造物の点検要領（阪神高速道路）[6]　平成23年12月

高速道路会社の事例として阪神高速道路株式会社の点検要領について概観する．高速道路会社は従前から点検・維持管理を組織的に実施しており，点検結果のデータの蓄積もあるため管理構造物の特徴に応じた点検項目・判定基準が策定されている．

本要領では，阪神高速道路を構成する本体構造物，付属構造物および施設を対象に初期点検，日常点検，定期点検，臨時点検を規定している．

1) 点検の目的

定期点検は，長期点検計画に基づき，一定の期間ごとに構造物に接近して行う点検であり，機能低下の原因となる損傷を早期に発見し，構造物の損傷度やその影響度を把握するとともに，対策の要否やその内容を判断するための資料を得ることと，補修あるいは補修工事の計画策定を行うことを目的としている．

2) 点検の方法

点検の方法は，すべての構造物に接近して行うことを原則とし，必要に応じてたたきおよび簡易な計測を実施することとしている．また，本要領には，構造物に接近することを最大限に活かすため，点検において発見された損傷のうち，点検時にその応急措置が可能なものについては，点検と同時に実施することを規定している．具体的に実施している作業内容は，鋼材腐食片の除去，簡易塗装，ボルトの緩みに対する増締めなどである．

3) 点検項目

鋼構造物の点検項目は，鋼桁および鋼製橋脚，耐候性橋梁（防食），その他の構造物に分けて規定している．例として，鋼桁および鋼製橋脚の点検項目を示すと以下の9項目である．

　　　①部材の損傷（われ，曲がり，ひずみ）
　　　②溶接部のわれ

③高力ボルトの欠損，折損およびゆるみ
④異常音
⑤滞水および漏水
⑥さびおよび腐食
⑦塗膜の状態
⑧桁の遊間の良否
⑨その他の損傷

4）点検結果の判定

　点検結果の判定には，図 1.6 に示すように損傷の程度およびその影響度を総合的に評価し判定する 1 次判定と設備数量が多く主要な構造物である桁，橋脚，はり上構造物，床版，高欄・水切り（以下，点検 5 工種）に限り実施する 2 次判定がある．

　本要領の 1 次判定は表 1.1 に示すように損傷を単体で捉えた場合の対策の要否を判定している．したがって，損傷の原因や損傷している部材や部位の重要度の如何によっては，構造物への影響度を必ずしも合理的に評価できていない場合もあると考え，点検 5 工種については 2 次判定を行うこととしている．2 次判定では，表 1.2 に示すように 1 次判定でAランクと判断した損傷について，下記に示す進行性と冗長性の定義に従い，それぞれ大・中・小の 3 段階に評価し，その評価結果の組み合わせによる健全度判定を基本としている．

　進行性 ： 部材が破断等によって何時機能を失う状態になるか，また，それが通常の点検周期で発見でき，適切な措置をとっていく余裕のある早さで進行するか否かを評価する．

　冗長性 ： 発見された損傷が進行し，部材が破断（機能喪失）状態に達したとき，構造物全体が崩壊等，構造物としての機能を失う状態になるか否かを評価する．

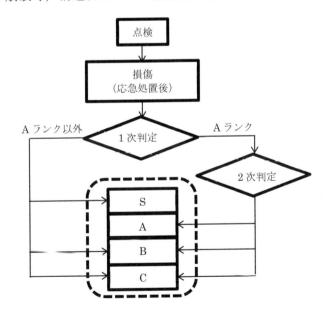

図1.6　点検判定の考え方（点検5工種）

表1.1　1次判定

判定区分		損傷状況
S	S1	機能低下が著しく，道路構造物の安全性から緊急に対応の必要がある場合
	S2	第三者への影響があると考えられ，緊急に対策の必要がある場合
A		機能低下があり，対策の必要がある場合
B		損傷の状態を観察する必要がある場合
C		損傷が軽微である場合
OK		上記以外の場合

表1.2　点検2次判定要領

点検1次判定	点検2次判定			
S	S			
A	進行性の評価 ＼ 冗長の評価	小	中	大
	大	A	A	B
	中	A	B	B
	小	B	B	C
B	B			
C	C			

5) 対策判定

　点検判定の結果「対策の要あり」と判定した損傷については，損傷の集中性や予防保全の必要性，中長期的な対策計画などを判断し講ずるべき対策として，表 1.3 に示す「個別補修」，「計画補修」，「点検強化」，「経過観察」の４つに区分している.

表 1.3　対策の区分

対策区分	対策の名称	対策の内容
T1	個別補修	耐久性，使用性，機能性の回復や向上，第三者影響度の軽減ならびに部材や構造物の剛性などの力学的性能の回復および向上のためにとられる対策. 損傷の状況から速やかな対策が望まれるもの，また速やかな補修を行うことが経済的であるものを対象．なお，損傷の状況に応じて，永久補修，応急補修の対応を選択する.
T2	計画補修	耐久性，使用性，機能性の回復や向上，第三者影響度の軽減ならびに部材や構造物の剛性などの力学的性能の回復および向上のためにとられる対策. 他の中長期的な対策計画と併せた対策により，効率的に性能の回復が図れるものを対象.
T3	点検強化	点検項目などの追加により，損傷の進行状況を慎重に観察する対策.
T4	経過観察	軽微な損傷などの補修や点検強化を実施しない場合にとられる対策であり，通常の点検体制の中で損傷の進行状況を観察していくもの.

【参考文献】
1) 国土交通省：橋梁定期点検要領（案）,2004.3.
2) 国土交通省，国土技術政策総合研究所：道路橋に関する基礎データ収集要領（案）,2007.5.
3) 国土交通省道路局：総点検実施要領（案）【橋梁編】,2013.2.
4) 国土交通省道路局国道・防災課：橋梁定期点検要領（国管理）,2014.6.
5) 国土交通省道路局：道路橋定期点検要領（技術的助言）,2014.6.
6) 阪神高速道路株式会社：道路構造物の点検要領,2005.10.

1.2.4 その他の点検要領

その他の鋼構造物として鉄道橋，港湾構造物及び河川構造物に関する点検要領について概観する.

(1) 鉄道構造物等維持管理標準・同解説（構造物編）鋼・合成構造物 [1]　平成 19 年 1 月

鉄道土木構造物の維持管理の方法が初めて体系化された指針は，昭和 49 年に国鉄により作成された「土木建造物の取換標準」とされている．以降，国鉄末期の昭和 62 年 3 月に取換標準の改定板として発刊された「建造物保守管理の標準・同解説」を経て，国鉄の民営分割後においても，JR 各社等ではこれら標準で示された考え方に基づき維持管理業務が行われてきた.

一方，平成 11 年に相次いで生じた鉄道トンネルのコンクリート剥落問題を契機に，構造物の維持管理の重要性が再認識され，より適切な維持管理が可能となる検査周期やその方法などを取りまとめた結果，平成 19 年 1 月に国交省鉄道局長から「鉄道構造物等維持管理標準」が通達され，現在，国内のすべての鉄道事業者が本標準を参考（解釈基準）として実施基準を届け出た上で維持管理を行っている.

鉄道構造物等維持管理標準には，以下の 4 つの事項が規定されている.

1) 構造物に対する要求性能を考慮し，維持管理計画を策定することを原則とする.
2) 構造物の供用中は，定期的に検査を行うほか，必要に応じて詳細な検査を行う.
3) 検査の結果，健全度を考慮して，必要な措置を講じる.
4) 構造物の維持管理において必要となる事項について，適切な方法で記録する.

構造物の要求性能としては安全性が必須である他，必要に応じて使用性や復旧性を設定するものとされている．道路橋の点検に相当する検査は「構造物の変状やその可能性を早期に発見し，構造物の性能を的確に把握するために行うもの」とされ，初回検査（供用開始前，改築・取換え後に実施），全般検査（通常・特別），個別検査および随時検査に区分される.

全般検査の調査方法は目視を基本としており，初回検査から 2 年毎に行なわれる．調査項目は，構造物の特性と周辺の状況に応じて設定するものとされ，例として以下の 13 項目が挙げられるとともに，構造種別毎に主な目視個所が例示されている.

1) 塗膜の劣化および腐食の状態
2) 耐候性鋼材の保護性錆の生成状態
3) 建築限界支障の有無
4) 列車通過時の橋桁の振動状態
5) 支承部の変状
6) リベットおよびボルトの変状
7) 溶接部および母材の変状
8) 補修・補強箇所の再変状
9) 衝撃によって疲労き裂が生じやすい個所
10) 排水設備の状態
11) 歩道および防音工等付帯物の変状

12) 周辺環境に与える影響

13) 下部構造の変状

性能の確認は健全度の判定により行うものとされ，健全度の判定区分は次の6種類がある．

AA：安全性を脅かす変状等があり緊急に措置を必要とするもの

A1：進行している変状等があり構造物の性能が低下しつつあるもの等

A2：変状等があり，将来それが構造物の性能を低下させるおそれのあるもの

B：将来，健全度Aになるおそれがある変状等があるもの

C：軽微な変状等があるもの

S：健全なもの

なお，全般検査における健全度の判定は，変状の種類・程度および進行性等に関する調査の結果に基づき総合的に行うものとされ，特に早急な措置が必要な健全度AAについてのみ，限界き裂長等を根拠に数値で判断基準が示される一方，健全度Aと判定された構造物は，個別検査を実施するものとして，A1,A2等の分類は全般検査では行わない．

個別検査は，全般検査等で健全度Aと判定した変状に対して，状態を的確に把握し，変状原因の推定と変状の予測を行い，構造物の性能項目を照査するととともに，これらの結果に基づき総合的により精度の高い健全度の判定を行うことを目的として行なわれることが多いが，腐食した構造物の耐荷性能等，健全度B〜Sであっても事前に変状を予測し措置する予防保全を目的とした個別検査が行われることもある．

(2) 港湾の施設の維持管理技術マニュアル[2]　平成19年10月

港湾の施設の技術上の基準に基づいて実施する港湾の施設（水域施設，外郭施設，係留施設及び臨港交通施設）の維持管理に適用される．

点検診断の種類としては，初回点検，日常点検，定期点検診断及び臨時点検診断がある．定期点検診断は，日常点検で把握し難い構造物あるいは部材の細部を含めて，変状の有無や程度の点検を部材の性能把握を目的に行う．

定期点検診断には，海面より上の部位・部材を対象として主として目視調査による簡易的な一般定期点検診断と，目視が困難な部位・部材の点検診断および変状の原因や進行速度などを把握するための詳細定期点検診断があり，その頻度は，一般定期点検診断は1〜2年に1回，詳細定期点検診断は，対象施設によって多少異なるが，新規供用して5年以内に1回，その10年後に2回目，供用20年後に3回目を実施する．

一般定期点検診断の対象施設は，護岸・堤防，重力式係船岸，矢板式係船岸，桟橋，浮桟橋，道路，橋梁と多く，これらの各施設における鋼構造物に関する主な点検方法と点検項目は，**表1.4**に示すとおりである．一般定期点検診断の結果は**表1.5**に示すように対象施設の各部位に対して(a,b,c,d)の4段階で劣化度評価を行い，詳細定期点検診断結果(同じく4段階)と併せて，施設全体の性能を(A,B,C,D)の4段階に総合的評価する．この時，点検項目を施設の性能，特に安全性に及ぼす影響の観点から3種類の評価スキーム（【1】，【2】，【3】）に分類し総合評価を行う．

表 1.4 点検方法と点検項目

点検方法	点検箇所	点検項目
目　視	排水設備	排水設備の破損，グレーチングの変形，腐食
	鋼矢板・鋼管杭	鋼矢板の腐食，き裂，損傷
		被覆防食工
	係船岸	本体の損傷，塗装
	防舷材	本体の損傷，破損，取付金具の状態
	はしご	本体の損傷，塗装，腐食
	車止め・安全柵	本体の損傷，塗装，腐食
	渡版	本体の損傷，塗装
	ポンツーン外部（鋼製）	鋼材の腐食，き裂，損傷
		被覆防食工
	係留杭・係留チェーン	摩耗，塗装，腐食
	連絡橋・渡橋	安定性，損傷，腐食
	伸縮装置	ジョイント部材の状態・損傷，排水状態
		シール材の状態・損傷，後打ち材の剥離，陥没，角欠け
	高欄	高欄の損傷
	支承	支承本体の損傷，取付け状況
	鋼床版	鋼材の腐食
		塗装
	鋼構造部材	部材の変形，ひび割れ
		橋脚隅角部のき裂
		鋼材の腐食
電位測定	鋼矢板・鋼管杭	電気防食工
	ポンツーン外部（鋼製）	電気防食工

表 1.5 評価結果の導出方法

スキーム	点検項目	評価結果			
		A	B	C	D
【1】	I 類	「a が 1 個から数個の項目」があり，既に施設の性能が低下している．	「a または b が 1 個から数個の項目」があり，そのまま放置すると施設の性能が低下する恐れがある．	A,B,D 以外	すべて d のもの
【2】	II 類	「a が多数を占めている項目」，「a+b がほとんどを占めている項目」があり，既に施設の性能が低下している．	「a が数個ある項目」，「a+b が多数を占めている項目」があり，そのまま放置すると施設の性能が低下する恐れがある．	A,B,D 以外	すべて d のもの
【3】	III 類	—		D 以外	すべて d のもの

(3)河川用ゲート設備点検・整備・更新検討マニュアル（案）[3]　平成 20 年 3 月

　河川管理施設として設置されている河川用ゲート施設・設備の点検・整備・更新に適用され，対象構造物として，本線を横断する構造物として堰及び分派水門，堤防の一部を構成する構造物として水門，樋門がある．

　点検の種類は，定期点検，運転時点検及び臨時点検があり，定期点検は，管理運転点検（原則として定期的に毎月 1 回），月点検（管理運転点検が困難な設備において，原則として月 1 回），年点検（毎年 1 回出水期の前に実施）に分け，専門技術者により実施される．

　管理運転点検及び月点検では，目視による外観の異常の有無等の確認が行われるが，年点検では，目視，触診，聴診等のみならず各種計測による傾向管理を実施し，かつ事後保全対応項目における不具合を確実に検知し，さらに点検記録を分析することにより，数年先の対応（整備予測）を可能としている．

　河川用ゲート設備の点検項目は多岐にわたる．以下に鋼構造に関する点検項目・内容の一例を**表 1.6** に示す．

表 1.6　ゲートの点検項目・点検内容

装置区分	点検項目	点検内容
扉体全般	塗膜	損傷，劣化
扉体	構造全体	振動，異常音，片吊り
	スキンプレート	変形，損傷，板厚の減少，腐食(孔食)，溶接部の割れ
	主桁，補助桁	
	ボルト，ナット	ゆるみ，脱落，損傷，腐食(孔食)
	リベット	
支承部	主ローラー，軸，軸受	摩耗，損傷，腐食(孔食)，給油状態，回転状況
	補助ローラー，軸，軸受	

　上記の点検項目と内容における損傷の有無を点検記録票(チェックシート)にまとめ，点検結果を総合的に判断して，点検結果総括表を作成し，不良・不具合に対する処置として，以下の処理ランク(緊急度)に区分する．

　A：早急な処置を実施する．

　B：なるべく早い処置（2，3 年以内）の実施を検討する．

　C：状況の推移を観察し処置の実施を検討する．

　また，これら「A・B・C」の判断を，「○・△・×」の健全度評価に置換え，点検結果を効率的に取り込み，維持更新の判断基準への適用を図る．

【参考文献】

1) 鉄道総合技術研究所：鉄道構造物等維持管理標準・同解説（構造物編）鋼・合成構造物,2007.1.

2) 沿岸技術研究センター：港湾の施設の維持管理技術マニュアル,2007.10.

3) 国土交通省総合政策局建設施工企画課，河川局治水課：河川用ゲート設備点検・整備・更新検討マニュアル（案）,2008.3.

1.2.5 長寿命化に向けて

約100年前の大正三年（1914年）に関場茂樹により発刊された「標準橋梁仕様書」[1), 2)]には「第六章　既設橋梁の検査」として18頁にわたり記述がある．この仕様書は鉄道橋，公道橋，電気鉄道橋を対象としており，そこには，管理責任者が実施する検査には毎年1回の小検査，5年目の大検査と耐荷検査の3種類あることが記述されている．さらに橋梁台帳に記載すべき項目が事細かに記載されており，「橋梁台帳と検査報告書の結果から加工修理あるいは新橋架設をなすべし」，とある．小検査の検査項目は橋床，主桁，塗料，橋台・橋脚，支承面の高さ（下部工の沈下の有無）の5項目に大別されており，主桁ではき裂変形あるいは腐食の有無，支承部は土砂塵埃なく自由に正しく働き得ること，とある．5年に一度の大検査では，塗装塗替，海岸部や工業地帯での検査間隔の短縮について記述があり，検査項目は小検査で実施する検査項目に加え連結部のリベットの全量打音検査を実施する，とある．

このように，既に100年前から維持管理のための点検の必要性が説かれていたが，技術者の不足，予算などの種々の制約や問題等によって，維持管理が十分に実施されていないものがあるのが現状である．近年は，「鋼構造物を安全に利用できる」という情報を得ることに対して高い社会的価値を見出しつつあることから，種々の点検要領を概観し鋼構造物の長寿命化に向けての課題を整理する．

(1) 点検技術者の資質の確保

点検に従事する技術者には，点検要領やマニュアルを使いこなせることはもとより，基本的な設計・施工・維持管理に関する技術や経験を有した人材を育成していく必要がある．一方で，点検対象となる橋梁の構造形式による分別ごとに対応した点検技術者のあり方についても考える必要がある．例えば，鉄道橋，都市高速道路橋，長大橋など特徴的な橋梁群，ケーブル系橋梁群，アーチ系橋梁群，橋長の短い鋼桁橋の橋梁群など専門性の階層に分別することなどが考えられる．

(2) 点検の高度化・効率化

鋼道路橋の定期点検では腐食，き裂，ゆるみ・脱落，破断，防食機能の劣化等に対し，近接目視点検することを基本としている．現状では，肉眼による近接目視で点検を実施しているが，見えない箇所や非常に見づらい箇所に対する検査技術の高度化が必要である．また，各種カメラを用いた画像処理技術によって，肉眼による目視点検と同等の性能を持つ点検技術の開発などによる点検の信頼性の向上，省力化・効率化についても求められている．

(3) 建造時資料の確保

定期点検によって構造物の現状を把握することにより，健全性を評価・診断して将来予測を行い，補強・補修などの措置を予防的に講ずることで対象となる構造物の長寿命化が図られる．そのためには，建造時の資料の調査が非常に重要である．橋梁諸元，建造年，設計図，設計計算書，施工計画書等を把握することにより，鋼構造物の設計思想や製造方法，架設工法，架設時の精度管理方針を知ることは，予防保全によるメンテナンスサイクルを回す際の有力な情報元となる．さらに，初回点検結果，点検履歴，補修履歴の情報も蓄積することで将来予測の精度向上が図られるであろう．

(4) 未知の損傷に対する対応

　現在の我々が知ることの無い未知の疲労損傷が日々進行している可能性があり得る．また，補修用の防食工法が種々開発され実用化されているが，その成否が実際の現場で判明するまでの期間は未定である．これらのことから，例示されている点検項目に対して近接目視するだけでなく，常に新たな知見を求める姿勢で鋼構造物に対峙し，近接と俯瞰，両方の目を持って定期点検を実施する必要がある．そして，知り得た新たな知見をすばやく反映できる設計や維持管理基準，点検要領の運用が求められる．

(5) 地方自治体管理の橋梁への対応

　高速道路会社が管理する橋梁，鉄道橋など，収益を生み出すことができる鋼構造物は，リスク管理の観点から合理的に長寿命化に必要な人的，経済的，技術的投資を受けることができる．また，国が直接管理する直轄国道の道路橋はその重要性が非常に高いため，必要十分な投資を行う合理性がある．一方，地方自治体が管理する道路橋では，橋梁規模や交通量，社会的重要性が大きく異なる．そして，官・民とも経験と技術力の不足，人材の不足，定期点検の発注形態，膨大なストック数などの問題がある中での長寿命化に必要な定期点検を考える必要がある．

　具体的には，鋼構造物の長寿命化における素地整備として，一般市民への啓蒙と参加型プロジェクトの推進，地域に根差す官・民技術者の技術力向上のための再教育を実施し地方自治体管理の一般的な橋梁の定期点検を地域で実施する態勢を整える．使用状況や橋梁形式，維持管理レベルに対応した点検従事者の要件の階層化等の実情に合わせた工夫が考えられる．また，定期点検の実施にあたり，その一括発注や点検結果のキャリブレーションなどの技術水準の保証を担う組織の設立による広域的なサポートも考えられる．

【参考文献】

1) 土木学会鋼構造委員会100周年記念出版特別委員会：100年橋梁，土木学会,pp.54-61,2014.11.
2) 関場茂樹：標準橋梁仕様書，丸善株式会社，pp.105-121,1914.9.

1.3 自治体の点検精度確認調査

橋梁の定期点検における近接目視を主体とした調査については，現状においては数多くある対象構造物に対して，複数の点検技術者が個別に点検を実施した場合に，ある程度のばらつきを有しているものと想定される．

点検者の点検結果の精度等については，アメリカ合衆国 FHWA において 2001 年 6 月に「Reliability of Visual Inspection for Highway Bridges」[1] が公表されており，その中で目視外観調査の精度や信頼性について，多方面からの分析が行われている．当該資料は，アメリカ政府の公認点検員が行っている目視外観調査についての報告であり，我が国のように必ずしも公的機関で認証された点検員が調査を行っていない現状から，多くの課題があるものと推察される．なお，我が国においては，橋梁定期点検の点検精度に関する研究があまりないことから，今後の長寿命化に向けて，橋梁定期点検の精度検証と点検の課題を検討することが重要であると考えられた．よって，本小委員会では，長寿命化を図るために必要となる定期点検の精度を検証することが必要だと考え，学術的見地から，平成 19 年度以降に行われていた遠望目視を主とした目視点検の精度と信頼性について客観的に調査を行い，点検の精度を明らかにすることとした．また，検証データより，点検を担う人材の育成や資格制度の必要性を検討し，点検方法を近接目視による方法を主として行うことなどに転換することが，構造物の長寿命化を図る上で，重要であると考え点検実態の調査・分析を行った．

対象とした調査を行う地方自治体は，第一に国内の地方自治体として偏りのない組織，第二にある程度のレベルで点検を行うことが可能な組織とした．これまでに説明した考えを基に平均的地方自治体として対象としたのは，本州の中心に位置する太平洋側の政令指定都市である浜松市と日本海側の市である富山市を選定した．また，選定した地方自治体が管理する道路橋の点検精度確認を行う数は，精度誤差を考え 100 橋を超える箇所を定量的に選定し，専門技術者による適切な点検実施を基本として行い，その結果を分析した．

【参考文献】

1) https://www.fhwa.dot.gov/publications/research/nde/01020.cfm
Publication Number: FHWA-RD-01-020, June 2001

1.3.1 富山市の事例
(1) 富山市の橋梁点検当時（2013年）の状況

富山市では，約2200橋の橋梁を管理し，このうち，橋長15m以上のものは224橋，2m以上15m未満のものは1980橋となっており，大多数は橋長2m以下の橋梁である．

橋長15m以上の橋梁に対して，平成19年から平成23年度の5ヵ年をかけて，富山県土木部が国の「橋梁定期点検要領（案）平成16年3月」に準じて作成した「富山県橋梁点検マニュアル（案） 平成18年6月」[1]を使用して詳細点検を実施した．一方，橋長が2m以上15m未満のものは，日常のパトロールで路面管理を行なう程度であり，詳細点検は未実施の状況であった．

なお，損傷等級の判定区分は，径間ごとの部材単位で実施し，以下の5段階の評価が行われた．

- A：損傷が特に認められない
- B：損傷が小さい
- C：損傷がある
- D：損傷が大きい
- E：損傷が非常に大きい

(2) 点検精度確認調査の対象橋梁

詳細点検が実施された橋梁のうち40橋を抽出し，当小委員会の委員が手分けして精度確認調査を行った．対象とした橋梁の竣工年のヒストグラムと橋梁種別の割合を図1.7，図1.8に示す．竣工年の平均は1975年となり，構造形式としては，鋼単純I桁，RCT桁，PCT桁が多く，RCゲルバー橋，アーチ橋も含まれている．精度確認調査は，2013年6月6日から6月8日にかけて実施した．

(3) 点検精度確認調査結果（定期点検実施橋梁40橋）と課題

富山市が実施した点検において損傷等級B〜Eと損傷判定された箇所に対し，当小委員会の委員による精度確認調査を行なった結果，損傷等級B〜Eの判定結果が当初と同じように評価された箇所と，当初と異なる評価となった箇所があり，その結果を図1.9に示す．精度確認調査により損傷を評価された箇所数は405箇所であった．そのうち，富山市の定期点検で適正に評価されていたのは321箇所であり，全体の約2割にあたる残り84箇所については損傷の判定が異なることとなった．これは，橋梁点検時に損傷を見落としたことや，損傷の評価時に，損傷等級の評価に誤りがあったものと推測された．橋梁毎に精度確認調査による評価が当初と異なる箇所数を分子，精度確認調査結果による損傷箇所数を分母とする数値を計算し，それを富山市の定期点検

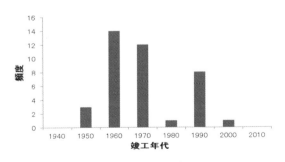

図1.7　竣工年代（富山市）

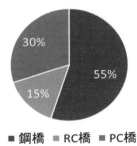

図1.8　橋梁種別（富山市）

の誤差と定義した．誤差の分布を図1.10に示す．誤差の平均値は23.5%であるが，全体の35%にあたる14橋の橋梁が50%以上の誤差を有する定期点検結果であったことを示している．

定期点検の誤差に関して，床版，主構造，横桁等，支承，支承部モルタル，下部工躯体，下部工基礎，高欄，地覆，舗装，伸縮装置に細分したグラフを図1.11に示す．これによると橋梁の上部構造に誤差が集中していることがわかる．床版，主構造，横桁等，支承，支承モルタルの5項目で集計すると，36%の箇所で橋梁点検時における損傷の見落とし，もしくは損傷評価の誤りがあったことになる．

富山市では，橋梁台帳，橋梁一般図が完備されており既存資料の保管状態は比較的良好であると考えられる．しかし，管理橋梁の詳細な資料には，供用開始後必要あって復元された現況を正しく表していない資料も混在し，地方自治体の管理実態を垣間見ることができた．一方，定期点検の精度は低く，長寿命化にとって危険側に20～35%の誤差が存在することが明らかになった．部位別の誤差件数として主構造や横桁などの上部工における結果について，当初と異なる評価結果が多いことから，十分な近接目視が実施できていなかった可能性と点検技術者の知識・経験不足が考えられる．

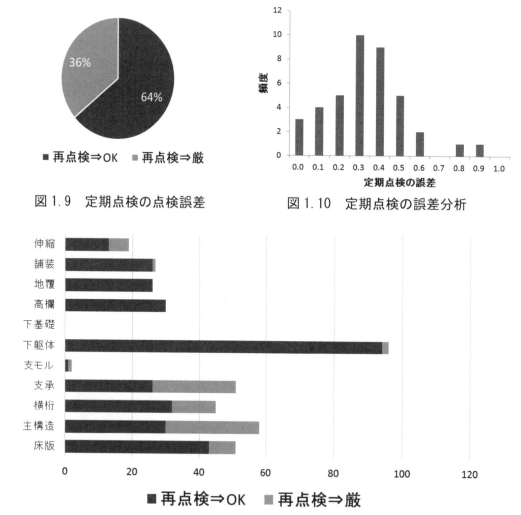

図1.9　定期点検の点検誤差　　　図1.10　定期点検の誤差分析

図1.11　定期点検における部位別の点検誤差（富山市）

橋梁の長寿命化に係わるメンテナンスサイクルに必要な重要なデータを取得するための定期点検において，誤差を多分に含んだ点検結果が報告されている実態が分かった．本来であれば点検成果の受領時に適正なチェックが入るべきであったが，発注者・受注者ともに維持管理に関する取組態勢が十分できていなかったのではないかと推察する．維持管理では，現場で実際に橋梁を診る経験がなにより重要である．技術力の向上はもちろんであるが，発注者も現場に通い詰め，提出される点検成果を適正に評価できる観察眼を習得するなどの対策が今後は必要であろう．

(4) 橋梁点検における不具合事例

現地での構造形式の確認や点検における着目点の把握と理解等に対する不具合事例を次に示す．

1) 事例　八田橋

① 前回点検時期　　：2008年
② 適用点検基準　　：富山県橋梁点検マニュアル（案）[1] 平成18年6月
③ 前回点検種別　　：詳細点検
④ 委員会点検方法：橋梁点検車を使用した点検
⑤ 委員会点検結果

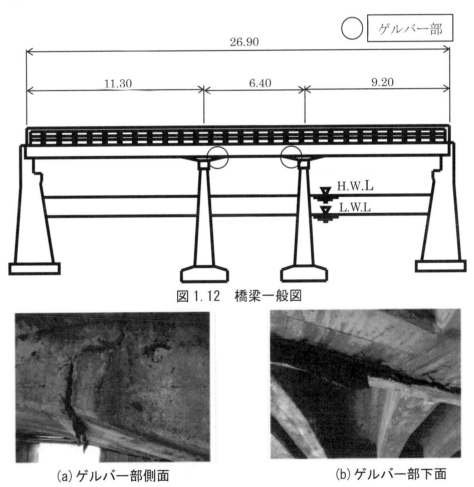

図 1.12　橋梁一般図

(a) ゲルバー部側面　　　　　(b) ゲルバー部下面

写真 1.1　損傷状況（八田橋）

点検前に小委員会に貸与された 2008 年実施の点検調書に記載された橋梁台帳の構造図によると**図** 1.12 に示すとおり 3 径間連続桁として調書では記録されていた．小委員会が点検を行った結果，中央径間部はゲルバー桁の吊り桁構造であることが明らかになった．橋梁台帳の構造一般図は，先に示した復元図より抜き出したもので，現地と復元図の差異を十分に行わなかった結果と判断される．ライトレール用の橋梁の橋梁台帳に記載されている構造図では，中央径間が 10m となっているため，上記の側面図（支間長 6.4m と記載）は橋脚位置ではなく路面の伸縮装置の位置を元に作図された可能性が高い．小委員会では，損傷が生じやすく，かつ構造的な弱点となるゲルバー桁のヒンジ部に着目した点検を実施した結果，ヒンジ部付近には**写真** 1.1 に示すとおり，コンクリートの剥離・鉄筋露出などの多くの損傷が見られた．2008 年実施の点検調書にはゲルバーヒンジ部の点検結果の記録が無く，構造の見落とし，もしくは点検結果の記録漏れが考えられる．八田橋の事例では，点検精度が低い原因として対象橋梁の構造形式を把握していない初歩的な誤りと点検技術者の知識・経験不足によって生ずる誤差が考えられる．橋梁の橋面と桁下からの観察と橋梁台帳の図面を突き合わせ，橋梁の全体像を見極めた上で点検に従事する事の重要性を示す代表的な事例である．

【参考文献】
1)富山県土木部：富山県橋梁点検マニュアル（案），2006.6.

1.3.2 浜松市の事例

(1) 浜松市の橋梁点検当時 (2013 年) の状況

　浜松市は, 市町村合併の経過を経て, 平成 19 年 4 月に政令指定都市となるに伴い, これまで静岡県が管理していた, 国・県道及び合併した市町村道が移譲されることとなった. このとき, 膨大な量の土木施設を管理する必要が生じ, 財政状況や市民ニーズの多様化を踏まえながら, より効率的・効果的でかつ透明性の高い土木施設の維持管理が求められることとなった.

　こうした背景の中, 約 6 千橋という膨大な数の道路橋について, 当時, 既に静岡県が策定した「土木施設長寿命化計画　橋梁ガイドライン　平成 18 年 3 月」,「土木施設長寿命化計画　橋梁点検マニュアル　平成 18 年 3 月」を基本に浜松市の実状を加味して策定した「(仮称) 浜松市土木施設長寿命化計画橋梁点検マニュアル (案)　平成 20 年 3 月」[2]をもとに橋梁長寿命化計画を目的とした橋梁点検を推し進めることとなった.

　上述の政令指定都市になる際に, 国・県道及び合併した市町村道を管轄する各管理者より引き継がれた橋梁の中には, 著しく損傷が進行した橋なども含まれており, 原田橋のケーブル破断 (平成 24 年 3 月) のように, その後, 長期にわたる交通止めを余儀なくされるほどの大規模な補修工事が必要となるような橋梁も存在した.

　なお, 浜松市の点検マニュアルでは, 定期点検を詳細レベル 1 (近接目視), 詳細レベル 2 (近接もしくは遠望目視), 概略レベル (遠望目視) に分類している. 詳細レベルの損傷等級の判定区分は, 径間ごとの部材単位で実施し, 以下の 5 段階の評価が行われた.

　　A：損傷が特に認められない

　　B：損傷が小さい

　　C：損傷がある

　　D：損傷が大きい

　　E：損傷が非常に大きい

　一方, 概略レベルでは, 代表径間に対して点検を行い「良好・軽度・重度」の 3 段階で評価する. 健全度の評価では, 良好を A, 軽度を C, 重度を E に換算し, 中間をそれぞれ B, D に分類している.

(2) 点検精度確認調査の対象橋梁

　浜松市の管理する橋梁は, 平成 16 年版橋梁定期点検要領に準じて定期点検 (詳細レベル) が実施された橋梁と, 概略点検 (概略レベル) を実施した橋梁が混在している. その中から, 定期点検を実施した 13 橋と概略点検を実施した 56 橋を抽出し, 当小委員会の委員が手分けして全 69 橋を対象に精度確認調査を行った. 対象とした橋梁の竣工年のヒストグラムと橋梁種別の割合を

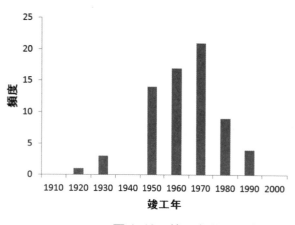
図 1.13 竣工年代（浜松市）

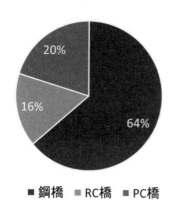
図 1.14 橋梁種別（浜松市）

図 1.13, 図 1.14 に示す．竣工年の平均は 1969 年となり，構造形式としては，鋼単純 I 桁，RCT 桁，PCT 桁が多く，トラス橋，RC ゲルバー橋，アーチ橋，吊橋も含まれている．精度確認調査は，2013 年 7 月 4 日〜7 月 6 日にかけて実施した．

(3) 点検精度確認調査結果（定期点検実施橋梁 13 橋）

浜松市が実施した橋梁点検において損傷等級 B〜E と損傷判定された箇所に対し，当小委員会の委員による精度確認調査を行なった結果損傷等級 B〜E の判定結果が当初と同じように評価された箇所と，当初と異なる評価となった箇所があり，その結果を図 1.15 に示す．精度確認調査により損傷を評価された箇所数 369 箇所であった．そのうち，浜松市の定期点検で適正に評価されていたのは 249 箇所であり，全体の約 3 割にあたる 120 箇所については損傷の判定が異なることとなった．これは，橋梁点検時に損傷を見落としたことや，損傷の評価時に，損傷等級の評価に誤りがあったものと推測された．

橋梁毎に精度確認調査による評価が当初と異なる箇所数を分子，精度確認調査結果による損傷箇所数を分母とする数値を計算し，それを浜松市の定期点検の誤差と定義した．誤差の分布を図 1.16 に示す．誤差の平均値は 34.1％であり，全体の 30％にあたる 4 橋の橋梁が 50％以上の誤差を有する定期点検結果であったことを示している．

富山市に比べて対象橋梁数は多いが，管理実態や点検行為を定量的に比較できないことから両組織を単純に比較は出来ないものの，富山市に比べ浜松市の定期点検は，平均的な精度が悪いと言える．これは，数多い管理橋梁を一時期に集中的に点検を行う必要性から発生する，点検の質より量をこなすことを重視した結果とも考えられる．

定期点検の誤差に関して，床版，主構造，横桁等，支承，支承部モルタル，下部工躯体，下部工基礎，高欄，地覆，舗装，伸縮装置に細分したグラフを図 1.17 に示す．これによると橋梁の上部構造に誤差が集中していることがわかる．床版，主構造，横桁等，支承，支承モルタルの 5 項目で集計すると，43％の箇所で橋梁点検時における損傷の見落とし，もしくは損傷評価の間違いがあったことになる．

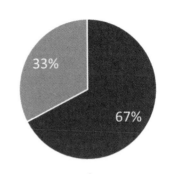
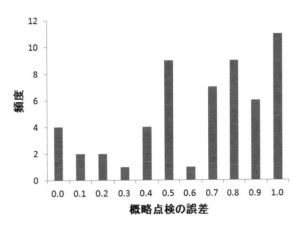

図 1.15　定期点検の点検誤差（浜松市）　　図 1.16　定期点検の誤差分布（浜松市）

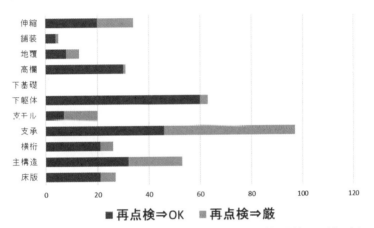

図 1.17　定期点検における部位別の点検誤差（浜松市）

(4) 点検精度確認調査結果（概略点検実施橋梁 56 橋）と課題

　浜松市が実施した橋梁点検において損傷等級 B～E と損傷判定された箇所に対し，当小委員会の委員による精度確認調査を行なった結果，損傷等級 B～E の判定結果が当初と同じように評価された箇所と，当初と異なる評価となった箇所があり，その結果を図 1.18 に示す．精度確認調査により損傷を評価された箇所数 436 箇所であった．そのうち，浜松市の概略点検で適正に評価されていたのは 190 箇所であり，全体の約 6 割にあたる残り 249 箇所については橋梁点検時における損傷の見落とし，もしくは損傷評価の誤りがあったことになる．

　橋梁毎に精度確認調査による評価が当初と異なる箇所数を分子，精度確認調査結果による損傷箇所数を分母とする数値を計算し，それを浜松市の定期点検の誤差と定義した．誤差の分布を図 1.19 に示す．誤差の平均値は 61.7% であり，全体の 77% にあたる 43 橋の橋梁が 50% 以上の誤差を有する点検結果であったことを示している．概略点検の誤差に関して，床版，主構造，支承，支承部モルタル，下部工躯体，高欄，舗装，伸縮装置に細分したグラフを図 1.20 に示す．これによると橋梁の上部構造に誤差が集中していることがわかる．床版，主構造，支承，支承モルタルの 4 項目で集計すると，61% の箇所で橋梁点検時における損傷の見落とし，もしくは損傷評価の誤りがあったことになる．

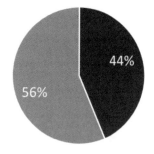
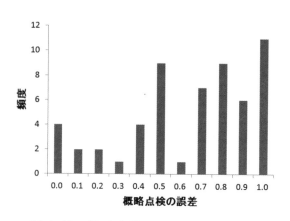

図1.18　概略点検の点検誤差（浜松市）　　図1.19　概略点検の誤差分布（浜松市）

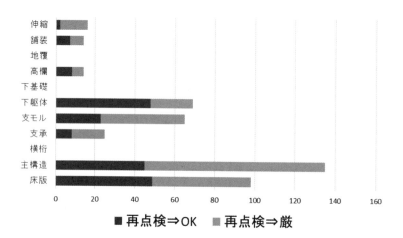

図1.20　概略点検における部位別の点検誤差（浜松市）

　概略点検では，遠望目視を主体としていることから目視で確認できる変状の程度や範囲が限られ，橋梁の主要部材である床版と主構造の点検誤差が大きくなったものと考えられる．富山市でも同様な傾向が確認されたが，浜松市においても遠望目視点検のマイナス面が顕著となり，近接目視を伴う定期点検に比べ簡易な遠望目視による概略点検は，橋梁定期点検としては，不適切であると判断される．

　浜松市では，橋梁台帳，橋梁一般図が完備されており橋歴板の情報も記載されており既存資料の保管状態は比較的良好であると考えられる．一方，定期点検を実施しているものの，その精度は低く，長寿命化にとっては危険側に34～43%の誤差が存在することが明らかになった．部位別の誤差件数として主構造と支承の点検ミスが多いことから点検技術者の知識・経験不足と遠望目視による視認性の不足が考えられる．

　概略点検では危険側に60%の誤差があり，点検結果として利用できない状況にあると言える．また，吊橋，ランガー橋，π形ラーメン橋，トラス橋の点検を概略点検（遠望目視点検）で実施しているケースがあった．橋種にかかわらず点検を画一的に実施したため，特殊な橋梁の点検に必要な着目点に対する点検がなされていなかった．少なくとも，自由記述欄に点検で把握された情報を記述すべきであるが，吊橋などのケーブル系橋梁の場合でも特に記載が無く，主索のアンカ

レイジ定着部の写真・記述が一切無かった．これらより，橋梁形式や構造的特徴に関する基礎的な知識に対する技術者再教育の重要性が再認識される．

定期点検，概略点検ともに，支承の機能障害に係わる捕らえ方に問題があると考えられる．橋梁設計時の境界条件を具現化する支承は非常に重要であり，鉛直反力の伝達機能の他に水平方向の境界条件と桁の回転を保障する機能がある．また，水平反力分散支承や免震支承においては耐震性能を保障するものであることを認識した上で支承の点検に取組む必要がある．この認識の有無により浜松市の点検結果と委員会による精度確認調査結果がかけ離れることになったと考えられる．

また，概略レベルの点検では支承を含めすべての点検項目に対し，代表径間に対する遠望目視による点検，としていることが点検精度を低下させた要因になっている．橋の長寿命化を実施するには，すべての部材を診ることが必要不可欠であり，桁端部においての近接目視は必須である．

以上のことより，長寿命化に資する情報を取得するための定期点検では，橋梁形式や構造の特徴を反映した点検内容，記録が必要であることに加え，遠望目視と近接目視の適正な適用を点検マニュアルに明記する必要がある．

(5) 橋梁点検における不具合事例

一般的な橋梁において着目すべき部位に対し，目視されていない不具合事例を次に示す．

1) 事例（その1）大輪橋（定期点検）

①前回点検時期　　：2008年
②適用点検基準　　：(仮称) 浜松市土木施設長寿命化計画　橋梁点検マニュアル（案）[1]
　平成20年3月
③前回点検種別　　：定期点検（詳細点検レベル）
④委員会点検方法：地上目視点検
⑤委員会点検結果

図1.21に示す鋼単純下路式ローゼ桁は，既に定期点検が行われており，健全な状態であると報告されていた．

大輪橋を車両で通過時に当該橋梁の鋼製伸縮装置に異常を発見，急遽調査を行うことした．そこで，小委員会が精度確認調査を行ったところ，写真1.2に示すように可動支承を有する橋台のパラペットと桁端部が衝突しており，主構造が剛であることから外観上の変形は確認されなかったが，詳細な調査も含めた対策検討が必要な橋梁であることが明確であった．桁端部の衝突は，橋台側から目視で十分視認できる範囲の変状であり，点検技術者の質を問われる重要な課題が明確となった．また，伸縮装置の櫛部分の遊間量がなくなっている状況からも，異常の予見が可能である．ここでは，点検技術者の知識，経験不足が損傷の見落としにつながったと考えられる．

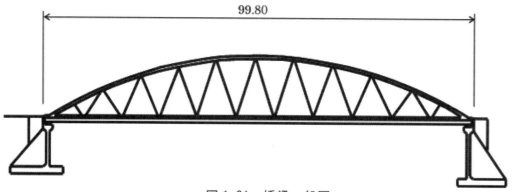

図1.21　橋梁一般図

(a) パラペットと桁端部が衝突

(b) 伸縮装置の遊間異状

写真1.2　損傷状況（大輪橋）

2) 事例（その2）瀬戸橋（概略点検）
① 前回点検時期　　　：2008年
② 適用点検基準　　　：(仮称) 浜松市土木施設長寿命化計画　橋梁点検マニュアル（案）[1]
　　平成20年3月
③ 前回点検種別　　　：概略点検
④ 委員会点検方法　：地上目視点検（梯子使用）
⑤ 委員会点検結果

　図1.22に示す吊橋について，小委員会の精度確認調査では概略点検レベルを想定し，双眼鏡を用いた遠望目視を行った．その結果，主径間の補剛桁を支持する支承のアンカーボルトのナットの浮きが存在することを確認した．この異常に対して，次に梯子を用いて支承部に近接した点検を行ったところ，アンカーボルトはハンマで叩くと折れ曲がるほど腐食が進行しており，点検結果に大きな差異が生じる結果となった．その時の様子を写真1.3に示す．

　ここでは，吊橋に対し概略点検を適用することに対し問題意識を持たなかったところに根本的な問題があると考えられるが，点検結果の提出に際して点検技術者としての知識不足を指摘することができる．また，アンカーボルトに関しては点検環境に起因する視認性の不足による損傷の見落としと考えられる．

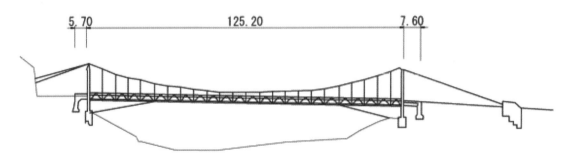

図1.22　橋梁一般図

(a) 支承部

(b) 支承部拡大

写真1.3　損傷状況（瀬戸橋）

【参考文献】
1) 浜松市役所道路保全課：(仮称) 浜松市土木施設長寿命化計画橋梁点検マニュアル（案），2008.3.

1.3.3 点検精度に係わる誤差要因

　浜松市の概略点検の事例では，橋の長寿命化に係わる定期点検に資する情報を取得することが困難であることが精度確認調査の結果からも確認できた．実施した時期から考えて，定期点検に対する必要性の認識，技術的知見，予算措置，点検技術者の熟練度，報告内容に対する検証体制いずれもが未成熟であり，今回の結果は不可避的なものであると考えることも出来る．このことを教訓とすべく今回実施した定期点検と精度確認調査結果の比較内容を踏まえ，誤差要因を**表 1.7**に示すように分類した．

表 1.7　誤差の分類と要因

	分類	要因例
1	点検技術者の知識，経験不足，倫理観の不足に起因する誤差	損傷の見落とし
		損傷判定が不適切
2	対象橋梁の構造形式に起因する誤差	特殊な着目点の欠如，イレギュラー対応の不足
3	点検環境に起因する誤差	遠望・近接のミスマッチ，視認性の不足，天候変化による変動
4	点検中の判断ミス，作業ミス，単純ミス	周辺・付加情報の不記載，転載ミス，転記ミス

1.3.4 長寿命化のための点検における課題

　鋼構造物の長寿命化を図るためには，現状の点検の実態を把握するために，2013 年 6 月及び 8 月に富山市および浜松市において，点検精度確認調査を実施した．我が国では，橋梁定期点検の点検精度に関する調査はほとんどなく，本調査の結果から，遠望目視を用いた橋梁点検技術者の質と点検結果の精度に関する課題，知識・経験不足等の課題が明らかになった．その後，道路法施行規則（平成 26 年 3 月 31 日公布，7 月 1 日施行）をもって，橋梁（約 70 万橋）・トンネル（約 1 万本）等は，国が定める統一的な基準により，5 年に 1 度，近接目視による全数監視を実施することとなった．本調査に際して，富山市と浜松市は橋梁点検データ等を提供いただくとともに，フィールドの提供というかたちで，多大な協力を頂いた．その結果，道路橋の安全性に，一石を投じ，点検要領等の改定につながったことは，非常に有益であった．今回は富山市と浜松市を対象に精度確認調査を実施したが，両市の状況は特異ではなく平均的な地方自治体の実情ではないかと考える．一般的に地方自治体の管理する橋の定期点検を考えた場合，人員不足，技術力不足，財政不足ということは周知の事実である．近接目視による定期点検要領が策定され，財政的には補助制度が整備されたが，そのため，それを実施する発注者および受注者の人員と技術力の向上が課題となる．それに加え，全国で実施された橋の長寿命化修繕計画策定時に得られた知見として，目視点検の品質確保のための対策や点検業務の発注形態，使用実態の維持管理への反映などが共通の課題として挙げられている．

以上より，地方自治体の点検における課題と対策案を下記に示す．

(1) 橋梁の点検・維持管理に関する要件を満たす橋梁点検技術者の養成と確保

橋梁点検技術者とともに発注者の技術力の向上も必要であり，架橋環境や交通量を勘案するなどの地域の実情に合わせた点検項目の工夫や交通規制に関する技術的判断を行うことのできる技術者の養成と確保が必要となる．

(2) 管理橋梁の分類とそれに応じた定期点検の実施（近接目視の徹底）

PC床版橋など点検が容易な橋梁群，単純鋼I桁橋，RCT桁橋などの標準的な単純桁形式の橋梁群，アーチ・トラスなどの骨組構造形式の橋梁群，ケーブル系橋梁群など，管理する橋梁を橋長ではなく，構造形式ごとに分類し点検を実施する．そして，点検要領の内容や配置技術者の要件も対象橋梁群に応じたものとするなどが考えられる．

(3) 支承機能の再認識（構造的境界条件，耐震性能の保障）

支承機能については，定量的な健全度診断基準が示されていない場合が多く，状態が良好でない支承ばかりを見慣れていると判定が危険側になる恐れがある．鉛直反力の伝達はもちろんのこと，桁の回転や水平移動を可能とする性能，水平反力の分散や免震性能などについて設計時の前提条件を具現化できていることを点検する必要がある．

(4) 定期点検時の未見情報記載の義務化と解消案の策定

定期点検において近接目視が困難であった場合，その情報を点検結果に記載するとともに，近接目視を可能とする点検計画の策定もしくは代替方法による確認手段の提案を義務化することで，経験不足や倫理観の不足に起因する見落としを排除する必要がある．

(5) 点検評価を客観的に数値化できる画像処理もしくは計測システムの構築

自治体が管理する橋梁の規模は比較的小さいものの橋梁の数は多く，一方で橋梁に精通した技術者を十分確保することも困難である．そのため，点検結果の精査に困難が予想される．目視点検による評価をセカンドオピニオン的に利用できる評価システムの構築が望まれる．具体的には画像処理による腐食程度の評価であるとか振動計測による全体剛性の評価，支承移動量の計測による支承機能の確認などが考えられる．

(6) 定期点検と清掃，小規模補修の一括発注

定期点検により点検部位に近接する機会を捉えて，桁端部や排水装置の土砂清掃，防錆機能低下部分へのタッチアップ塗装等の小規模補修を実施することは，予算制約の厳しい自治体が管理する橋梁にとって有効である．補助金の予算執行上の問題や登録業種の問題があるものの，点検により土砂堆積や防錆機能の低下が判明しても，その対策が実施されるまでの期間が長引くことが予測される場合の次善策として検討することも考えられる．

(7) 点検結果に基づく対策区分の判定に作用外力の実情を反映する仕組みの構築

自治体が管理する橋梁の多くは，大型車交通量がほとんどなく，乗用車や農作業車の交通が大部分を締めていると考えられる．点検結果の判定は全国的に統一された点検要領に従うものの，対策区分の判定は作用外力の実情を反映することが現実的であると考える．その場合においても予算的制約を要因とすることなく，あくまでも道路管理者として実情に整合した安全性を保障す

る技術力が必要である.

(8) データの蓄積と活用

　橋梁点検結果については，多くの場合，帳票で結果の整理が行なわれている．維持管理のデータについては，継続的に蓄積し，経年の状況がわかることが重要である．点検結果や維持管理に関するデータを効果的に蓄積する方法を決定することが必要である．CIM や i-construction 等においても省力化，効率化とした目的を含めて，3D モデルの活用などが示されている．維持管理のためのデータ保存要領などの基準の整備も必要である.

1.4 鋼構造物の調査（詳細調査）

　鋼構造物の定期点検は目視によって行われているが，点検部位，損傷の種類や状態によっては目視では損傷の検出が困難な場合や，損傷要因の究明や健全度の評価に必要な情報が得られない場合がある．このとき，非破壊検査や計測技術等を用いた詳細調査が実施され，損傷の検出精度を向上させるとともに，損傷要因の究明と損傷度の評価，および対策の立案に必要な情報を得ている．これらの非破壊検査や計測によって対象橋梁の状態把握，将来予測，対策工法が明らかになるため，より精確な長寿命化修繕計画の策定が可能となり，適切な時期に適切な対処が実施されることになる．

　鋼構造物のモニタリングを考える場合，①既に損傷が発覚し経過観察状態にある構造物を一定期間モニタリングする場合，②長大橋梁等の挙動を長期的にモニタリングし定常状態を把握した上で損傷による異常を検知するための長期モニタリング，③地震や台風などの自然災害に際し，リアルタイムで構構造物の安全性や使用性を把握し，通行規制とその解除に係わる情報を得るためのモニタリングなどがある．

　鋼構造物の長寿命化に資するモニタリングである②では，目視点検よりも客観的かつ定量的に損傷程度を知ることができる．一方，モニタリングで検出した異常の要因を解明するためには目視による調査が必要となる．そのため，モニタリングと目視点検の両者は補完しながら，長大橋梁などの社会的影響が大きい鋼構造物の損傷を精確かつ効率的に検出する使命を担うことになる．

　目視による定期点検やモニタリング等によって損傷を把握した場合，損傷を反映した設計計算上の検討はもちろんであるが，実構造物による性能検証が必要もしくは有効になる場合がある．事前の性能検証を実施することで補修・補強工事の必要性やその内容についての精度が高まり，工事後の性能検証によって補修・補強工事による性能回復の効果が実証される．このため，補修・補強工事以降のより精確な長寿命化修繕計画の策定が可能となる．

　本章では，損傷の定量的な把握や要因分析が必要となる場合に実施する非破壊検査，設計計算上の仮定や構造物の挙動の変状調査のためのモニタリング技術，補修・補強工事による性能回復を確認する性能検証について紹介する．

1.4.1 鋼構造物の非破壊検査

鋼構造物に適用できる非破壊検査についての概説を以下に記す[1].

浸透探傷試験（PT）：表面にあるきず（割れ等）から浸透液が滲み出てきずを見やすくさせる.

磁粉（磁気）探傷試験（MT）：塗料または蛍光塗料を付けた磁粉が，表層にあるきずの周りに生じた漏洩磁束によって集まりきずを見えやすくさせる.

超音波探傷試験（UT）：発信した超音波が，きずで反射され，返ってきた超音波を受信し，その信号をモニターに表示させる.

渦流探傷試験（ET）：表層にあるきずと健全な部分と比較し過電流に違いが生じていることを検出してモニターに表示させる.

赤外線サーモグラフィ試験（TT）：きず部とその周辺との赤外線放射エネルギーが異なることをモニターで見せる.

放射線透過試験（RT）：きずである異物（空洞等）と健全な部分との放射線透過度合いの差をフィルムに写して見せる.

(1) 疲労き裂に対する非破壊検査技術

1950年代後半より多くの溶接鋼構造物が建設され，放射線透過試験などの非破壊検査は溶接継手の品質管理に適用されてきた. 放射線透過試験などの各試験方法は日本工業規格(JIS規格)で規格化されており，**表1.8**に鋼構造物の溶接継手の非破壊検査に関わるJIS規格を示す. 1980年代になると既設鋼構造物で疲労などの損傷が報告され，超音波探傷試験，磁粉探傷試験，および浸透探傷試験などの非破壊検査が既設鋼構造物の維持管理に適用されるようになった. 既設鋼構造物の非破壊検査に関わる規格基準が未整備であるため，非破壊検査の実施にあたっては鋼構造物の品質管理で利用されているJIS規格が引用されている.

第1章　鋼構造物の点検・調査

表1.8　鋼構造物の非破壊検査に関わる JIS 規格（日本工業規格）

試験方法	規格番号	規格の表題
外観試験	JIS Z 3090:2005	溶融溶接継手の外観試験方法
放射線透過試験	JIS Z 3104:1995	鋼溶接継手の放射線透過試験方法
超音波探傷試験	JIS Z 2344:1993	金属材料のパルス反射法による超音波探傷試験方法通則
	JIS Z 3060:2002	鋼溶接部の超音波探傷試験方法
	JIS Z 3070:1998	鋼溶接部の超音波自動探傷方法
磁粉探傷試験	JIS Z 2320-1:2007	非破壊試験－磁粉探傷試験－第1部：一般通則
	JIS Z 2320-2:2007	非破壊試験－磁粉探傷試験－第2部：検出媒体
	JIS Z 2320-3:2007	非破壊試験－磁粉探傷試験－第3部：装置
浸透探傷試験	JIS Z 2343-1:2001	非破壊試験－浸透探傷試験－第1部：一般通則：浸透探傷試験方法及び浸透探傷指示模様の分類
	JIS Z 2343-2:2009	非破壊試験－浸透探傷試験－第2部：浸透探傷試験剤の試験
	JIS Z 2343-3:2001	非破壊試験－浸透探傷試験－第3部：対比試験片
	JIS Z 2343-4:2001	非破壊試験－浸透探傷試験－第4部：装置
渦電流探傷試験	JIS Z 2315:1991	渦流探傷装置の総合性能の測定方法
	JIS Z 2316-1:2014	非破壊試験－渦電流試験－第1部：一般通則
	JIS Z 2316-2:2014	非破壊試験－渦電流試験－第2部：渦電流試験器の特性及び検証
	JIS Z 2316-3:2014	非破壊試験－渦電流試験－第3部：プローブの特性及び検証
	JIS Z 2316-4:2014	非破壊試験－渦電流試験－第4部：システムの特性及び検証

表1.9　各種非破壊試験のき裂検出限界寸法および精度 [3]

	き裂検出限界寸法(mm)		寸法推定精度
	塗膜上	塗膜除去後	
目視検査	4.0	8.0	ばらつき大
磁粉探傷試験	(4.0)	2.0	適正(±1mm)
浸透探傷試験	(4.0)	8.0	過小評価
超音波探傷試験	5.0	5.0	過大評価
渦流探傷試験	5.0	5.0	不　可

1) 従来の非破壊検査方法と疲労き裂の検出精度

表1.8に示される各種非破壊検査における疲労き裂の検出の限界寸法およびその精度について，すみ肉溶接継手の回し溶接止端に発生する表面き裂を対象に検討された事例を表1.9に示す[2),3)]．疲労き裂が面状であること，現場での安全管理および作業性から放射線透過試験は検討対象から外されることが多い．塗膜除去後の結果をみると，磁粉探傷試験による表面き裂の検出が優れており，2mm以上の長さのき裂を±1mmの精度で測定が可能である．浸透探傷試験によるき裂の検出は磁粉探傷試験に比べると劣っている．特に，き裂深さが浅く開口していない場合には，浸透液の浸み込みが十分になされず，寸法推定精度も過小評価となっている．塗膜上からの試験においては，磁粉探傷試験および浸透探傷試験とも試験方法自体の信頼性が低い．渦流探傷試験は正確な寸法推定が不可能であるが，塗膜上からの粗探傷としての適用が可能である．

非破壊検査方法については表1.8以外の原理によるものが各方面で研究開発されつつある．非破壊検査方法の選定および採用にあたっては最新の技術動向に注意をはらうとともに，その検査方法における疲労き裂の検出精度を十分確認する必要がある．

2) フェイズドアレイ探傷法による超音波探傷試験

構造工学委員会非破壊評価小委員会で実施されたアンケート調査[4)]によれば，表面き裂の検出に対して，その深さを精度良く測定することが難しいこと，また，溶接欠陥に起因する疲労き裂については検査位置の特定が難しいことが報告されている．

この問題に対して，フェイズドアレイ探傷法を用いた超音波探傷試験の適用が期待される．フェイズドアレイ探触子は複数個の振動子からなり，超音波の送信時に各振動子の送信タイミングを電子的に制御して超音波を任意の位置に集束することができる．

鋼構造物の溶接継手における内部きずの検出精度の向上を目的に，フェイズドアレイ探傷法の適用に関わる検討が行われている[5),6),7),8)]．図1.23に鋼製橋脚隅角部の溶接線交差部を対象とした検討結果を示す[7),8)]．鋼製橋脚隅角部は，部材を構成する板組の構造から複数の溶接線が交差し溶接施工上の難易度が高く，せん断遅れによる応力集中の生じる箇所である．

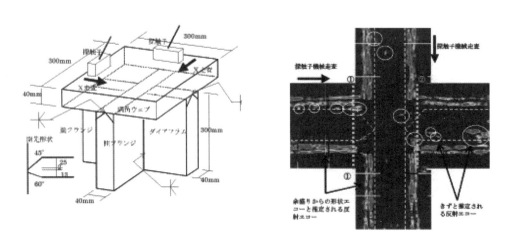

図1.23 鋼製橋脚隅角部を対象とした検討事例 [7),8)]

従来の超音波探傷試験で用いられる探触子は，超音波の入射角度および集束深さが固定されているため探触子の条件と合致しなければきずの検出は困難である．これに対してフェイズドアレイ探傷法では，超音波の入射角度および集束深さが電子制御されるため従来の探傷方法と比較してきずの検出精度が向上すると考えられる．また，探傷速度も速く，探傷結果を二次元画像で表示が可能であるため，きずの位置や大きさを把握するのに有効な手法と考えられる．

3) 鋼床版における非破壊検査

閉断面リブで補剛された鋼床版では，デッキプレートと閉断面リブの溶接継手のルート部からデッキプレートを貫通する疲労き裂が重交通路線の道路橋で報告されている．このタイプの疲労き裂は目視による検出が不可能なこと，さらに鋼床版においてはその検査範囲が広いことから，鋼床版の効率的な点検および調査手法の検討[9]が行われている．

この検討では超音波探傷試験について，クリーピング探触子（90度縦波斜角探触子）と70度斜角探触子の適用性の確認試験が実施され，2つの探触子を用いた超音波探傷試験の手順ときずの評価方法が要領化されている．その超音波探傷試験による疲労き裂深さの評価手順を図1.24に示す．90度縦波斜角探触子による探傷で疲労き裂の有無を確認し，70度斜角探触子による探傷で疲労き裂の深さを推定する手順が示されている．

また，多くの鋼床版を管理する都市高速道路では，鋼床版の舗装面の熱赤外線画像による検査，鋼床版の舗装上面からの渦流探傷試験による検査，および鋼床版の下面からフェイズドアレイ探傷法による検査の3種類の検査を組合せた複合的検査手法の開発が行われている[10]．検査範囲の広い鋼床版に対して，3種類の検査手法を実施して疲労き裂の発生箇所を徐々に絞り込む．まず，鋼床版のデッキプレートを貫通する疲労き裂と舗装の損傷に相関があることから，赤外線により

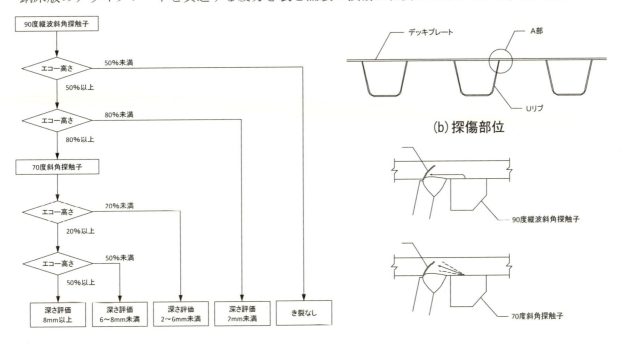

(a) 超音波探傷試験の手順　　　　　　　　　　　　(c) き裂と探触子の例

図1.24　超音波探傷試験による疲労き裂深さの評価手順[9]

舗装面の異常箇所を抽出し，疲労き裂の発生の恐れのある箇所を絞り込む．次に，非接触で疲労き裂の検出が可能な渦流探傷を舗装上面から実施し，疲労き裂の発生位置を特定する．そして，鋼床版の下面からフェイズドアレイ探傷法を行って，疲労き裂の詳細を検査する手法である．

4) 赤外線技術を利用した非破壊検査手法[11]

き裂などの面上のきずを有する構造物に応力が作用すると，応力集中によって，き裂先端付近の熱弾性温度変化は周辺部に比べて局部的に大きくなる．この温度変動分布を赤外線サーモグラフィにより計測し，き裂による特異な応力場を可視化することにより，き裂の検出および寸法の計測を行う．しかしながら，温度変動は赤外線計測時のノイズと同程度の微小なものであるため，ノイズを含む時系列の赤外線計測データから変動する成分のみを抽出するデータの処理技術が実用化されている．図1.25は実橋梁における検査結果である．デッキプレートと垂直補剛材の回し溶接部に発生している疲労き裂に対して検査を実施した結果で，疲労き裂の先端部で応力集中によるコントラストが得られている．

(2) 高力ボルトに対する非破壊検査技術

1) 高力ボルトの遅れ破壊の非破壊検査

部材の連結部では，高力ボルトまたはリベットのゆるみ，脱落の損傷が報告されている．特に，ボルトの強度等級F11T以上の高力ボルトの遅れ破壊は，部材の連結部における損傷の代表例で，1965年ごろから問題となり種々の調査および高力ボルトの交換工事などが行われている．高力ボルトの遅れ破壊の検出にあたっては，検鎚ハンマによるたたき検査および超音波探傷試験による非破壊検査が実施されている．

検鎚ハンマによるたたき検査は，図1.26のように高力ボルトのナットを検鎚ハンマで3〜4回たたき，指に伝わる振動，ナットの挙動，および音によってボルトの異常を判定する．このたたき検査は，検鎚ハンマで実施できる簡易な方法であるが，検査精度については良好とは言い難い．都市高速道路における高力ボルトの交換工事に先立って実施された打音検査の結果[12]では，進行中の遅れ破壊の検出率は約3%，軸力不足の異常ボルト（ゆるみ）の検出率は約34%と報告されている．また，高力ボルトのゆるみは確認できるものの，そのゆるみが遅れ破壊に起因するものかの判定は困難である．

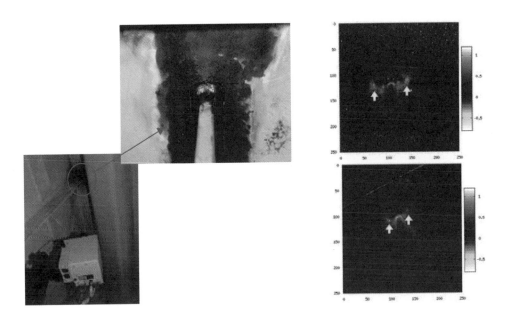

(a) デッキプレートと垂直補剛材の回し溶接部　　(b) 赤外線計測結果

図 1.25　実橋梁における検査結果

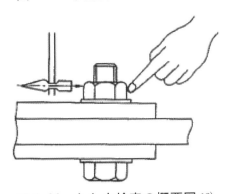

図 1.26　たたき検査の概要図 [12]

 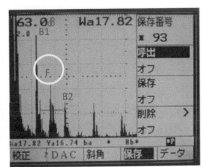

(a) 試験体　　　　　　　(b) 計測結果

図 1.27　人工きずを有する高力ボルトの探傷例 [12]

　一方，超音波探傷試験による検査は，高力ボルトの頭部より垂直法で探傷し，きずからの反射エコーの有無で遅れ破壊の判定を行う．検査にあたって探傷感度の調整は，人工きずをつけた高

力ボルトの対比試験片を用いて行われる．図 1.27 に深さ 2mm の人工きずを有する高力ボルトの探傷例を示す．図 1.27(b) の B1 はボルト頭部の底面エコー，B2 はボルト軸部からの底面エコー，そして F が人工きずからの反射エコーである．前述と同様の都市高速道路における高力ボルトの交換工事で実施された超音波探傷試験の結果[12]では，遅れ破壊の生じている損傷ボルトの検出率は約 86％と報告されている．超音波探傷試験による遅れ破壊の検査は，作業性については打音検査に劣るが，検査精度，信頼性，および実績から損傷ボルトの検出に適していると考えられる．

2) 超音波による高力ボルトの軸力推定

超音波による高力ボルトの軸力推定方法として，ボルトの頭部より軸方向に超音波を伝播させる方法図 1.28(a)[12),13)]と，ナットの側面の対向面に超音波を伝播させる方法図 1.28(b)[14)]がある．

図 1.28(a) は，高力ボルト軸部の伸びによる超音波の伝播速度の変化を利用した方法である．高力ボルトの頭部に探触子を接触させるため，検査にあたってはボルト頭部の刻印などを平坦に仕上げる必要があること，測定時の温度が結果に影響するなどの短所がある．

図 1.28(b) は，ナット側面の対向面の一方で超音波を送信し，他方で受信を行ってボルトの締付け軸力と超音波の透過量の関係から高力ボルトの軸力を推定する方法である．この測定方法では，ボルト軸力が十分な場合の超音波の経路は，図 1.28 に示すようにナットとボルトのネジの接触部を通る最短距離で超音波が伝播するが，ボルト軸力が低下すると最短距離での超音波の透過量が減少する原理を利用している．特殊に開発された探触子を使用することで接触媒質が不要であり，ナット側での測定のため仕上げ作業が不要となる長所がある．

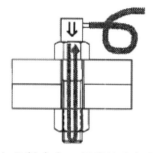
(a) 頭部から軸方向へ超音波を伝播

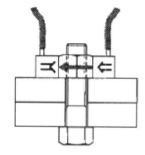
(b) ナットの対向面に超音波を伝播

図 1.28 超音波による高力ボルトの軸力推定方法[13)]

(a) ボルト軸力が十分な場合

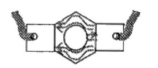
(b) ボルト軸力が 0 の場合

図 1.29 超音波の伝播経路[13)]

超音波による高力ボルトの軸力推定は，火災による損傷を受けた鋼橋の調査で使用されている[15)]．前述のいずれの方法ともボルトの軸力推定にあたっては，同一ロットで製造された高力ボルト

を用いた締付け試験の情報が必要となる．このため，被災部のボルト軸力と健全部と比較することで評価を行っている．

3) 高力ボルトの自動緩み検知機 [16]

高力ボルトの自動緩み検知機は，自動ハンマで高力ボルトを打撃することによりゆるみの判定を行う非破壊検査機器である．自動ハンマとコンピューターで構成されている．自動で高力ボルトを打撃するハンマには，打撃力と加速度を計測するセンサーが内蔵されており，一定の力でナットを打撃することができる．ナットを打撃した際の振動を内蔵されたセンサーが記録し，波形を分析することで高力ボルトのゆるみの有無を判定する．高精度化には十分な学習データを必要とするため，高力ボルトの軸力推定の方法として確立されるには至っていない．

(3) ケーブル張力の計測

1) 振動法

斜張橋やニールセンローゼ橋等のケーブル構造物においては，橋梁の架設の際にケーブルに所定の設計張力が導入されているかの確認を行っている．ケーブル張力の計測方法として，ケーブルの固有振動数を測定し張力を算定する振動法が多く用いられており，ケーブル構造の橋梁の張力計測システムあるいは形状管理システムとして各所で検討されている [18),19),20]．計測方法の基本構成は，ケーブルに設置した加速度計から得られる振動波形を FFT によりスペクトル解析を行ってケーブルの固有振動数を求める．その後，提案されている算定式 [21),22] を用いてケーブル張力を推定する．ケーブルの曲げ剛性およびサグの影響が課題となっているため，橋梁の架設時には複数の振動モードを用いてキャリブレーションが行われる．

最近では，ケーブルの振動を非接触のレーザードップラー速度計により計測する方法も報告されている [23]．

2) 磁歪法

磁歪法は，応力を受ける磁性体の磁気特性の変化を利用し，EM センサー(Elasto-Magnetic Sensor)等を用いて応力の計測を行う方法である．EM センサーは，棒状の鋼材やケーブルの外周に設置してその磁気特性を計測する．計測対象物の無応力時の透磁率をあらかじめ測定し，磁気特性と応力の関係から現時点の応力を計測する．

斜張橋の架設時におけるケーブル張力の計測事例では，振動法と同等の計測結果が報告されている [24]．

3) ケーブルサグの３D計測法

斜張橋のケーブル形状を３次元で計測し，そのサグ量から張力を算出する方法が提案されて実際の橋梁に適用されている．非接触で一度に数多くのケーブルの位置情報を計測できるため，効率的な計測方法である．

(4) 課題と今後の展望

道路，鉄道，港湾等の社会基盤施設ごとに鋼構造物の定期点検要領が作成されているが，非破壊検査や計測技術を用いた詳細調査に関わる要領が作成されているものは少ない．鋼構造物の健全度の評価および余寿命の予測に必要な情報を得るために，維持管理で使用する非破壊検査の要

領の作成が望まれる.

既設構造物の点検および調査は,狭隘箇所で実施する場合が多い.検査および計測機器の軽量小型化,さらには外部電源を使用せずに機器の内臓電源のみで調査が行える検査機器の開発も望まれる.

鋼構造物の腐食に関する非破壊検査技術について現状実用化されている技術は無いが,腐食の程度・面積等を画像処理により定量的に検出する方法や,鋼板の減厚量を面的に計測できる3次元計測システム,塗装の下で進展している錆の検出方法などの開発が望まれる.

【参考文献】

1) 横野泰和:溶接構造物の非破壊試験技術,溶接学会誌,第79巻,第8号,pp.9〜24,2010年.

2) 三木千寿,深沢誠,加藤昌彦,大畦久雄:表面疲労亀裂検出に対する各種非破壊試験の適用性,土木学会論文集,No.386/I-8,pp.329〜337,1987年10月.

3) 深沢誠,大畦久雄,加藤昌彦,三木千寿:非破壊試験による表面疲労亀裂検出に及ぼす塗膜の影響,土木学会論文集,No.398/I-10,pp.395〜404,1988年10月.

4) 構造工学委員会非破壊評価小委員会:土木工学における非破壊評価の現状と将来,土木学会論文集,No.459/I-22,pp.1〜18,1993年1月.

5) 平林雅也,三木千壽,田辺篤史,白旗博美:マルチフェイズドアレイ探触子を用いた高精度超音波探傷試験,土木学会論文集A,Vol.64,No.1,pp.71〜81,2008年1月.

6) 上林正和,勝浦啓,服部圭二,近藤祐史,池上克則:溶接継手部へのフェイズドアレイを用いた自動超音波探傷に関する研究(第一報実用探傷条件の検討),非破壊検査,第58巻12号,2009年12月.

7) 藤木修,村越潤,高橋実:鋼製橋脚隅角部を対象としたフェイズドアレイ探傷法の基礎検討,土木学会第59回年次学術講演会,I-603,2004年9月.

8) 藤木修,高橋実,村越潤,三木千壽:鋼製橋脚隅角部を対象としたフェイズドアレイ法による超音波探傷試験のきず検出性能について,土木学会第60回年次学術講演会,I-167,2005年9月.

9) 国土技術政策総合研究所:鋼部材の耐久性向上策に関する共同研究,国土技術政策総合研究所資料,第471号,2008年8月.

10) 塚本成昭,山上哲示,林田充弘,田畑晶子:鋼床版デッキ貫通亀裂発見を目的とする複合的検査手法の開発,土木学会第64回年次学術講演会,VI-346,2009年9月.

11) 坂上隆英,久保司郎,西村隆,松井繁之,高田佳彦:自己相関ロックインサーモグラフィによる鋼床版の疲労き裂遠隔検出技術,土木学会第61回年次学術講演会,I-587,2008年9月.

12) 西村昭,山崎信之,加藤修吾,米谷真二,神田正孝:既設高力ボルトの各種非破壊検査の特質,橋梁と基礎,pp.26〜33,1983年1月.

13) 上野幹二,山口隆司,小林昭一:超音波縦波および横波を用いた高力ボルト軸力測定に関する基礎的研究,構造工学論文集,Vol.46A,pp.1147〜1152,2000年3月.

14) 池ヶ谷靖：超音波によるボルト軸力計，検査技術，pp.14〜19，1998年1月.

15) 是松晃男，池田武志，山口栄輝，牧角龍憲，亀尾順一郎，林裕也：火災を受けた鋼鈑桁橋の損傷調査と強度評価，橋梁と基礎，pp50〜55，2011年10月.

16) 三上市蔵，田中成則，樋渡達也，山浦忠彰：鋼橋の高力ボルトの軸力推定システム，土木学会論文集，No.549/I-37，pp.77〜90，1996年10月.

17) 小林剛，石原靖弘，谷平勉，中津留幸紀，亀井正博：実橋における残存ボルト軸力推定と推定方法の比較，土木学会第55回年次学術講演会，I-A63，2000年9月.

18) 市川衡，中込秀樹：横浜ベイブリッジのケーブル張力測定，土木学会第50回年次学術講演会，I-330，1995年9月.

19) 新銀武，田中正明，海老原竜司：ニールセンローゼ桁橋のケーブル張力測定について，土木学会第50回年次学術講演会，I-496，1995年9月.

20) 山上哲示，大坂憲司，岸明信，森直樹：常時微動計測によるケーブル張力自動同定システム，土木学会第50回年次学術講演会，I-497，1995年9月.

21) 新家徹，広中邦汎，頭井洋，西村晴久：振動法によるケーブル張力の実用算定式について，土木学会論文報告集，第294号，pp.25〜32，1980年2月.

22) 頭井洋，新家徹，濱崎義弘：振動法によるケーブル張力実用算定式の補正，土木学会論文集，No.525/I-33，pp.351〜354，1995年10月.

23) 宮下剛，稲葉将吾，吉岡勉，田代大樹，長山智則：不可視レーザー光を用いた新しいLDVによる斜張橋ケーブルの振動計測，土木学会第66回年次学術講演会，I-324，2010年9月.

24) 木口基，松原薫，羅黄順，井出本錦也，土居和子，山本晴成：EMセンサーによる張力管理計測事例(その1)，土木学会第58回年次学術講演会，CS1-016，2003年11月.

1. 4. 2 鋼構造物のモニタリング

(1) モニタリング技術と長寿命化

　モニタリングは，一定の期間連続して計測データを取得することであり，災害対策として斜面のモニタリングや河川水位のモニタリングについては実用化・実装化されている．一方，構造物のモニタリングとしては，変状が発見され対策工事が実施されるまでの期間もしくは現状観察の期間，変状の進展等を監視する場合に実施されることがある．また，社会的に影響が大きく挙動が複雑な構造物に対して，長期的にその挙動をモニタリングして設計上の仮定の確認や定常状態であることの確認を長期的に行っている事例もある．これらいずれのモニタリングにおいても，得られたデータをどのように判断し，有益な情報を抽出するのかという部分が未成熟であるものの，構造物の長寿命化という観点からは今後飛躍的な進展を望む分野であると考えられる．

　構造物のモニタリングとして広く知られるようになった事例としては，本州四国連絡橋での橋梁モニタリングが挙げられる．かつてない長大橋梁の設計において，種々の設計上の前提条件を仮定して解析や設計が行われている．そのため，しゅん功後のモニタリングは地震時や暴風雨時の構造物の挙動を把握することを目的としたモニタリングだけではなく，当初の設計で想定した挙動が実際の構造物の現象として現れているかを検証するためのものでもあった[1]．

　その後，モニタリングを支える技術として，センシング技術の発展は，1990年代よりレーザーなどの計測装置や高度な非破壊検査法が継続的に発展し，今世紀に入り MEMS（Micro Electro Mechanical Systems）センサー，ワイヤレスセンサの研究・開発が盛んに行なわれている．一方で，システム同定技術などそれを処理する技術の発展として，ビッグデータと呼ばれる大量のデータから異常等が検出できる状況が整えられるようになり，両者を合わせることで，対象構造物を遠隔でリアルタイムにモニタリングするシステムの実用化の目処が立ってきている．

　鋼構造物の長寿命化を図るために，モニタリング技術を活用した実構造物の状況の把握，診断結果に基づく適時な対策及びその後の効果測定の実施は，非常に有効であると考えられること，また，点検の熟練者不足を視野に点検作業の効率化に向けて，ICT（Information and Communication Technology）を活用することが望まれる．本節では，モニタリングのいくつかの事例について長寿命化の観点から概説する．

(2) 鋼構造物のモニタリング

　鋼構造物に対しモニタリングを行なう動機としては，構造物の規模や重要性，第三者被害発生のリスク，維持管理の難易度等の要因が挙げられる．最近では，鉄道橋で破断検知線を用いた疲労損傷モニタリング[2]，道路橋で支承反力測定モニタリング[3] の事例があり，モニタリング技術の適用性を図るための計測が継続中である．

1) 明石海峡大橋

　明石海峡大橋では，設計法の検証を目的に動態観測を継続して実施している．設置しているセンサー類は，プロペラ型風速計，桁端変位計，TMD 変位計，GPS，地震計，速度計，加速度計を各部位に設置している．これまでに明石海峡大橋で観測されたデータによれば，橋の挙動は設計時の解析結果とほぼ一致していることが確認されている．明石海峡大橋のモニタリングの目的に

は，設計検証，橋体の維持管理，交通管理がある．設計検証と交通管理の面ではモニタリングの成果を活用できているものの，橋体の維持管理に対してモニタリングの蓄積を積極的に活用するまでには至っていない．これは，動態観測という観点で設置するセンサーも選定されており，維持管理のためのモニタリングを第一義としたものでは無いためであろうと考えられる．一方，建造以来の継続的なモニタリングにより，明石海峡大橋の定常状態の把握は深化しているため，なんらかの異常の検出精度は向上していると考えられる．

2) 横浜ベイブリッジ

建設時に耐震設計の検証を目的として設置した加速度計が設置され，モニタリングが行なわれている．このモニタリングにより実際に記録された地震時応答の分析結果から，桁端部において，エンドリンクが桁と固着してヒンジとして作動しないことが明らかとなったため，耐震補強の際，桁端部にフェールセーフ構造を設置したことが報告されている [4]．モニタリングにより，設計の「想定外」の動きを見つけて，補強等の維持管理に結びつることで構造物の長寿命化を図ることができると考える．

3) 東京ゲートブリッジ

東京ゲートブリッジのモニタリングシステムは，現地から離れた場所から，リアルタイムで橋梁の現況を定量的に評価し，適切なメンテナンス及び地震等の自然災害発生時に安全性や使用性の判断を支援する目的で実装されている．常時のメンテナンスに係わるモニタリングでは，①車両等の活荷重，温度等の変化とその応答に対する動的なデータ測定を行い，②対象部材等の健全性評価を行う，③周期的かつ連続的に変化する温度変形や床版・桁の挙動等の静的なデータ測定から橋梁の保有する機能の評価を行う，ことを目的としている．

これに対し，非常時は，地震等の自然災害発生時に当初設計で求めた重大損傷予測部位を特定し，損傷のモード等をリアルタイムで計測することによって効率的に健全度判定を支援することを目的としている．ここで得られたデータ及び健全性判定結果を基礎として，橋梁管理者は，交通規制の必要性を定量的なデータを基に容易に判断できるシステムとしての機能が必要となる．また，動態観測の点に着目すると，東京ゲートブリッジは鋼トラス構造の長大橋であり，風雨，地震などの大きな環境変化に対して顕著な応答を示すことが予想される．さらに，本橋梁特有のタイダウンケーブル等の構造形状，トラスボックス一体化構造などの設計や，新たに導入される細目等に対し，種々な作用荷重や環境変化にどのように挙動するかを計測することによって今後の新たな橋梁構造の設計，維持管理に役立つように設置されている．

東京ゲートブリッジに設置したモニタリング装置によるメリットは常時，非常時において専門技術者が種々な判断を比較的簡易に判断することが可能な仕組みを目指して構成されている．

設置されたモニタリングシステムの構成は，構造物の状態を計測する計測装置及び伝送装置等（センサ，センサデータの伝送システム），得られたデータに基づき橋梁の損傷状況を判定する分析評価システムに大別される．設置したセンサーとして，環境計測のための風向風速計，雨量計，桁内温度計，強震計，挙動把握のための変位計（ワイヤ式・ロッド式），加速度計（1軸・3軸），車輌重量計測システム（Weight-in-Motion（W.I.M.）システムセンサ）がある．

東京ゲートブリッジは，長大橋梁であることから近接目視点検を各部材に行なうことは長時間を要し，多額の費用が必要となる．このような課題に対し，設置したモニタリングシステムから得られたデータを有効活用することによって，日常点検及び定期点検の頻度や内容を定量的に変えることが可能となるばかりでなく，修繕計画策定時にも機能する重要なデータの収集が可能となるというメリットを見出すことができる．

4) 鉄道橋における破断検知システム[2]

主桁の疲労想定箇所に図 1.30 に示すように，一筆書きの要領で破断検知線が設置される．破断検知線が，破断により断線した場合，その情報を管理者に自動通報されるシステムである．本事例の鉄道橋は，8 年に 1 回の頻度で塗装の塗替えを行なうこととしており，全面的な足場設置に合わせて詳細な詳細目視点検を実施するため，例えば，検知線を固定する接着剤等の耐久性は 8 年を目安として考えられており，その間に起こりえる最悪な事態を想定したモニタリングであることが特徴的である．このようにモニタリングシステムの寿命，詳細目視点検の頻度及び塗装の塗替え等の定期的な修繕を一連として考えることで合理的かつ効率的に構造物の長寿命化を図れるものと考える．

5) 反力測定ゴム支承

反力測定ゴム支承を図 1.31 に示す．反力測定ゴム支承は，荷重を測定する圧力センサーを内蔵したゴム支承であり，支承反力をモニタリングする技術である．支承取替施工時の施工管理で活用できるほか，供用後は，反力値の変化をモニタリングすることにより，支承部の沈下や伸縮装置の段差の発生の有無等の情報を早期に発見することが可能である．支承の取替えに合わせて，反力を測定可能な支承を配置することで，別途に反力測定モニタリングシステムを構築するより安価な対応が可能なメリットを有する．一連の路線の橋梁で全て設置されることで，長寿命化対策の有無等を判断できると考える．

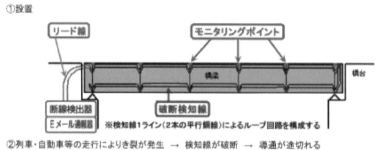

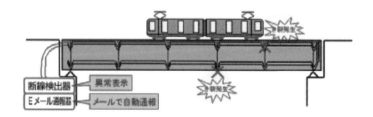

図 1.30 鉄道橋における破断検知システムの例[2]

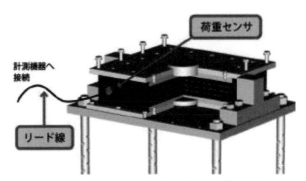

図 1.31 反力測定ゴム支承の構造[3]

(3) モニタリングの課題と今後の展望

いくつかの事例で示したように長寿命化技術の観点から既往のモニタリング実施例を整理したが，長大橋等の大規模な構造物については，設計検証，交通管理，維持管理の目的のうち，設計検証と交通管理については，既往の事例もあり，実用レベルの技術がある程度完成していると言える．一方で，維持管理を主目的としたモニタリングについては，その緒に就いたばかりの状況である．

近接目視点検による橋梁の状態把握は数年に一度の頻度であるのに対し，モニタリングは常時数値化された情報を取得し続ける．この両者の択一ではなく補完の方向でモニタリング技術の研究・開発が望まれる．

モニタリングで実施される計測項目は，架橋環境，作用外力，構造挙動の3項目に分けて考えることができる．まず，架橋環境として，基本的な気温，湿度，風向・風速，日射等のほかに飛来塩分，漏水・滞水など，防食機能に影響する要因の計測が考えられる．疲労損傷に大きく影響する作用外力については，W.I.M.のためのひずみ計測，軸重計とカメラの連動，加速度計等による計測が考えられる．構造挙動については，変位計，GPS，速度計，加速度計などによりその挙動をとらえることになる．

モニタリングによって把握しておきたい機能については，耐疲労性能や耐防食性能の他に，支承の性能（可動性能，回転性能，免震性能，水平反力分散性能），制振性能，路面走行性能などが考えられる．

課題としては，上に示したセンサーやモニタリングの要素技術の進展とともに，システムとしての耐久性・冗長性の構築，取得データの後処理，コスト，中小規模の橋梁への展開等が考えられる．これらの課題に対しては，モニタリングを継続しながら解決策を模索していくことになる．

最後に，長期モニタリングの実装化に際して活用が期待されるセンサーを紹介する．

1) ACM型腐食センサー

ACM（Atmospheric Corrosion Monitor）型腐食センサ（以下ACMセンサー）を図1.32に示す．ACMセンサーは，環境因子により電気化学的に発生する金属の腐食電流を計測するセンサーであり，その計測結果より大気環境の腐食性を定量的に評価することができる[6]．ACMセンサーは多く用いられており，その結果から腐食速度を推定している例もある[7),8),9),10)]．

図1.32 ACM腐食センサー[6]

2) 疲労センサー

疲労センサーを図1.33に示す．疲労センサーは，人工ノッチを有するセンサー箔とベース箔が接合された構造で，対象部材よりも短時間でセンサー箔上にき裂の進展が見られ，疲労損傷度の評価が容易に行える特徴を持つ[11]．このセンサーを実際の橋梁に貼り付けて寿命の評価を行った事例も幾つか見られるが，文献(12)の事例では疲労き裂が発生している鋼鈑桁橋について，主桁・横桁の補強が行われた際に疲労センサーによるき裂進展計測を行い，余寿命評価に基づく補強効果の判定を実施している．しかし，そのような適用例はあるものの，疲労センサーの精度の検証については今後の検討課題である．

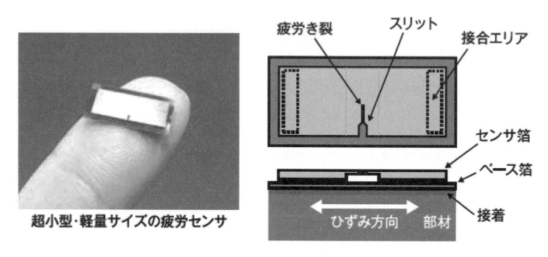

図1.33 疲労センサーの概要[11]

【参考文献】

1) 岩屋勝司，松本毅：長大橋の管理技術，橋梁と基礎，pp155～161，1998年8月特集号.

2) 伊藤裕一，松岡昌武，蒋立志：破断検知線による鋼構造物疲労損傷モニタリング手法の開発，土木学会第60回年次学術講演会，Ⅰ-052，2006年9月

3) 藤原博：センサー内臓型ゴム支承を用いた支点反力計測システム，橋梁と基礎，pp43～46，2012年10月

4) 小森和夫，吉川博，小田桐直幸，木下琢雄，溝口孝夫，藤野陽三，矢部正明：首都高速道路における長大橋耐震補強の基本方針と入力地震動，土木学会論文集，No.794/Ⅰ-72，pp.1～19，2005年7月

5) 岩屋勝司，松本毅：長大橋の管理技術，橋梁と基礎，pp155～161，1998年8月特集号.

6) 元田慎一，鈴木揚之助，篠原正，兒島洋一，辻川茂男，押川渡，糸村昌祐，福島敏郎，出雲茂人，：海洋性大気環境の腐食性評価のためのACM型腐食センサー，材料と環境，Vol.43, pp.550-556, 1994.

7) 古家和彦，磯江浩，大串弘幸：海峡部橋梁箱桁内の腐食環境調査，土木学会第57回年次学術講演会，Ⅰ-263，pp525-526，2002.

8) 岩本政巳，田中忍，後藤芳顯，小畑誠：ACMセンサーによる高架橋箱桁内の腐食環境調査，土木学会第60回年次学術講演会，Ⅰ-054，pp105-106，2005.

9) 永田和寿，田中忍，牧耕司，小畑誠，後藤芳顯：鋼箱桁内における結露状態と腐食環境調査，土木学会第62回年次学術講演会，Ⅰ-387，pp769-770，2007.

10) 大田隼也，大屋誠，安達良，武邊勝道，顧永留美子，麻生稔彦，北川直樹，松崎靖彦，安食正太：ACMセンサーを利用した橋梁桁内の局部環境観測，土木学会第62回年次学術講演会，Ⅰ-390，pp775-776，2007.

11) 小林朋平，仁瓶寛太：疲労センサーによる溶接構造物の疲労寿命診断，溶接学会誌，Vol.76, No.4, 2007.

12) 梅田聡，松田博和，山元博司，山田久之，山田雅義，松田好生：横桁補強の耐久性向上効果の疲労センサーによる検討，土木学会第59回年次講演会, I-008, 2008.

1.4.3 画像等を用いた調査技術

　我が国では，橋梁やトンネル等の土木構造物の維持管理の一環として定期点検が実施されている．定期点検では，橋梁点検車や高所作業車等の仮設足場を使用したりする事などから，点検コストを縮減するためには，ロボット化（UAV 等）や画像を活用した技術の普及が求められている．そのような技術ニーズを踏まえて，計測技術としてレーザスキャナー等を用いて計測されてきた点群データをデジタル画像から取得する技術が実用化するなど，3D モデル化への技術開発が盛んな状況にある[1]．

　また，損傷の評価や診断については，膨大な点検データの活用として，データマイニングに関心が集まっている．これまで橋梁点検から取得される点検データ量は膨大であることから，橋梁点検結果において損傷に関連する要因は，供用年数，構造形式，部位，設置環境などであり，必要な要因を抽出し，分析の視点を見出すのは難しいとされてきた．近年では，仮説発見型のデータマイニングは，例えば，構造物の損傷が出やすい構造・部位，損傷を受けやすい条件などを捉えるのに有効ということが，わかってきたことから，その活用について研究が進んできており，一部，実用化されている．既往の研究事例においては，インフラ維持管理における点検データについて，データマイニングを適用することで，点検方法の合理化や技術伝承等に関する有用な仮説を発見する可能性が示されている[2], [3]．例えば，点検方法の合理化については，データマイニングにより，ある条件での一番損傷が出やすい箇所や，重要損傷の予兆となる損傷を抽出することで，損傷の進行度合いに応じてメリハリをつけた点検を行うことが可能になると考えられる．また，技術の伝承については，点検結果とセンシング情報や外延要因をマイニングし，外延要因と損傷の関係性を明らかにすることで，構造形式や諸元や設置環境など，点検時や損傷判断時に経験豊富な熟達者が暗黙知として理解・活用しているノウハウを可視化し，その技術を伝承していくことができると思われる．

　最近の画像処理を用いた技術の一例を以下に示す．東日本高速道路株式会社においては，「橋梁点検支援システム」を開発しており，橋梁点検の際に撮影した構造物の変状画像などを開発したシステムに登録すると，過去の点検で撮影した画像をはじめとしたデータの中から類似する事例を自動的に抽出．技術者が橋の損傷内容を的確かつ円滑に評価できるようになっている[4]．

　また，画像処理を用いた非破壊検査では，現在，実施されている近接目視点検では難しい，疲労き裂等の損傷に，画像点検の技術を用いることによって，損傷を可視化できることが示されている[5]．画像処理技術を活用することで，多くの目視点検の課題解決につながる可能性があり，今後の長寿命化技術として，大いに期待されている．

【参考文献】

1) 例えば，西村正三・木本啓介・松岡のどか・大谷仁志・緒方宇大・松田浩；橋梁維持管理における遠隔測定法の開発と評価，応用測量投稿論文，2014 年　等

2) 市川，田中，二宮：データマイニング手法を用いた点検データの分析，土木学会第 67 回年次学術講演会，平成 24 年 9 月，pp.245-246

3) 東京大学大学院情報学環「社会連携講座の活動成果概要 2009-2011」

4) 平成２３年度次世代高信頼・省エネ型ＩＴ基盤技術開発・実証事業（データ利活用による社会基盤の安全性向上）に関する委託業務　事業報告書,平成 24 年 3 月 30 日,東日本高速道路株式会社

5) 小西拓洋：―首都高速道路における点検・診断技術の高度化に関する共同研究―, 橋梁と基礎, 2014 年 9 月号

1.4.4 鋼構造物の性能検証

　鋼構造物の長寿命化を推進する際，現状の損傷度や耐荷力，余寿命を的確に評価するための鋼構造物の性能検証が求められる場合がある．また，補修・補強を行った場合には，その対策効果を評価するため，対策後の性能向上を検証することが橋の長寿命化修繕計画の精度を高めることにつながる．

　鋼構造物の性能検証において注意すべき点は，設計段階で設定している状況が，必ずしも現場で成立していない場合があることである．例えば，非合成桁の設計では終局状態を想定した設計になっているため，鉄筋コンクリート床版の主桁作用は見込んでいない．しかしながら，使用状態においては鋼桁と鉄筋コンクリート床版は一体化して挙動していることが知られている．そのため，非合成桁として設計した橋梁のたわみや応力，振動を計測しても，設計計算で用いた桁の曲げ剛性ではなく，床版と鋼桁の剛性断面と考えた場合の曲げ剛性を有する桁に近い挙動を示す．これにより，性能検証のためには「劣化の発現」や「修繕工事」のような性能が変化する出来事の前後で比較することが理想的である．そのため，今後建造する長大橋梁や社会的影響の大きい鋼構造物の場合，初期の性能検証を実施することを希求する．

(1) 性能検証の分類

　鋼構造物の性能を検証する場合，全体的な性能検証と部材単位もしくは損傷部位の性能検証に分類することができる．具体的には，軸重を計測した載荷トラック等を利用した静荷重載荷による桁のたわみや応力の計測，支承の変位量の計測によって対象構造物全体の曲げ剛性と境界条件を同定し，断面2次モーメントや材料の弾性係数を検証することができる．さらに加えて振動計測を実施すると全体の曲げ剛性と死荷重を評価することができる．振動計測単独であっても，全体曲げ剛性や死荷重，支承条件を検証することは可能である．

　部材の性能検証として，支承の変位計測，ケーブル等の軸力部材の振動計測などがある．これにより部材の健全性や機能の回復状態を確認することができる．また，疲労き裂を対象とした応力計測，腐食による残存板厚の計測によって損傷の将来予測や残存性能を把握することができ，補修・補強工事の判断材料やその効果の検証が行える．

　上述した計測項目に対する具体的な計測方法は次節に示すが，性能検証の目的設定，計測計画，計測結果から導く性能評価の方法などは，設計資料や施工資料による事前調査を十分に行い性能検証に係るコストと効果を適正に判断することも必要である．

(2) 性能検証のための計測

1) たわみ計測

　鋼構造物のたわみ計測により，対象構造物全体の曲げ剛性すなわち断面2次モーメントと弾性係数を評価することができる．たわみについては，局所的な腐食や疲労き裂による部材の断面減少による影響は小さいため，腐食による広範囲の鋼板減肉，部材の破断等著しい変状の発生などを判別できる情報を得ることができる．以下にたわみの計測方法を示す．

・接触式変位計

　橋梁などの構造物下に不動点を設けることが可能な場合には，**図 1.34** に示す接触式変位計を

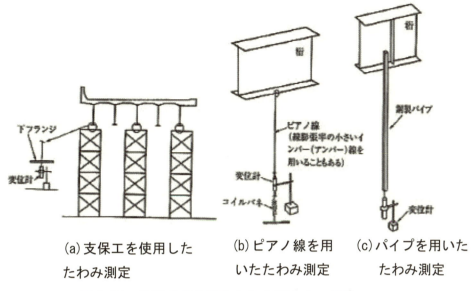

図 1.34　接触式変位計とたわみ測定の一例[1]

用いた測定が可能である.

図 1.34(a)は，支保工などを用いることにより直接変位計を計測点に設置できる場合の例を示したものであるが，そのような設置手法が困難な場合には，図 1.34(b),(c)に示すように，構造物より離れた不動点に測定器を設置し，ピアノ線とスプリング及びリング型変位計を用いる方法，パイプ等を吊下げ，その移動量で測定するものが一般的である．ただし，このような場合には自然環境（風等）による影響を大きく受けることが予想されることから注意が必要である.

・非接触型変位計

構造物の周辺状況によっては，計測点の下に測定器を設置するための不動点が得られない場合がある．そのような状況では，非接触による測定として，光学式変位計やレーザー変位計等を利用できる．調査の際に光やレーザーを使用する場合，陽炎など大気中の粒子の乱れに光の直進度や周期が影響を受ける．そのため，不動点のあるたわみ測定結果に比べてその精度・使用性に注意した計測計画が必要である.

・加速度計を用いた測定[2]

構造物の振動を加速度計により測定し，加速度を二重積分することにより対象部位の変位の推定が可能である．ただし，加速度成分をそのまま積分すると，わずかなゼロ点移動が大きな振動変位となって現れることから，測定された加速度に対する基線の調整が必要である．本方法は，加速度計による測定であることから，構造物が充分に振動している必要があり，たわみ計と異なり静的な変位の測定は困難であることから，適用の際に十分な検討が必要である.

2) ひずみゲージによる応力計測

実橋梁における応力計測では，主要部材において設計計算上最大応力が生じている部位や，作用力による部材の変形状態を測定可能な位置にひずみゲージを設置するのが一般的である．さらに，ひずみゲージの設置位置を工夫することで設計計算時に明確となっていない局部応力や応力

集中箇所への荷重伝達経路，変形状況を定量的に測定することができることから，補修・補強効果の検証に対しても有効である．

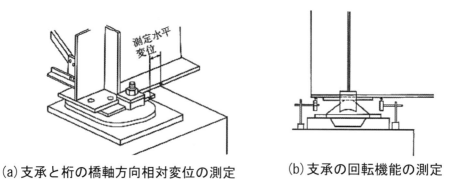

(a) 支承と桁の橋軸方向相対変位の測定　　(b) 支承の回転機能の測定

図1.35　支承の変位測定の一例[2]

接着剤による貼付け型のひずみゲージを用いる他に，構造物の塗装の上からマグネットで吸着し受感部（ひずみゲージ）を押しあてることで，界面に発生する摩擦によってひずみを測定する応力聴診器を利用する方法もある．ひずみを測定したい部分に簡単に取付けられ，塗装の除去が必要ないことからすぐに測定できる特徴がある．

3) 支承変位量の計測

鋼橋では支承の機能（可動性）が損なわれると，橋梁全体の挙動が変化するとともに想定していない力が発生し疲労などの損傷を誘発する場合もあり，採用している支承の機能検証のために変位を測定する．支承の健全性に対し定量的な検証を行う場合は，支承と桁，支承と下部工間の相対的な動的変位の測定により検証することが可能である．変位の測定は，ロッド式もしくはワイヤ式変位計によるものが一般的である．支承の変位測定位置の一例を図1.35に示す．

4) 振動計測

振動測定により振動特性を得ることは，静的載荷試験の測定により得ることができる曲げ剛性を比較的簡便に得ることが可能である．鋼構造物の場合，部材の破断や腐食による断面欠損，支承の損傷，伸縮装置の変状など構造系全体に影響を及ぼす損傷の場合，固有振動数や減衰に変化が生じる．

鋼構造物全体の振動計測から個々の損傷の部位や損傷度合いを知ることは困難であるが，構造物全体の変状の有無を客観的に評価することができる．そのため，遅れ破壊によるボルト脱落や疲労き裂の発生を検証することは困難である．一方，例えば10年前と現在，地震の前後の計測データを比較することで変化の有無を確認することができる．また，質量や曲げ剛性を変化させることになる補修・補強工事の前後を比較することで，その工事による性能検証となる．

吊橋や斜張橋，ニールセンローゼ橋などのケーブル系橋梁においては，ケーブルに所定の張力が作用していることが構造系成立の条件となる．そのため，振動法によりケーブルの張力を計測することは，構造物の性能検証として重要である．地震・強風による大きな構造物の振動によるケーブルの調整プレート（シムプレート）の脱落の有無，ケーブルの制振対策の効果，オーバー

レイ，遮音壁等の設置，床版取替等の質量変化の検証などに振動法によるケーブル張力の計測を利用することができる．同様に，外ケーブル補強やテンションロッド等の張力部材の性能検証も振動計測により可能である．これらの張力部材の性能検証については，正確な張力を計測する目的ではなく，ケーブルバンドやケーブルスペーサ，固定具が取りついた状態（供用状態）における振動計測結果の変化を比較することが性能検証となる．

また，鉄道橋では列車の走行安全性や乗客の乗り心地の評価を行うために桁の横揺れを水平方向の加速度として測定する．その際に，横構，対傾構及びこれらを主桁に連結するガセットプレートなどの破断や連結部の変状により横振動が大きくなることに着目し，変状発見の目安として振動測定による検証が行われている．

振動計測に用いる加速度計には，サーボ型加速度計，静電容量型加速度計，レーザードップラー加速度計などがある．静電容量型加速度計は MEMS 技術の発達により，小型高性能化が進んでいる．レーザードップラー加速度計は非接触型であるため，ケーブル計測などセンサー設置の手間がかかる場面での適用が見込まれる．

振動計測は常時微動と強制加振よる計測がある．加振法は，規則振動加振法と不規則振動加振法に大別できる．振動測定の計画・実施に際し，各種センサーや構成機材，工程，経済性を考慮するとともに，常時微動と強制加振による結果を比較するなど計測結果の信頼性を確保することが望ましい．また加振法の選定にあたっては，振動させる構造物の重量と加振体との重量比，加振周波数範囲・加振力に対して考慮が必要である．

以下に構造物の振動計測における衝撃加振法と常時微動法について述べる．

① 衝撃加振法 [3]

衝撃加振の測定では，まず構造物に衝撃的な力を作用させ，それによる橋梁各部の振動応答を計測する．その後，振動系に対する入力（衝撃力）と出力（振動）から求められる伝達関数より固有振動特性を検出する方法である．衝撃的なインパルス外力は多くの周波数成分を含んでいる．これは，正弦波加振が単一の周波数による加振であったのに対し，衝撃加振は多くの周波数に対する加振を同時に短時間に行っていることに相当する．したがって，入・出力の伝達関数を求めることは正弦波加振の共振曲線（振幅および位相）を求めることに相当している．

② 常時微動法

常時微動法は橋梁周辺の風などの自然の力や地盤振動による微小振動をランダム振動として計測する．加振手段を必要とせず，供用中の橋梁のモニタリングに適している．振動振幅が小さいので測定結果の振幅既存性（非線形）や温度依存性を考慮する必要がある．減衰データの検出に際しては，空気力の影響（空力減衰）などに留意して測定する．

5) 腐食状況の計測

鋼構造物の経年劣化は，腐食現象を起因としたものが多い．鋼構造物の性能を評価するうえで，腐食による影響を定量的に把握することが必要となってくる．

腐食状況を表す因子としては，残存板厚及びその分布性状，腐食面の凹凸が考えられる．測定による検証項目は，腐食減肉状況により強度への影響項目が異なる．例えば，部材の引張耐力が

問題となる場合は，抵抗断面の減少量把握が必要である．疲労強度が問題となる場合は，断面の平均的な現象の把握ではなく局所的な応力集中の状況把握についても必要となってくる．圧縮部材や曲げ部材では，部材構成範囲の減厚状況の把握が必要であり，中立軸の移動に伴う耐荷性能が変化するため，部材断面形状についての測定も必要である．

以下に，腐食状況による検証方法として基本となる残存板厚測定について述べる．

① 直接測定

直接測定する方法は特殊技量を必要とせず，調査機具も小型で携帯性が優れ電源等を必要としないことから，最も簡易な方法である．主な用具として，ノギス，マイクロメータ，キャリパー（**図1.36**）が使用されている．しかし，鋼構造物の部材は広がりを持ったパネルで構成されており，測定できる部位は限定的である．これらの状況より，計画の際には計測目的と腐食表面の状況（凹凸）を考慮したうえで決定することが望ましい．

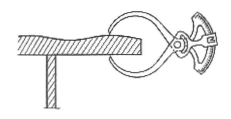

図1.36 キャリパーによる板厚測定の例 [4]

②超音波探傷による測定

測定法として一般的な方法は超音波厚さ計による方法である．超音波厚さ計は，パルス反射式垂直探傷法により非破壊測定するもので容易な測定が可能である．一般的な超音波厚さ計は，携帯性に優れており実構造物の測定に適している．使用される超音波周波数域は，1MHz〜10MHzの範囲で，探触子は接触型のϕ10mm程度のものが使用されている．

③その他の測定方法

その他の測定方法として，放射線透過による測定やレーザー光を用いた測定がある．

放射線透過試験による測定は，放射線が部材透過の際に部材の厚さにより吸収率が異なることを利用するものである．板厚の変化をフィルムの吸収率が異なることで生じる濃淡より定量化し，減厚状況を把握する方法である．しかし，放射線を用いることから環境的に有害であることから，実構造物への適用に多くの制限がある．

レーザーを用いた測定は，レーザーによる計測対象物とセンサー管をレーザーパルスが往復する時間を計測することで距離を測定することで2次平面の状況（スキャン）を把握するもので，近年では，実構造物に適用可能な3次元レーザー計測機についても開発され実用化されつつある [5]．

3次元レーザー計測機の計測風景と結果から得られた映像を**図1.37**に示す．

(3) 性能検証の問題点

1) 設計と実挙動の乖離

鋼構造物の性能検証をする場合，検証の比較は，設計計算上の性能が実際に現地で具現化できているかを比較することにある．構造物の設計計算では，終局状態を想定した設計が実施されている場合があり，使用状態で実施する性能検証との乖離がある場合がある．例えば，非合成桁の挙動，水平反力分散支承や免震支承を採用した橋梁系全体の挙動などは，使用状態での計測によって設計性能と比較することは困難である．FEAによる数値シミュレーションにおいても，伸縮装置や各種添架物の影響など実際の構造物の境界条件を完全に再現することは困難である．

(a) 3次元レーザー計測状況

(b) 計測結果（3D）

図1.37　3次元レーザー計測と得られた表面形状[5]

そのため，性能検証するにあたり，健全時の状態をどのように設定するのかが問題となる．経年劣化を確認するためには，建造当初の状態が計測されている必要があるし，補修・補強工事による性能回復の検証であれば，工事の事前・事後の計測が必要となる．このように相対的な差を検証する方法は，設計と維持管理の現場との乖離を埋める一つの方法であると考えられる．

一方，鋼構造物の性能（耐荷性能・使用性能）を把握すること無しにその長寿命化を考えることはあり得ず，絶対的な性能評価法の開発が望まれる．

2) 作用を考慮した鋼構造物の評価

ここまで記述してきた性能検証は，限界状態設計法でいうところの抵抗側の評価であるが，作用側すなわち載荷される荷重の実態を鋼構造物の長寿命化に関する評価に反映することも考えられる．

設計モデルと同様に，作用すなわち設計荷重にもモデル化による実態との乖離があることは明確であり，設計段階での荷重のモデル化による誤差は安全側にあるため問題にならない．しかしながら，長寿命化を考える際に耐荷力や余寿命を予測するにあたり，設計荷重と実荷重の乖離が大きい場合，実荷重を反映した鋼構造物の評価を実施することも合理的判断の一つであると考えられる．ここで，経済的理由に起因する合理性についての議論はそれを完全に排除する必要があることは言うまでもない．

実際の作用を検出（重量，軸重，頻度）する方法としては，舗装に埋め込む軸重計，W.I.M システム，加速度計測などが開発および実装化されている．

(4) 今後開発・実装化が望まれる技術

鋼構造物の長寿命化に係わる劣化現象は，腐食等環境要因による劣化現象と疲労損傷等を要因とする構造要因による現象に大別できる．鋼構造物の劣化現象を含む各種状況把握に今後とされ開発・実装化が望まれる技術について列挙する．

1) 点検・調査技術

a) 走行車両による路面及び舗装下面，舗装下面より深部の変状検知技術

高速道路会社で既に開発が進められている道路版のドクターイエローの開発．路面性状はもちろん，舗装下面の状況（水や空洞の有無），床版部分の状況なども同時に検知できるシステムの開発が望まれる．

b) マイクロロボットによる点検困難部位の可視化技術

ファイバスコープと異なり，より小型で自立的多機能なマイクロロボットによる点検困難部位の画像取得や3Dスキャンが可能なロボットの開発が望まれる．

c) ロボットカメラによるケーブル表面の展開写真データの取得と分析技術

既に実用化されているロボットカメラによるケーブル表面の劣化状況の確認．斜張橋の平行線ケーブルだけではなく，より線ケーブルも対象とでき，小規模吊橋のハンガーケーブルの金具やニールセンローゼ橋のケーブル拘束金具，斜張橋ケーブルの制振装置などを乗り越えて自走できる性能を有するロボットカメラの開発が望まれる．

d) カメラによる鋼構造物表面の展開写真データの取得と分析技術

既に建築分野で一部取り入れられている 360° パノラマ写真，3D スキャン装置と写真の合成技術などを取り入れた，鋼構造物の全表面の展開写真を取得する技術と，それを分析して損傷を評価する技術の開発が望まれる．

e) 塗膜下の腐食状況を検知する技術

塗装を剥離させることなく，塗膜下の鋼材の腐食状況を把握する技術．塗膜下で進行している腐食は，目視点検や打音検査で検出することは可能であるが，ある程度の熟練が必要であり，客観的に非接触で検出する技術開発が望まれている．

f) 腐食ボルトの残存軸力の計測技術 [6]

腐食した高力ボルトの残存軸力を計測するためには，現状では破壊もしくは微破壊検査を実施する必要がある．より正確に破壊することなく軸力を確認できる技術の開発が望まれている．

g) 疲労クラックの非接触型検出技術

疲労クラックの検出に関して，各種センサーや検出システムの開発・実装化が進んでいる．さらに，足場を要することのない，非接触型検出技術の開発が望まれている．

2) モニタリング技術

a) 各種センサー・機器の耐久性能・耐候性能の向上

モニタリングは長期間の稼働を前提としているため，使用するセンサーや機器は屋内での利用を前提として開発されてきたものと異なり，耐久性能や耐候性能について高い水準が求められる．

b) ワイヤレスデータ転送技術・データストレイジ

各種センサーの実装において，ケーブル配線は施工性・モニタリングシステムの維持管理の面からも問題があるため，データ転送および電源供給のワイヤレス化が望まれている．モニタリングで得られるビッグデータの保存方法と管理方法の検討が必要である．

c) 省電力・自己発電・蓄電・無線等の電力供給技術

長期間のデータ収集を実現するためには，センサーおよびデータ収集に係わる電力供給の簡易化が望まれている．また，災害前後での稼働を前提としているため，自律的電源によって数日から数週間は稼働する電源供給技術の開発が望まれる．鉄道橋では既に構造物の振動をエネルギー源とする圧電素子を用いた振動発電によるモニタリングシステムが開発されている[7]．

d) 腐食環境の総合的モニタリング技術

架橋環境による腐食状況の違いを明らかにすることは，鋼構造物の長寿命化にとって基礎的データになるばかりではなく，劣化予測の精度向上にもつながる．飛来塩分，風向，風速，温湿度，水漏れ検知等の総合的なモニタリングシステムの開発と全国的な計測ポイントの設置が望まれている．

3) 性能検証技術

a) 走行車両による構造物の振動計測システム

計測機器を搭載した車両が鋼構造物への載荷と計測を同時に行い，固有振動数などの振動特性を得る計測システムの実装化が望まれている．

b) 3次元カメラによる変形量の計測システム

非接触による変形量の把握のための3D計測システムの開発と作用荷重の検出技術，路面の監視カメラによる走行車両の記録をリンクさせたたわみ性状の計測システムの構築が望まれている．

c) 水平反力分散支承，免震支承の地震時性能の検証方法

地震時（大変形時）の支承の水平剛性，橋脚の水平・回転剛性を入力した動的時刻歴解析による耐震性能の検証を行う手法の確立が望まれる．ゴム支承の初期剛性を製作時の管理値に加える，初期剛性と大変形時の剛性の相関性についてのデータ取得を進めるなど使用状態で検証が可能となる体系を整える．もしくは，部品単位ではなく，組み込んだ構造物全体を水平方向に大変形させ，構造系全体の水平剛性・減衰などの特性を検証する方法を構築するなどの方策が必要である．

d) 作用荷重の検出技術

先述したように，W.I.Mシステムや軸重計は既に実装化されているが，簡易でより長期間の使用に耐え得る検出技術の開発が望まれる．

【参考文献】

1) 土木学会鋼構造委員会：鋼構造シリーズ鋼構造シリーズ7　鋼橋における劣化現象と損傷の評価，1996.10.

2) 鉄道総合技術研究所：鉄道構造物等維持管理標準・同解説（構造物編）鋼・合成構造物,2007.1.

3) 岡林隆敏，原忠彦：道路橋振動特性測定における衝撃加振法の適用，構造工学論文集 vol.34A,pp731-pp738，1988.3.

4) 日本鋼構造協会：土木鋼構造物の点検・診断・対策技術，2013.

5) 藤井堅：構造物の維持管理その難しさとおもしろさ，川田技報，vol.30,pp4-9,2011.

6) 下里哲弘，田井政行，有住康則，矢吹哲哉，長嶺由智：腐食劣化した高力ボルトの残存軸力評価に関する研究，構造工学論文集，Vol.59A,pp.725-735,2013.3.

7) 吉田善紀，小林裕介，内村太郎：鋼鉄道橋における部材の振動発電を利用したモニタリングシステムの構築，土木学会第65回年次学術講演会，I-515,pp.1029-1030,2010.9.

第2章 鋼構造物の診断・劣化予測

2.1 はじめに

　第2章では，第1章の「点検，調査」を踏まえた鋼構造物の診断・劣化予測手法について述べる．診断は対象構造物の健全度や劣化度の判定により保有している性能を適切に評価するために行うもので，日常点検，定期点検，詳細点検結果にもとづいて行われる．主なワークフローの例を図2.1に示す．日常点検は異常の早期発見を目的としており，パトロールの際に目視等で行うものである．定期点検では，日常点検で把握し難い構造物の細部についても点検を行う．図2.1に示すように，まず部材，劣化原因ごとに損傷程度を評価する．そしてその部材・劣化原因ごとの評価をもとに，構造物全体としての総合的な評価を行い，対策区分を決定する．この総合的な評価や対策区分評価は，物理的なパラメータのみならず社会的なパラメータからも決定される．例えば，国土交通省の道路橋定期点検要領[1]や，橋梁定期点検要領[2]によれば，部材ごとの損傷度だけではなく構造特性や架橋環境条件，当該道路橋の重要度等も判断材料とする旨が解説されている．そして，これらの日常点検や定期点検をもとに，応急処置や詳細調査の要否判定が行われる．特に劣化・損傷が顕著だった場合などに詳細調査は行われ，補修や更なる経過観察の必要性の有無などが判定される．詳細調査は，定期点検などの結果を受けて，変状の原因や程度をより詳細に把握するため，主に機械・器具を用いて実施される．劣化予測はそれらの診断結果などをもとに，将来の性能を予測し適切な対策を講じるため，および将来に必要となる予算を見積もることを目的として行うものである．

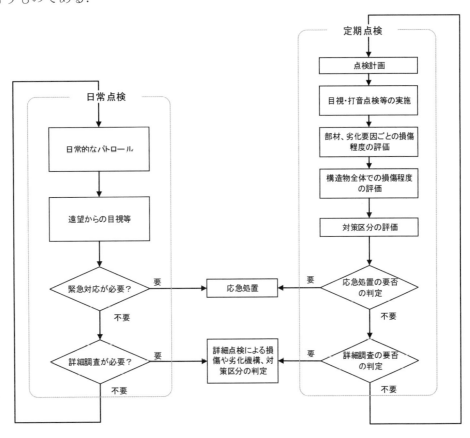

図 2.1　点検，診断，処置のワークフローの例

鋼部材の損傷は，腐食，疲労（き裂・破断），変形・欠損，ナットやボルトのゆるみ・脱落，高力ボルトの遅れ破壊などに大別される．ここでは腐食，疲労，その他の損傷の 3 項目に分け，それぞれについて以下で述べることとする．

【参考文献】
1）国土交通省道路局：道路橋定期点検要領（技術的助言），2014.6
2）国土交通省道路局国道・防災課：橋梁定期点検要領，2014.6

2.2. 腐食を生じた鋼構造物の診断・劣化予測

2.2.1　概要

　腐食は，鋼道路橋防食便覧[1]によれば，「金属がそれを取り囲む環境物質によって，化学的又は電気化学的に侵食されるか若しくは材質的に劣化する現象」と定義されている．鋼部材の腐食は，疲労き裂に比べて損傷範囲が広範となり，腐食の進行度も高くないと判断されがちであるため，緊急対応を要すると評価されるケースは疲労損傷に比べて少ないと考えられる．しかし，例えば木曽川大橋で床版コンクリートに覆われたトラス斜材が腐食により破断したように，局部腐食の進行による部材破断が顕在化しつつある．また，腐食による断面欠損が橋梁全体に広がり，耐荷性能が著しく低下したために崩落したトラス橋の事例もある．

　鋼の腐食には様々な形態があるが，鋼道路橋における代表的な腐食は概ね図 2.2 のように分類できる[1]．乾食は，鋼材が炭酸ガスなどの反応性気体と接触し化学反応を起こすことで，表面に酸化物の固体被膜を生成して表面から消耗する現象であるが，常温では進行が非常に遅く，実用上の問題とはならない．一方で湿食は水分の存在による金属のイオン化からはじまる現象であり，低温でも進行が早く構造物の安全性を低下させる．湿食は腐食の広がり方によって全面腐食と局部腐食の 2 通りに分類することが可能である．全面腐食は，金属表面状態が均一で均質な環境にさらされている場合に生じ，全面がほぼ均一に腐食していく現象である．一般に，全面腐食の進行速度は非常に遅く，腐食が生じ始めてから短期間で構造物に重大な悪影響を及ぼす状態となることは少ない．

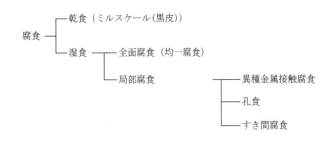

図 2.2　腐食の分類

　局部腐食は，金属表面の状態の不均一あるいは環境の不均一により腐食が局部に集中して生じる現象であり，腐食される場所（アノード位置）が固定されるため腐食速度は全面腐食に比べて著しく増大する．局部腐食が進行すると腐食部が深くえぐれた状態となり，応力集中や耐荷力の低下などが生じるため，局部腐食の防止が特に重要となる．代表的な局部腐食には，異種金属接触腐食，孔食，すき間腐食がある．

　基本的には，板厚減少等を伴う錆の発生を「腐食」として扱い，板厚減少等を伴わないと見なせる程度の軽微な錆の発生は「防食機能の劣化」として扱われており，これらは別々の損傷として点検・診断・処置・記録がなされることが多い[2]．防食機能の劣化とは，例えば塗装による防食の場合は，塗膜面の錆，剥がれ，割れ，膨れ，傷などが該当する[3]．あるいはメッキ，金属溶射による防食の場合は，防食被膜の劣化による変色，ひび割れ，ふくれ，はがれ等が該当する．耐候性鋼材の場合だと，例えば，文献(2)では保護性錆が形成されていない状態を防食機能の劣化としている．一方で，腐食による板厚減少は耐荷力や耐震性能を低下させ，構造物の安全性に影響を与えるという点で防食機能の劣化とは異なる．また，防食機能の劣化は一般的に腐食による板厚減少に先立って生じるという順序性もあるため，これらを明確に区別して扱うことが鋼構造物の維持管理においては重要である．

【参考文献】
1) 日本道路協会：鋼道路橋塗装・防食便覧, 2005.
2) 国土交通省道路局：道路橋定期点検要領（技術的助言）, 2014.6
3) 国土交通省道路局国道・防災課：橋梁定期点検要領, 2014.6

2.2.2 診断

(1) 目視調査および既存資料による簡易調査

鋼構造物はその数が多くまた腐食箇所も多いため，詳細点検を行う箇所を絞り込む必要がある．そのために，以下で述べる目視点検や打音点検，および既存資料等による調査を行い，それに基づいた評価を行う．健全性の評価に必要となる情報の例を**表2.1**に示す．

鋼橋の場合では，国土交通省による道路橋定期点検要領[1]や橋梁定期点検要領[2]により点検・診断方法について定められている．例えば，橋梁定期点検要領では，損傷状況の把握，対策区分の判定，健全性の診断のそれぞれを行うことが求められており，以下にそれぞれについて述べることで，点検からの診断の流れを概観する．

表2.1 健全性の評価に必要となる情報

項目	情報
目視調査	・腐食深さ，腐食面積，板厚減少の視認性
設計条件	・構造形式，設計年次，架設年次 ・適用示方書，設計活荷重 ・使用材料の特性 ・損傷部位の板組構成，溶接位置，溶接仕様 ・損傷部位の許容応力度に対する余裕量
使用環境	・交通量，大型車混入率 ・橋梁の立地条件，気象条件，迂回路の有無 ・維持管理の状況（凍結防止剤の散布など）
各種履歴	・塗装履歴，補修補強履歴，前回点検記録

1) 損傷状況の把握

損傷状況については，「要素」と呼称される部位，部材の最小評価単位ごと，そして損傷の種類ごとに把握し，そしてその程度を評価することが求められている．評価手法についても定められており，例えば防食機能の劣化であれば，まず防食機能を**表2.2**に従い分類した後に，**表2.3**から**表2.5**のような区分で評価する．このような分類を行うのはそれぞれ防食，劣化のメカニズムが異なるためである．

塗膜の劣化には様々な種類があり，これらについて把握することが診断の精度に寄与する．例えばNEXCO総研の「保全点検要領 構造物編」[3]では，塗膜の劣化の種類を以下の7種類に分類している．

① さび
② はがれ
③ ひびわれ（チェッキング，クラッキング）
④ 白亜化（チョーキング）
⑤ 変色
⑥ 光沢の減少
⑦ ふくれ（ブリスター）

同要領では上記の中でも特にさび・はがれによって塗装塗り替えの評価を行っており，他の項目については参考項目としている．さびについては，表2.6に示すような面積率で評価している．さらに，面積率の参考図についてもアメリカ鋼構造物協会（SSPC）塗装仕様書(1964)「塗装した鋼表面の錆発生程度の標準評価方法」より引用した図が図2.3のように提示されている．はがれについては，調査箇所面積のどの程度を占めているかで定められており，表2.7のように区分され，評点が定められている．

表2.2　防食機能の分類

分類	防食機能
1	塗装
2	めっき，金属溶射
3	耐候性鋼材

表2.3　塗装による防食機能の損傷程度の評価

分類1：塗装

区分	一　般　的　状　況
a	損傷なし
b	－
c	最外層の防食塗膜に変色が生じたり，局所的なうきが生じている．
d	部分的に防食塗膜が剥離し，下塗りが露出している．
e	防食塗膜の劣化範囲が広く，点錆が発生している．

注：劣化範囲が広いとは，評価単位の要素の大半を占める場合をいう．（以下同じ．）

表2.4　めっき，金属溶射による防食機能の損傷程度の評価

分類2：めっき，金属溶射

区分	一　般　的　状　況
a	損傷なし
b	－
c	局所的に防食皮膜が劣化し，点錆が発生している．
d	－
e	防食皮膜の劣化範囲が広く，点錆が発生している．

注）白錆や"やけ"は，直ちに耐食性に影響を及ぼすものではないため，損傷とは扱わない．ただし，その状況は損傷図に記録する．

表 2.5　耐候性鋼材による防食機能の損傷程度の評価

分類 3 : 耐候性鋼材

区分	一　般　的　状　況
a	損傷なし（保護性錆は粒子が細かく，一様に分布，黒褐色を呈す.） （保護性錆の形成過程では，黄色，赤色，褐色を呈す.）
b	損傷なし．ただし，保護性錆は生成されていない状態である.
c	錆の大きさは 1〜5mm 程度で粗い.
d	錆の大きさは 5〜25mm 程度のうろこ状である.
e	錆の層状剥離がある.

注）一般に，錆の色は黄色・赤色から黒褐色へと変化して安定していく．ただし，錆色だけで保護性錆かどうかを判断することはできない．また，保護性錆が形成される過程では，安定化処理を施した場合に，皮膜の残っている状態で錆むら生じることがある．損傷がない状態を，保護性錆が生成される過程にあるのか，生成されていない状態かを明確にするため，「b」を新たに設けている.

表 2.6　さびの評点

評　点	状　　　　　　況
4 0	錆の発生が調査箇所面積の 3%以上にみられる.
3 0	〃　　　　　1%以上〜3%未満に見られる.
2 0	〃　　　　　0.3%以上〜1%未満に見られる.
1 0	〃　　　　　0.1%以上〜0.3%未満に見られる.
0	異常が認められない.

表 2.7　はがれの評点

評　点	状　　　　　　況
3 0	はがれの発生が調査箇所面積の　　33%以上　　にみられる.
2 4	〃　　　　　17%以上 33%未満　　〃
1 8	〃　　　　　10%以上 17%未満　　〃
1 2	〃　　　　　3%以上 10%未満　　〃
6	〃　　　　　3%未満　　〃
0	異常が認められない.

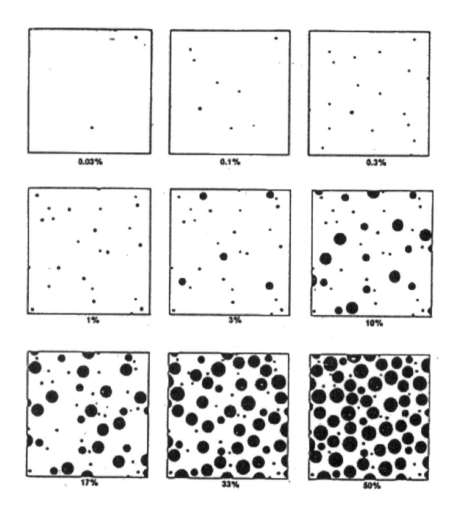

図 2.3 塗膜劣化の比率の参考図

　耐候性鋼材については最初から防食がなされるわけではなく，保護性錆が徐々に形成されていき防食機能を発揮するという意味で異なるものとなっており，そのメカニズムの違いを理解した上で点検，診断を行うことが重要となる．評価基準としては，例えば，表 2.8 のように提案されており[4]，特にうろこ状さびおよび層状剥離さびに留意することが求められている．なお，耐候性鋼材に対して塗装を行っているような事例も存在するが，この場合は防食機能を塗装で担保しているということを考慮し，表 2.3 に従い評価することとしている．

　腐食については，表 2.9 に示すように損傷の深さと面積により評価する．前述のように防食機能の劣化と腐食は減肉の有無により区別されている．減肉は耐荷力や耐震性能などに影響を及ぼすため，特に減肉量が大きい損傷の場合は減肉量の計測を行い，残存性能を的確に評価することも必要に応じて求められる．

表2.8 さびの評点

外観評点	さびの状態 （表層さびの粒子の大きさと外観）	さび層の厚さ
評点5	色調は全体的に明るく黄褐色でまだら状である．ほとんど凹凸はなく，さび粒子は細かいさびの量は少なく，最大粒径は1mm程度以下．	200μm程度未満
評点4	色調は暗褐色で色むらは無い．ほとんど凹凸は無く，さび粒子は細かく均一．さびの量はやや多く，最大粒径は1mm程度以下．	400μm程度未満
評点3	色調は暗褐色から褐色で色むらはなしやや凹凸があり，さび粒子は粗く不均一さびの量は多く，最大粒径は1〜5mm程度．	400μm程度未満
評点2	色調は暗褐色から褐色でやや色むらがある大きい凹凸があり，さび粒子は粗くうろこ状さびの量は多く，最大粒径は5〜25mm程度．	800μm程度未満
評点1	局部的に様々な色調（激しい色むら）がある大きな凹凸があり，層状剥離（痕跡）がある	800μm程度を超える

表 2.9 「橋梁定期点検要領」による損傷程度の評価区分

1)損傷程度の評価区分

区分	一般的状況		備考
	損傷の深さ	損傷の面積	
a	損傷なし		
b	小	小	
c	小	大	
d	大	小	
e	大	大	

2)要因毎の一般的状況

a)損傷の深さ

区分	一般的状況
大	鋼材表面に著しい膨張が生じている，又は明らかな板厚減少等が視認できる．
	-
小	錆は表面的であり，著しい板厚減少等は視認できない．

注)錆の状態(層状，孔食など)にかかわらず，板厚減少等の有無によって評価する．

b)損傷の面積

区分	一般的状況
大	着目部分の全体に錆が生じている，又は着目部分に拡がりのある発錆箇所が複数ある．
小	損傷個所の面積が小さく局部的である．

注：全体とは，評価単位である当該要素全体をいう．

例：主桁の場合，端部から第一横溝まで等．格点の場合，当該格点．

なお，大小の区分の閾値の目安は，50%である．

2) 対策区分の判定

　点検により 1)のように把握した損傷状況の情報の範囲内で，当該橋梁の各損傷に対して補修等や緊急対応，維持工事対応，詳細調査などの何らかの対策の必要性について，判定区分による判定を行うことが求められている．第 1 章 1.2.2 においても既に紹介されているが，改めて**表 2.10**に再掲する．A以外の判定区分については，損傷の状況，損傷の原因，損傷の進行可能性，当該判定区分とした理由など，定期点検後の維持管理に必要な所見を提示することも求められている．これは損傷状態が同様でも部位によって安全性や耐久性に及ぼす影響が異なるため，対策区分の判定区分が変わることに対応している．例えば水がかりの位置にある場合と無い場合では防食機能の劣化の深刻性は変化するため，そのような判断についても記録する．さらには，複数の部材の複数の損傷を総合的に評価するなどした橋梁全体の状態や対策の必要性についても所見を提示することを求められている．

　すなわち，橋梁の点検結果をもとに，橋梁全体として見たときの耐荷性能などの安全性，特に次回点検までの将来予測をもとにした損傷に対する対策・補修の必要性，さらには緊急対応や追

跡調査の必要性など，高度な判断を求められているため，必要となる知識と技能を有する技術者が行うように定められている．

表 2.10　対策区分の判定区分 [2]

判定区分	判定の内容
A	損傷が認められないか，損傷が軽微で補修を行う必要がない．
B	状況に応じて補修を行う必要がある．
C 1	予防保全の観点から，速やかに補修等を行う必要がある．
C 2	橋梁構造の安全性の観点から，速やかに補修等を行う必要がある．
E 1	橋梁構造の安全性の観点から，緊急対応の必要がある．
E 2	その他，緊急対応の必要がある．
M	維持工事で対応する必要がある．
S 1	詳細調査の必要がある．
S 2	追跡調査の必要がある．

3) 健全性の診断

　1)のように把握した損傷状況から，まず部材単位での健全性の診断を**表 2.11** に示すような判定区分により行うことが求められている．健全性と 2)の対策区分については，独立した定義があるため別箇に扱われているが，それでも橋梁の安全性等を総合的に判断した上で対策区分を決定するというプロセスを考えると相互に関連しており，橋梁定期点検要領内でもあくまでも一般的な対応関係として以下のものが提示されている．

　　　　「Ⅰ」：A，B
　　　　「Ⅱ」：C 1，M
　　　　「Ⅲ」：C 2
　　　　「Ⅳ」：E 1，E 2

そうして部材ごとの健全性の診断結果，および構造特性や架橋環境条件，重要度から，橋梁単位での健全性の診断を総合的に行うことが求められている．これについても部材単位の健全性の診断と同様に，**表 2.11** に示す判定区分により行われる．

　なおこれらの目視点検による診断の際には，要領の付録などに掲載されている，損傷写真とその判定根拠が紹介されている様々な評価例が参考になる．**図 2.4** から**図 2.7** に，目視点検による腐食損傷に関する評価例として，道路橋定期点検要領 [1] に掲載されている例を示す．他にも，例えば国土交通省国土技術政策総合研究所の「道路橋の定期点検に関する参考資料－橋梁損傷事例写真集－」[5]などの事例集なども参考になる．また，耐候性鋼材に関しては，日本橋梁建設協会のウェブサイト「さび外観評価補助システム」（http://www.jasbc.or.jp/sabi/）が詳しい．ただし，例えば「判定区分Ⅲとして掲載されている写真の損傷に類似しているから判定区分Ⅲとする」といったような，掲載されている損傷写真との類似性をもって判定根拠とすることは慎まなくてはならない．あくまでも，損傷写真と並列で掲載されている，判定根拠を参考にすることにとどめるべきである．また，同様の構造物を管理する他の管理者と，点検結果や措置状況等の情報を共有することも参考になる．

ただし，現状では，このように様々な資料があり，それを参考に判定することが可能となっているにもかかわらず，必ずしも判定が的確に行われていないケースも多い．例えば，腐食は一般的に防食機能の劣化からはじまり，次いで板厚が減少することで耐荷力が減少していくが，そのようなメカニズムを理解せずに点検・診断を行っている事例も多く，例えば，板厚減少が既に顕著であるのに防食機能が劣化しているのみと誤診断しているようなケースも散見される．このような誤診断は，危険度を誤って見積もることに繋がるため避けなければならないが，そのためには点検者が，損傷のメカニズムと，何故その損傷が危険に繋がるかを理解する必要がある．

表 2.11　部材単位および橋単位での健全性の診断の判定区分 [1)]

	区分	定義
I	健全	道路橋の機能に支障が生じていない状態.
II	予防保全段階	道路橋の機能に支障が生じていないが，予防保全の観点から措置を講ずることが望ましい状態.
III	早期措置段階	道路橋の機能に支障が生じる可能性があり，早期に措置を講ずべき状態.
IV	緊急措置段階	道路橋の機能に支障が生じている，又は生じる可能性が著しく高く，緊急に措置を講ずべき状態.

鋼部材の損傷	①腐食	1／4

判定区分　Ⅱ	構造物の機能に支障が生じていないが，予防保全の観点から措置を講ずることが望ましい状態. （予防保全段階）

例

母材の板厚減少はほとんど生じていないものの，広範囲に防食被膜の劣化が進行しつつあり，放置すると全体に深刻な腐食が拡がると見込まれる場合

例

橋全体の耐荷力への影響は少ないものの，局部で著しい腐食が進行しつつあり，放置すると影響の拡大が確実と見込まれる場合

例

耐候性鋼材で，主部材に顕著な板厚減少は生じていないものの，明らかな異常腐食の発生がみられ，放置しても改善が見込めない場合

例

塗装部材で，主部材に顕著な板厚減少には至っていないものの，放置すると漏水等による急速な塗装の劣化や腐食の拡大の可能性がある場合

備考
■腐食環境（塩分の影響の有無，雨水の滞留や漏水の影響の有無，高湿度状態の頻度など）によって，腐食速度は大きく異なることを考慮しなければならない.
■次回点検までに予防保全的措置を行うことが明らかに合理的となる場合が該当する.

図2.4 目視調査による評価例（腐食・判定区分Ⅱ）[1]

鋼部材の損傷	①腐食	2／4

判定区分 Ⅲ	構造物の機能に支障が生じる可能性があり，早期に処置を講ずべき状態． （早期措置段階）

 例 主部材に，広がりのある顕著な腐食が生じており，局部的に明確な板厚減少が確認でき，断面欠損に至ると構造安全性が損なわれる可能性がある場合
 例 支承部や支点部の主桁に，明らかな板厚減少を伴う著しい腐食がある場合
 例 耐候性鋼材で，明らかな異常腐食が生じており，拡がりのある板厚減少が生じている場合
 例 漏水や滞水によって，主部材の広範囲に激しい腐食が拡がっている場合

備考
■腐食の場合，広範囲に一定以上の板厚減少が生じたり，局部的であっても主部材の重要な箇所で断面欠損が生じると部材の耐荷力が低下していることがある．
■桁内や箱断面部材の内部に漏水や滞水を生じると，広範囲に激しい腐食が生じることがあり，特に凍結防止剤を含む侵入水は腐食を激しく促進する．

図2.5 目視調査による評価例（腐食・判定区分Ⅲ） [1]

鋼部材の損傷	①腐食	3／4

判定区分 Ⅳ	構造物の機能に支障が生じている，又は生じる可能性が著しく高く，緊急に措置を講ずべき状態. （緊急措置段階）

	例 ゲルバー桁の受け梁など，構造上重要な位置に腐食による明らかな断面欠損が生じている場合
	例 トラス橋やアーチ橋で，その斜材・支柱・吊材，弦材などの，主部材に明らかな断面欠損や著しい板厚減少がある場合 （大型車の輪荷重の影響によっても突然破断することがある）
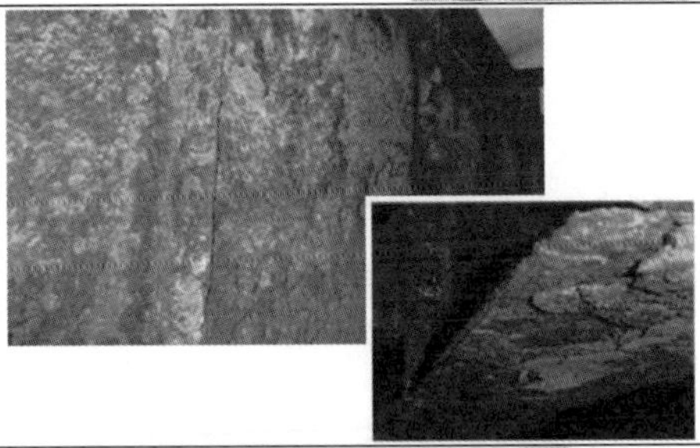	例 主部材の広範囲に著しい板厚減少が生じている場合 （所要の耐荷力が既に失われていることがある）
	例 支点部などの応力集中部位で明らかな断面欠損が生じている場合 （地震などの大きな外力によって崩壊する可能性がある）

備考
■腐食の場合，板厚減少や断面欠損の状況によっては，既に耐荷力が低下しており，大型車の輪荷重の通行，地震等の大きな外力の作用に対して，所要の性能が発揮できない状態となっていることがある.

図 2.6 目視調査による評価例（腐食・判定区分Ⅳ）[1]

鋼部材の損傷	①腐食	4／4

詳細調査が必要な事例

	例 外観目視できない埋込み部や部材内部で，著しく腐食が進行している可能性が疑われる場合 （埋め込み部内部で破断直前まで腐食が進行していることがある）
	例 耐候性鋼材に明確な異常腐食の発生が認められる場合 （板厚計測など詳細な調査をしなければ，耐荷力への影響が推定できないことがある）
	例 桁内部など，外観目視できない部位での滞水や漏水による著しい腐食が生じている可能性が疑われる場合 （桁内部で著しい腐食が生じ，深刻な影響が生じていることがある）
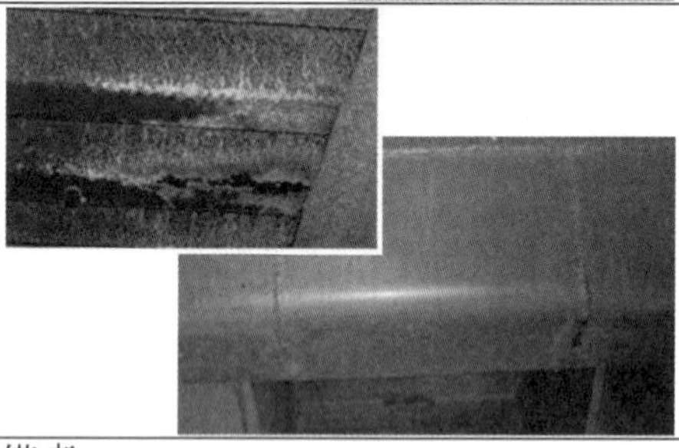	例 外観目視できない部材内部で，著しく腐食が進行している可能性が疑われる場合 （内部からの板厚減少によって部材の耐荷力が低下していることがある）

備考
■腐食は，環境条件によっては急速に進展するため，外観目視では全貌が確認できない部材内部や埋込み部などに著しい腐食が疑われる場合には，詳細調査により原因を究明する必要がある．漏水や滞水が原因の場合，急速に進展することがある．

図 2.7 目視調査による評価例（腐食・詳細調査が必要な事例）[1]

(2) 詳細評価

本節では詳細評価の手法について，その対象を防食機能の劣化および腐食による減肉に分け，それぞれを以下で述べる．

1) 防食機能の評価

防食機能の劣化は直接的には耐荷力に大きな影響を与えないため，外観目視以上の点検が求められるケースは少ない．ただし，塗り替え時期の判定など長期的な視野に立った場合に必要となる，塗膜劣化状況を把握するための試験はいくらかあり，文献(4)ではクロスカット法および塗膜診断器による手法が紹介されている．また，プルオフ法という，剥離強度および剥離界面を計測，観察する手法もあり，それぞれについて以下に概要を述べる．詳細については JIS あるいは保全点検要領などが参考になる．

クロスカット法は JIS K5600-5-6 に記載の方法であり，直角の格子パターンを塗膜に切り込み，素地まで貫通するときの素地からの剥離に対しての塗膜の耐性を評価するものである．クロスカット法ではカッターなどにより，膜厚 60～120μm の場合は 2mm 間隔で，膜厚 121～250μm の場合は 3mm 間隔で，縦横方向にそれぞれ 6 本，切り込みを入れる．そして図 2.8 のように 75mm の長さのテープを塗膜の格子にカットした部分に貼り，そして付着後引き離してどの程度剥がれるかを図 2.9 と比較して評価するものである．

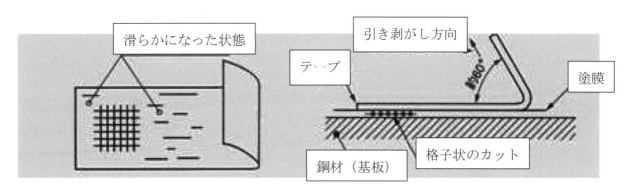

図 2.8 テープの貼り付け方法 [4]

図 2.9 塗膜の剥がれ方による評価方法 [4]

塗膜診断器は，塗膜は劣化が進むと粗雑になり水分が透過しやすくなるという特性を利用し，一定時間内に塗膜を透過する電解質溶液の量を測定することで劣化度を評価するものである．電解質溶液は亜鉛と鉄との間の電位差を利用して移動させる．そこで図 2.10 に示すように，測定にはまず鉄面を露出させて一方の極とし，そして測定器側の亜鉛電極をもう一方の極とする．そうして亜鉛／鉄の電池が構成されるので，測定値を計測することで塗膜の状態を評価できる．文献

(4)に記載の表を表2.12に示す.

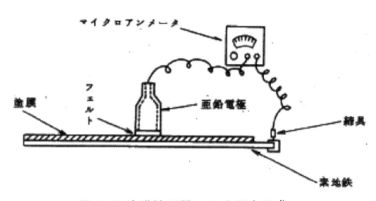

図2.10 塗膜診断器による測定図[4]

表2.12 塗膜診断器による測定値と劣化状態[4]

測定値（μA）	目 視 観 察 の 状 態
0	塗膜健全.
1～10	塗膜劣化の開始の徴. まだ素地鉄面にさび発生なし.
11～13	さび発生開始. しかし, まだ塗膜のさび抑制力は十分ある.
14～90	さび発生進行. 塗膜のさび抑制力は減退.
91～800	さび発生進行大. 塗膜のさび抑制力は失われる.
800以上	塗膜は全く失効.

　プルオフ法はJIS K5600-5-7に記載の方法であり，塗膜に治具を接着剤で接着し，垂直方向に引っ張った場合の剥離強度，剥離界面を見るものである．プルオフ法では研磨・清浄された測定位置に測定端子を接着し，そして周辺の塗膜は切れ込みを入れて分離させ，アドヒージョンテスターで測定端子を引き剥がすことで，剥離強度を計測する．また，同時に剥離界面を観察して記録する．例えば，「JSS Ⅳ 03-2018 鋼構造物塗膜調査マニュアル」[6]に記載の評価点を表2.13に示す．剥離界面の観察により，どの層から剥離しているかも判定でき，最弱部分の評価ができる．

表2.13 引っ張り付着力による評価の判定区分[6]

評価点 (RN)	引っ張り付着力 (MPa)
0	$2.0 \leq X$
1	$1.0 \leq X < 2.0$
2	$0 < X < 1.0$
3	$X = 0$

（出典：JSS Ⅳ 03-2018 鋼構造物塗膜調査マニュアル）

また，耐候性鋼材については，保護性さびの形成状態を確認する手法として，抵抗値を測定する手法，フェロキシル試験による手法，さびの分析を行う手法，切断面の分析を行う手法が，保全点検要領構造物編に塗膜劣化と同様に記載されている．

　抵抗値測定手法は，さびが安定化するにつれてさび層のイオン等価抵抗が増大することを利用して保護性さびの形成状態を評価する手法である[7]．測定状況を図2.11に示す．また結果の解釈方法についても文献(7)内で図2.12のようにまとめられており，5段階での評価が可能となっている．

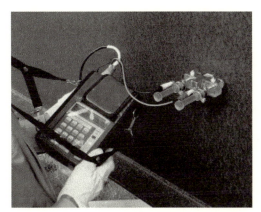

図2.11　イオン透過抵抗測定状況および結果判定手法[7]

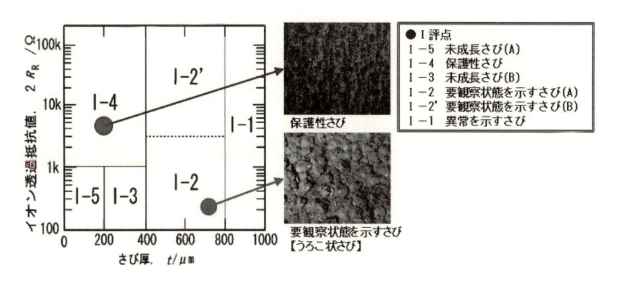

図2.12　イオン透過抵抗値を用いた結果判定手法[7]

　フェロキシル試験は，ろ紙をフェロシアン化カリウム，フェリシアン化カリウムおよび塩化ナトリウムの混合溶液に浸して測定する鋼材に貼り付けることで，青色斑点の大きさや数を調べるものである．これは，さび層にピンホールが多い場合はフェロキシル試験液が地鉄と反応して青い斑点が現れることを利用した試験であり，安定したさび層ほど青色斑点の数が少なくなることを利用している．結果の解釈方法についても文献(4)に図2.13のようにまとめられている．

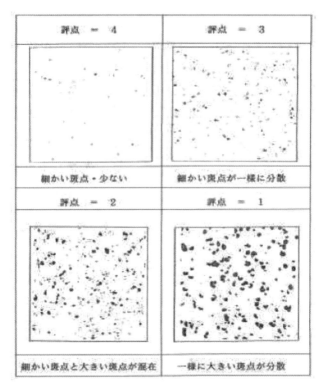

図 2.13 フェロキシル試験の青色の斑点模様の例と判定区分 [4]

　さびを採取し，X 線回折装置または EPMA により分析する手法もある．X 線回折による分析では，さびの安定化に従い増加するとされている α-FeOOH の増加比率を調べ，保護性さびの形成状態を評価する．EPMA による分析では，地鉄表面のクロム，銅，リン，塩素の有無および量を調べ，さびの安定化に関する評価を行うものである．さらに，暴露用の小型試験片を切断し，さび層を直接偏光顕微鏡によって観察し，形成されているさびが結晶質のさびか非晶質のさびかを確認する試験方法もある．偏光顕微鏡を用いてさび層断面を観察すると α-FeOOH は消光するため，消光層専有面積や地鉄への付着状況，連続性を観察することでさび層安定化の状態を把握するというものである．同手法による評価基準が文献(8)に提案されている．まず鋼材表面に連続的な非偏光層が形成されているかという観点から，割合，位置，連続性について表 2.14 のように評価し，その結果の総合として保護性さびの形成状況を表 2.15 のように評価するというものである．また，撮影写真の例も図 2.14 のように掲載されている．

表 2.14　非偏光層の割合，位置，連続性の評価基準 [8]

項　目	評価	非 偏 光 層 の 状 況
割　合	3	さび層のほとんどの部分が非偏光層である．
	2	さび層のかなりの部分が非偏光層である．
	1	非偏光層の量は少ない．
位　置	3	鋼表面のほとんどの部分が非偏光層におおわれている．
	2	鋼表面のかなりの部分が非偏光層におおわれている．
	1	鋼表面はほとんど非偏光層におおわれていない．
連続性	3	非偏光層の横方向のつながりは非常に良い．
	2	非偏光層の横方向のつながりはかなり良い．
	1	非偏光層の横方向のつながりは非常に悪い．

表 2.15　保護性さび形成状況の評価基準[8]

評　価	安定さびの形成	非　偏　光　層　の　状　況
3	さびは安定化している．	耐候性鋼の安定さびの状況とかなりよく似ている．
2	さびは多少安定化している．	耐候性鋼の安定さびの状況と多少似ている．
1	さびは安定化していない．	耐候性鋼の安定さびの状況とまったく似ていない．

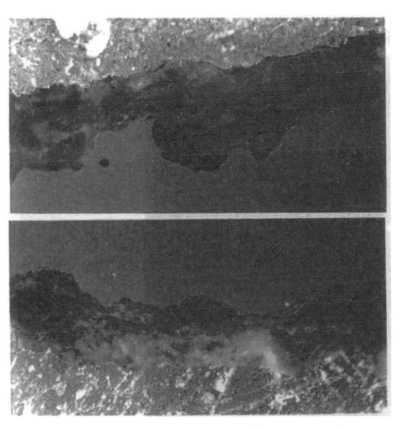

図 2.14　さび層の偏光顕微鏡写真の例（×400）[8]

2）腐食環境の評価

　防食機能の劣化や腐食による減肉の程度や速度は，環境による影響を大きく受ける．その中でも特に塩分の影響は重大であり，環境を評価するために飛来塩分量調査および付着塩分量調査が行われている．

　飛来塩分量測定方法としてはいくらかあるが，代表的なものとしてドライガーゼ法および土研式法がある．ドライガーゼ法は JIS Z 2382 に基づく方法であり，外寸法 150×150mm，内寸法 100×100mm の木製の外枠に，外寸法 120×120mm，内寸法 100×100mm の木製の内枠をはめ込み式にしてガーゼを挟み，図 2.15 のように雨水が直接かからないようにして飛来塩分を捕集するものである．一方で土研式法では，図 2.16 のような 100mm×100mm のステンレス板に付着した塩分を雨水とともに，ポリタンク内に回収し，その塩分濃度から飛来塩分を算出する．

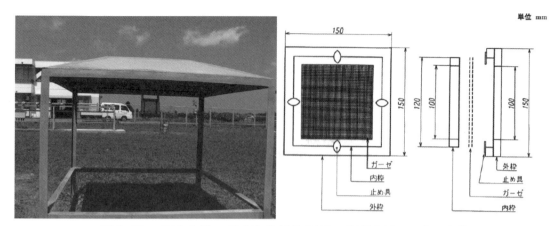

図 2.15 ドライガーゼ式塩分捕集器具の設置例および寸法[9]

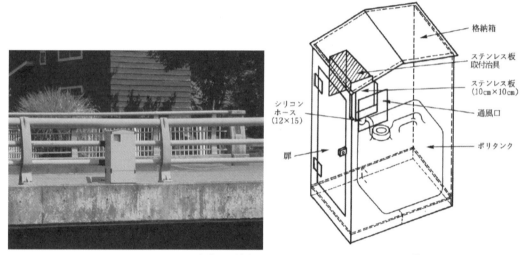

図 2.16 土研式塩分捕集器具の設置例および寸法[9]

　上述のような飛来塩分量調査に加え，そもそも鋼材にどの程度の塩分が付着しているかを調べることで環境を確認する付着塩分量測定も行われている．一般的に，塗装の塗膜表面の付着塩分量，あるいは初期さび程度の状態の耐候性鋼材ではJHS408の鋼橋の付着塩分量測定方法で定められる拭き取り法に基づいた測定が行われる．しかし，表面のさびが荒い場合は拭き取り法が適用できないため，表面塩分計などによる測定が行われている．

　ただ，塩分量の直接的な計測は一般的に大変である．そこで耐候性鋼材の場合には，地理的条件から腐食環境を評価し，飛来塩分量測定を省略してよい地域として**図 2.17**のように定められている．これは文献(11)での全国41橋暴露試験結果に基づき作成され，道路橋示方書・同解説の鋼橋編[10]にも掲載されている．

　ただし，この図はあくまでも地域的な環境について述べられたものであり，他の要因で塩分量が増加する場合は対策を行う必要がある．例えば凍結防止剤を多く散布する橋梁では，排水状況によって強い腐食環境に置かれる部材が存在することが想定されるため，慎重に観察，検討を行う必要がある．

他にも，局所的な風向きなどの影響による腐食環境についても留意する必要がある．これまで，図2.18のような縮尺模型による風洞実験[12]や，数値シミュレーションによる研究がなされている．また，実際の橋梁でも風向きについて考慮している高知自動車道の平瀬橋の例が文献(13)に報告されている．平瀬橋は橋長179.75m，4主桁を有する4径間連続の非合成耐候性鋼橋梁であり，標高約200mに位置し，冬季には路面凍結を防ぐため大量の凍結防止剤が散布されている．また，図2.19のように上下線が分離し，高低差を有する橋梁である．

図2.20の右図に示すように，平瀬橋では谷風の影響で，II期線で散布された凍結防止剤が谷風の影響を受けて高い側の橋梁のG4桁下フランジに飛散している．また，G1桁は，地山に近接する箇所で立木の影響から湿潤状態になりやすく，さらに風の巻き込みにより凍結防止剤が付着しやすい環境となっている．実際G1桁とG4桁では損傷が進行しており，例えばG4桁の下フランジではうろこ状さびが確認される評点2となっている．このように，風や樹木，地形の影響で局所的に腐食環境となってしまうこともあるため，注意する必要がある．

こういった腐食環境を直接的に計測する例として，ACM腐食センサー（図1.32参照）を用いている例もあり，必要に応じて用いられる．

地域区分		飛来塩分の測定を省略してよい地域
日本海沿岸部	I	海岸線から20kmを超える地域
	II	海岸線から5kmを超える地域
太平洋沿岸部		海岸線から2kmを超える地域
瀬戸内海沿岸部		海岸線から1kmを超える地域
沖縄		なし

図2.17 耐候性鋼材を無塗装で使用する場合の適用地域[10]

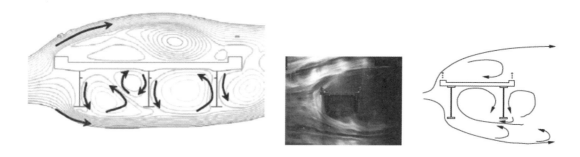

図 2.18 風の数値シミュレーションと風洞での可視化実験結果[12]

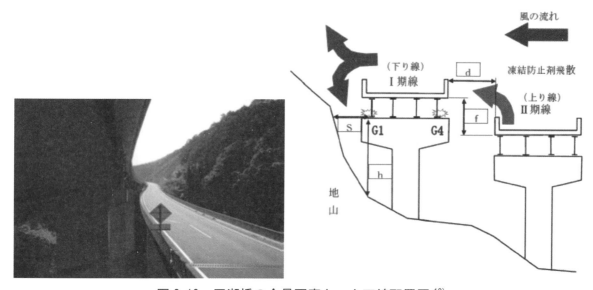

図 2.19 平瀬橋の全景写真と，上下線配置図[13]

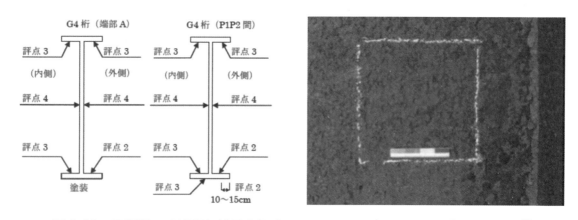

図 2.20 平瀬橋の外観評価結果と評点2の下フランジ上面の外側部分の写真[13]

耐候性鋼材については，硫黄酸化物についても耐候性鋼材の保護性さびの形成を妨げるため，その濃度を測定することもあり，文献(4)にも定められている．測定方法はJIS Z 2382に従い行う．

3) 耐荷力の評価

腐食による減肉は構造物の耐荷性，耐久性に大きな影響を与える可能性があるため，必要に応じて詳細調査が行われる．一般的には腐食箇所の残存板厚を測定し，それに続いて立体骨組解析

やFEMによる構造解析，あるいは既存の耐荷力評価式の適用により残存性能の評価が行われている．また，応力頻度測定，載荷試験による方法もあり，これらについて以下に述べる．

① 残存板厚の計測と，構造解析による性能検証

　構造解析を行うためには，腐食箇所の残存板厚を計測し，得られた寸法を入力として与える必要がある．そのための器具として，キャリパーゲージやマイクロメータ，ダイヤルシックネスゲージに代表されるアナログな計測器や超音波を利用した厚さ計などがある．これらは比較的安価で操作も単純なものの，点的測定しかできないため，平均板厚などを知りたければ複数回計測する必要がある．一方で超音波厚さ計の特長として，塗装の上から板厚測定をすることが可能なスルーペイント機能を備えているものもあり，厳密な計測が必要な場合は有用である．

　一方で，面的測定が可能な器具として，例えば3Dレーザースキャナのような器具も普及しつつあり，また採用が現実的な価格帯となってきている．3Dレーザースキャナの計測方法として，三角測量を応用した三角測距方式，レーザーが測定対象で反射して戻ってくるまでの時間から距離を測定するタイムオブフライト方式などがあり，いずれも測定対象の形状を多点で計測することが可能である．ただし，そもそも3Dレーザースキャナは板厚測定を主目的とした器具ではなく，あくまでも表面形状を測定可能なだけである．そのため，板厚を測定するためには表裏両面の表面形状を測定する必要がある．そしてその上で表面および裏面の測定位置を同定させる必要があるが，必ずしも容易な作業ではなく，例えば円孔があればそこを基準点とするなど，対象構造物により様々な工夫が求められる．あるいは，このような民生品以外にも，図2.21に示すように，一般的なレーザー変位計（距離計）を自動制御して固定幅移動させることで，切り出してきた部材の表面凹凸を計測するといった方法もしばしば取られている[14]．

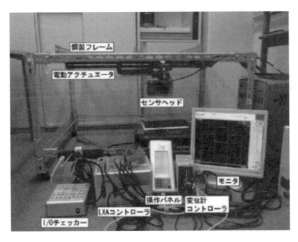 

図2.21　レーザー変位計を利用した表面形状測定システムと，測定の様子[14]

　同様に面的測定を行うための手法として，多方向から撮影した画像をもとに三次元形状を復元するステレオ法が考えられる．ステレオ法に用いる画像は市販のデジタルカメラで撮影可能であるため非常に安価，そして撮影が簡便であることが特長として挙げられる．ただし，腐食形状の測定という意味では欠点も多い．まず，第一に撮影距離にもよるものの，腐食による表面形状の不均一さを評価するためには解像度が非常に高い必要があり，現状のデジタルカメラでは必ずし

も十分ではない点が挙げられる．例えば文献(14)では，室内において 30cm の距離から 1210 万画素のデジタルカメラで撮影した場合の誤差の標準偏差が 0.046mm と報告されているが，屋外では更に誤差が大きくなることを想定すると，腐食鋼板の表面形状の計測には不十分である可能性が高い．第二に，ステレオ法ではそれぞれの画像内に写っている測定点を対応付けする必要があるが，このプロセスが必ずしも容易ではないという問題もある．対応付けは，お互いの画像内の小領域の相関や，エッジなどの特徴をもとに行われるが，腐食した鋼板の表面は全面に渡って似たようなテクスチャで構成されているため，誤対応が頻発する．さらに，3Dレーザースキャナと同様に，表面および裏面の測定位置を同定させることが難しいという問題もあり，本目的への活用のためには解決すべき点が多いと思われる．

また，文献(4)では，特に耐候性鋼橋について，重量減少量を測定することで腐食量を評価する調査について示されている．ただし重量減少量の計測は実構造物では実行できないため，桁端部などに暴露用の小型試験片を設置し，計測，経過観測をするように定められている．実際の設置例を図 2.22 に示す．

図 2.22　暴露試験片の設置状況 [13]

減肉量を測定した後の耐荷性能の詳細調査は，立体骨組解析や FEM による構造解析，あるいは既存の耐荷力評価式により行う．まず構造解析による手法について述べる．構造解析による方法として以下の 3 つの方法があり，後者ほど計算コストが大きくなるが，腐食による不均一な表面形状を的確に再現できると考えられる．

・腐食による断面欠損を平均板厚断面として考慮した立体骨組解析による許容応力度照査
　　腐食による断面欠損，減肉が見られる部材において，残存している板厚の平均値などを用いて断面定数を算定し，立体骨組解析を行う方法である．平均板厚以外にも，2)や表 2.16 に後述する有効板厚を，平均板厚や板厚の標準偏差などから求めて用いる方法もある．板厚が減少しているため，必然的に部材に作用する応力は増加するが，その結果として許容応力度を超過していないか検討を行い，耐荷力や安全性を評価する手法である．

・腐食による断面欠損をシェル要素の板厚として考慮した弾塑性 FEM 解析
　　構造物の一部を取り出してシェル要素によりモデル化し，弾塑性 FEM 解析により残存耐荷

力を算出する．この際，例えば平均板厚を求め，それをシェル要素の板厚として与えて解析を行っている事例が多い．以下に文献(15)で報告されている銚子大橋の解析事例を示す．

解析の対象とされているのは橋長 1.2km の銚子大橋のうち，昭和 37 年に建設された 407m の鋼 5 径間連続下路式トラス橋部分である（**図 2.23**）．同橋梁は平成 21 年度に新橋の供用開始に合わせて撤去されたものである．この格点部について，斜材から引張・圧縮力を受ける際の検討がなされている．

まず，格点を切り出し，**図 2.24** のように腐食量がレーザー変位計により 1mm ピッチで計測されている．この方法ではガセット内面の表面形状の測定が課題となるが，同研究では石膏で型を取り，その型の表面凹凸を計測するということで解決している．文献(15)では，上弦材格点部や下弦材などの計測結果の例が示されており，内面の板厚減少が激しい様子や，ガセットと斜材の境界部，リベット周りで腐食が進行している様子などが見て取れる．

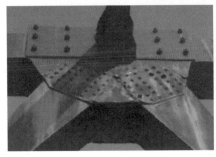

(a)上弦材　　　　　　　　(b)下弦材

図 2.23　撤去前の銚子大橋およびそのトラス格点部の腐食状況 [15]

図 2.24 腐食量計測状況および計測装置[15]

これらの腐食量計測結果をもとに，図 2.25 のようにシェル要素で FEM モデルを作成している．シェル要素に与える板厚が問題となるが，ここでは損傷していないとしたケース，ガセット全面の道路側および海側の平均板厚 9.2mm を用いたケース（腐食（平均）ケース），4つの部位ごとの平均残存板厚を用いて作成したケース（腐食（部位別）ケース）の 3 通りについて解析が行われている．また，同時に載荷試験も行われており，解析結果と比較されている．その結果を図 2.26 に示す[16]．腐食を考慮して FEM モデルを作成したケースでは，そうでないケースと比較して適切に載荷試験結果を再現できている様子がわかる．

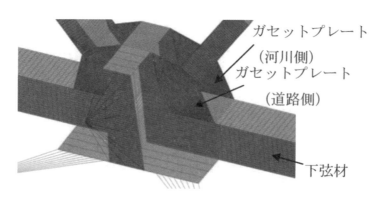

図 2.25 シェル要素を用いた格点部の FEM モデル[16]

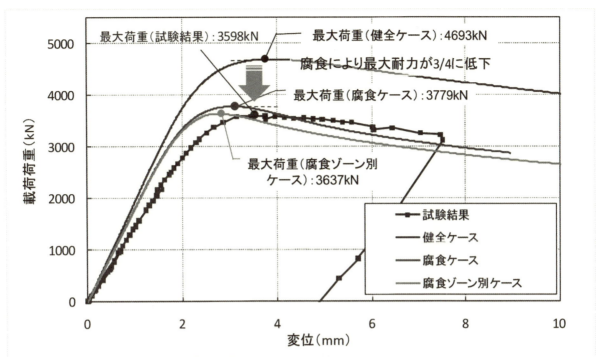

図 2.26　荷重－載荷方向変位曲線の解析と試験の比較[15]

　ただし，腐食している領域の板厚を平均板厚や有効板厚などで一定とした場合，それは実際の腐食による凹凸がある表面形状とはミクロ的に異なるため，精度をさらに高めるにはそのような凹凸についても表現することも考えられる．そのような凹凸を表現する手法についても様々に提案されており，それらは文献(17)の第 6 章にまとめられている．ただし，シェル要素の場合，表裏で腐食の形状が異なることによる中立軸のずれや偏心を与えることは不可能ではないが必ずしも容易ではない．そこで，その影響を考慮する必要がある場合（例えば表裏で腐食の程度が大きく異なる場合）は，例えば，次に述べるソリッド要素を用いることを検討する価値がある．

・腐食表面の凹凸をソリッド要素で表現した弾性 FEM 解析による応力集中照査

　腐食による断面欠損が見られる部位を取り出し，ソリッド要素による詳細な FEM 解析モデルでモデル化する．以下に文献(18)で報告されている穴内川橋，船越運河橋，餘部橋梁から切り出してきた試験片の解析事例を示す．穴内川橋は供用年数 102 年，船越運河橋は供用年数 47 年，餘部橋梁は供用年数 98 年で撤去された橋梁であり，例として図 2.27 に試験片とするために切り出しケレンした後，載荷試験のためのつかみ部を両端に全面溶け込み溶接した後の様子を示す．これらについて，図 2.21 に示したシステムを用いて 2mm ピッチで表面形状の計測が行われている．

　両面でこれらの供試体は計測されているため，ソリッドモデルの場合そのままモデル化することができる．図 2.28 に例として図 2.27 に示した供試体をモデル化したもの，そして座屈解析を行った後の変形図を示す．またこの試験片は図 2.29 に示すような装置で座屈試験が行われており，結果についても比較されている．合計 23 体の供試体について比較された結果を図 2.29 の右図に示すが，精度良く一致している様子が見て取れる．

このように，腐食表面の凹凸を再現してそれを与えれば，解析難度が高い座屈現象においても適切に解析できている．ただしその一方で，計測コスト，計算コストが大きいという欠点がある．またモデリング難度も必ずしも低くないため，必要精度に応じて用いることが求められる．

図 2.27 穴内川橋のケレン後の表面形状の様子

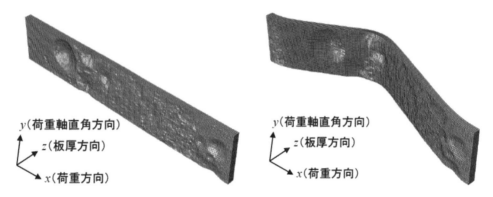

図 2.28 穴内川橋の供試体の有限要素モデルと，座屈解析後の変形の様子 [18]

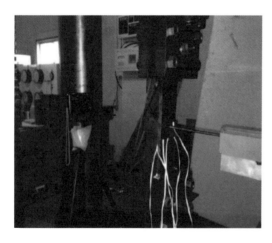
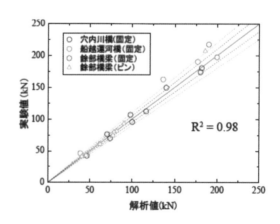

（実線は解析値=実験値，破線は±5%，点線は±10%を示す）

図 2.29 座屈試験の様子，および試験結果と解析結果の比較 [18]

② 耐荷力評価式による方法

前項のような構造解析ではなく，やや簡便な手法として，腐食した部材単位での耐荷力を評価するための指標，簡易式について，各種の論文等で検討公表されている代表例が文献（19）で**表**

2.16 のようにまとめられている．個々の式の引用元など，詳細についても文献(19)に記載されている．

　腐食板材に引張荷重を与えた各種の実験結果では，破断位置は局所的な凹部というよりも引張荷重の直角方向の平均断面積が最小の位置が破断要因となり，その平均板厚を有効板厚として扱う報告が多数されており，残存引張強度，降伏荷重を推定するために，主にその有効板厚を評価指標とした実験式が実用的である．

　また，圧縮(座屈)耐力は，腐食による表面性状の変化(凹凸の発生，中立軸の移動)に強く影響され，これまでに様々な解析や実験検証による評価法の提案がなされている．例えば，腐食板厚の標準偏差を用いて代表板厚を算出して幅厚比パラメータを求める方法や，断面欠損率から平滑材の座屈耐荷力曲線を補正する方法などがある．

　このように腐食部材に対する残存耐荷力の評価方法は，腐食板材の有効板厚または表面性状(標準偏差，変動係数)を用いて定量的な評価指標として扱い，従来の強度評価式をベースとして残存耐力を推定する．

表 2.16 耐荷力評価のための指標 [19]

評価耐荷力	評価式と評価指標	取出した部材	備考
引張強度	$P_u = t_e \cdot b \cdot \sigma_b$ 有効板厚：$t_e' = t_{lm} - \alpha \cdot S$	水力発電所ゲート	実験（最小板厚，もしくは局所的な最小平均板厚を含む断面近傍で破断）
降状荷重	$P_y = A_e \cdot \sigma_y, \quad A_e = t_e \cdot B$ 有効板厚：$t_e' = t_{avg} - 0.7\sigma$	フェリー渡橋（デッキ），ダム洪水吐ゲート（スキンプレート，横桁腹板）	実験（ほぼ最大腐食位置で破断，平均断面積は最小の位置）
引張伸び	（塑性変形能力） $\delta / \delta_y = 1/(0.03 + 0.7V)$	フェリー渡橋（デッキ），ダム洪水吐ゲート（スキンプレート，横桁腹板）	実験
曲げ耐力	（全腐食モデルの曲げ耐力比） $M_{max} / M_{max0} = 1 - 0.468\alpha$ （局部腐食モデルの曲げ耐力比） $M_{max} / M_{max0} = 1 - 0.468\alpha_c$	合成I桁	解析（腐食形態を5モデルに分類）
疲労強度	腐食鋼板S-N関係：$K_t \times S_{mr} - N_c$ 理論弾性応力集中係数： $K_t = 2.919 + 0.379\ln(V)$	フェリー渡橋（デッキプレート）	実験（き裂は板厚変動係数の高い領域で発生，優先的に進展）
圧縮強度	（座屈耐荷力曲線） $\sigma_u / \sigma_y = (0.628/\lambda)^{1.04} - 0.083$ 有効板厚：$t_e = t_{avg} - \sigma$	可動橋横桁（ウェブ，下フランジ，鋼床版縦リブ）	実験（著しい局部腐食（$\sigma \geq 0.7$）→局部座屈，一様腐食（$\sigma \leq 0.7$）→全体座屈）
圧縮強度	（幅厚比パラメータ） $R = \dfrac{b}{t_R}\sqrt{\dfrac{\sigma_y}{E}}\sqrt{\dfrac{12(1-v^2)}{\pi^2 k}}$ 代表板厚：$t_R = t_{avg} + 2\sigma_t$	板（圧縮フランジ想定）	解析（空間自己相関モデルにより腐食模擬）
圧縮強度	代表板厚：$t_R = t_{avg} + \sigma_t$	板（圧縮フランジ想定）	解析（経時変化モデルにより腐食模擬）
圧縮強度	等価板厚：$t_{eq} = t_{avg}$	板（SS400想定）	解析（二重sin級数波，正規分布乱数により腐食模擬）
圧縮耐力	（全面均一腐食モデル） $R = \dfrac{b}{t_R}\sqrt{\dfrac{\sigma_y}{E}}\sqrt{\dfrac{12(1-v^2)}{\pi^2 k}}$ $P_{cr} / P_y = 0.966 - 0.805\alpha_{min}$ $P_{cr} / P_{cr0} = 1 - 0.833\alpha_{min}$ α_{min}：最小断面欠損率 （耐荷力曲線） $P_{cr0} / P_y = (0.186\lambda^3 - 0.657\lambda^2 + 0.179\lambda + 1)$	柱	解析（腐食形態を5モデルに分類）
軸圧縮強度	（座屈強度曲線　径厚比パラメータ） $R = 1.65 \times (2R/T_R)(\sigma_y / E)$ $t_R = t_{ave}^* - 0.6s^*$ （t_{ave}^*：最小断面平均板厚） $t_R = t_{ave}^{**} - 0.8s^{**}$ （t_{ave}^{**}：座屈波形幅$3\sqrt{Rt}$区間平均板厚）	鋼管	実験，解析
せん断耐力	（せん断座屈強度曲線　幅厚比パラメータ） $R = \dfrac{h}{t}\sqrt{\dfrac{\sigma_y}{E}}\sqrt{\dfrac{12(1-v^2)}{\pi^2 k}}$ 代表板厚：$t = t_{avg}$	プレートガーダー橋	実験，解析

③ 応力頻度測定,載荷試験による方法

腐食形状の計測から解析モデルでそれを再現し,耐荷力を調べる方法以外に,応力頻度測定,載荷試験により直接的に応力などを計測し,安全度を調べる方法もある.それらについて以下に述べる.

1) 応力頻度測定
- 供用下における橋梁部材の発生応力度およびその頻度を直接的に測定し,活荷重に対する耐荷性を評価することを目的に応力頻度測定を行うのがよい.応力頻度測定の概念図を図2.30に示す.
- 応力頻度測定は,(財)道路保全技術センターの応力頻度測定要領(案)[20]に即して,平日3日間（72時間）で行うことを基本とする.
- 測点は,竣工図の応力分布や事前の構造解析を参考に,主部材の最大・最小活荷重応力が得られる部位とする.
- 測点数は,使用する測定器の最大チャンネル数を1単位として計画するのがよい.例えば,8,10,16チャンネル／台である.
- 応力頻度測定手法には様々なものがあるが,例えば耐荷性の評価を目的としたものにはピークバレー法などがある.疲労損傷に関しては,レインフロー法が適用されることが多い.

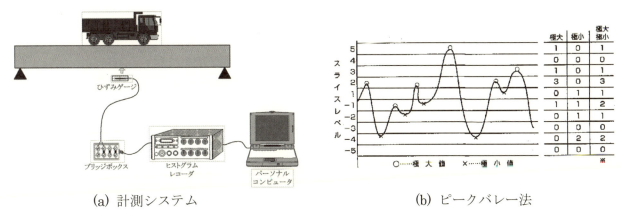

(a) 計測システム　　　　　　　　　(b) ピークバレー法

図2.30　応力頻度測定の概要

2) 載荷試験
- 応力頻度測定だけでは実際の最大応力範囲はわかっても,その時の荷重状態（外力）は知り得ない.そこで,重量が既知のダンプトラック等を荷重車とした載荷試験を行い,損傷部位の応力分布や応力範囲を把握するのがよい.
- 外力が既知であることから構造解析において荷重車をモデル化して載荷試験の再現解析を行うことができ,解析モデルの検証および計測点以外の部位の耐荷力照査が可能となる.
- 計測内容は,腐食が発生した部位と同一構造の比較的健全な部位での応力とする.
- 事前に構造解析より測定部位の影響線を求め,最大最小応力が得られる載荷位置を決める必要がある.

【参考文献】

1) 国土交通省道路局：道路橋定期点検要領（技術的助言）, 2014.6

2) 国土交通省道路局国道・防災課：橋梁定期点検要領, 2014.6

3) NEXCO 総研：保全点検要領 構造物編, 2017.

4) 日本鉄鋼連盟，日本橋梁建設協会：耐候性鋼の橋梁への適用，2003.

5) 国土交通省国土技術政策総合研究所：道路橋の定期点検に関する参考資料－橋梁損傷事例写真集－，国総研資料第 196 号，2004.

6) 日本鋼構造協会：JSS Ⅳ 03-2018 鋼構造物塗膜調査マニュアル

7) 日鉄住金防蝕株式会社：耐候性鋼橋梁のさび診断技術（イオン透過抵抗法），（http://acc.nssmc.com/technology/pdf/23_ion.pdf）

8) 建設省土木研究所，（社）鋼材倶楽部，（社）日本橋梁建設協会：耐候性鋼材の橋梁への適用に関する共同研究報告書(XV)，1992.

9) 岩崎英治，小島靖弘，高津惣太，長井正嗣：塩分捕集器具の設置方向と飛来塩分の関係，構造工学論文集，Vol.56A, pp.616-629, 2010.

10) 日本道路協会：道路橋示方書・同解説 Ⅱ鋼橋編，2016.

11) 建設省土木研究所，（社）鋼材倶楽部，（社）日本橋梁建設協会：耐候性鋼材の橋梁への適用に関する共同研究報告書(XX)，1993.

12) 中西克佳，鹿毛勇，加藤真志：風洞実験による飛来塩分付着評価と橋梁断面部位別腐食予測，JFE 技報，Vol.33, pp.49-54, 2014.

13) 古川清司，全邦釘，山下弘晃，大賀水田生：耐候性鋼橋梁の腐食損傷による耐荷力劣化の評価および将来予測，土木構造・材料論文集，Vol.30, pp.37-43, 2014.

14) 全邦釘，真鍋佑輔，片岡望，有友優太，古川清司，大賀水田生：三次元画像計測および有限要素解析による腐食鋼板の座屈挙動の検討，土木学会論文集 A2, Vol.70, No.2, pp.I_877-I_886, 2014.

15) 澤田守，村越潤，遠山直樹，依田照彦，野上邦栄：鋼トラス橋格点部の腐食損傷と圧縮耐荷力に着目した載荷試験，土木技術資料，54-12, pp.42-45, 2012.

16) 関根正之，笠野英行，依田照彦，野上邦栄，村越潤，梁取直樹，前田和裕，澤田守：格点部を取り入れた実鋼トラス橋の解析モデルの妥当性について，第 37 回土木学会関東支部技術研究発表会，I-60, 2010.

17) 土木学会：腐食した鋼構造物の性能回復事例と性能回復設計法，2014.

18) 全邦釘，秋山大誠，真鍋佑輔：ニューラルネットワークを用いた腐食鋼板の座屈耐荷力推定，土木学会論文集 A2, Vol.71, No.2, pp.I_39-I_47, 2015.

19) 土木学会：腐食した鋼構造物の耐久性照査マニュアル，2009.

20) 道路保全技術センター：応力頻度測定要領(案), 1996.

2.2.3 劣化予測

(1) 概要

鋼構造物を適切に維持管理し効率よく使用するためには，それらの将来の健全度を予測することで補修や補強などの措置の最適な時期を把握することが重要である．劣化予測には，個々の構造物に着目した劣化予測と，管理する構造物群に着目した劣化予測がある．以下にそれぞれについて概説する．

個々の構造物に着目した劣化予測は，現在の状態からそれらの将来の状態や寿命を予測するものであり，主に構造物の安全性や事故の防止に着眼点が置かれている．鋼構造物においては，普通鋼の場合は塗装等の被膜防食，耐候性鋼の場合は鋼材表面を覆う緻密なさび層により外部の腐食因子に抵抗してきた．しかし，塗膜が劣化したり，あるいは耐候性鋼の緻密なさび層が適切に形成されなかったりした場合には，鋼部材の腐食による板厚減耗量が大きくなる．その結果，部材の強度及び剛性が低下し，さらには構造物の安全性が低下し，重大な事故を招く可能性もあり得る．そのような構造物の劣化に対する適切な長寿命化対策などの維持管理戦略の策定に，個々の構造物に着目する劣化予測は重要な役割を果たす．その際には，個々の構造物の環境条件や材料，使用状況についても勘案する必要がある．そのために例えば現地の観測データや，現地の環境を模擬した促進試験により腐食損傷の進展を予測したり，あるいは様々な環境下での実験結果から構築された劣化予測式を用いて予測したりする方法がある．

構造物群に着目した劣化予測は，管理する構造物群の中長期的な維持管理計画の策定を目指すものであり，主にライフサイクルコストの低下や予算の平準化など予算面に着眼点が置かれている．一般的に個々の構造物の劣化予測を高い精度で行うことは非常に難しいが，構造物の数が大きくなるとそれらの平均的な劣化予測は期待値に収束するため，精度よく構造物群全体の維持管理に必要な予算等を見積もることができる．手法としては統計的，確率的なものが多く，これらについても本節で述べることとする．

(2) 物理現象から劣化を予測する手法

鋼構造物の腐食による耐荷力の低下は，2.2.2節で述べたように板厚減少に起因しているため，板厚減少を予測することができれば耐荷力の低下を予測することができる．腐食による板厚減少速度は環境により異なるのでこれらを考慮し推定することが重要である．腐食はアノード部とカソード部に流れる腐食電流により生じるため，そこに流れる電流量と腐食速さには関係があり，文献(1)や(2)においては，**図 2.31** に示す雨の直接あたらないシェルター暴露試験結果および実験室での恒温度試験結果より，以下のような関係式が提案されている．

$$\log CR(Fe) \left[\frac{mm}{y} \right] = 0.379 \log Q \left[\frac{c}{day} \right] - 0.723 \tag{2.1)[1]}$$

$$\log CR(Fe) \left[\frac{mm}{y} \right] = 0.378 \log Q \left[\frac{c}{day} \right] - 0.636 \tag{2.2)[2]}$$

上式で，CR(Fe)は1年あたりの腐食速さ，Qは1日あたりの電流量である．すなわち，Qを得ることができれば年間腐食量を計算できる．Qを得る方法としてこれまでに行われているものは大きく分けて2通りであり，1つは図2.32に示す海塩粒子付着量と電流・相対湿度の関係[3]から求めているもの[4),5)]など，もう1つは第1章で述べたACMセンサーにより求めているもの[6),7)]などがある．

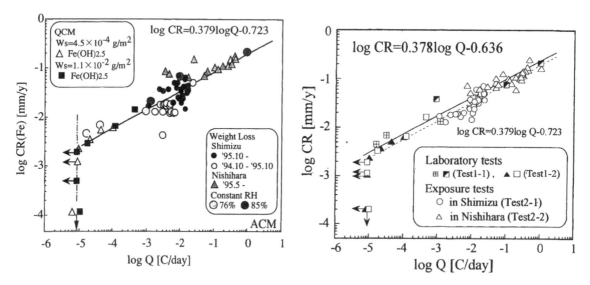

図2.31 電気量と鋼材の腐食速度の関係（左図：文献(1)，右図：文献(2)）

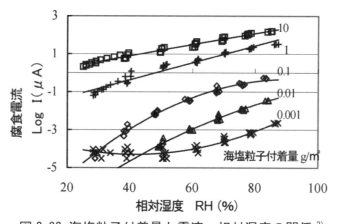

図2.32 海塩粒子付着量と電流・相対湿度の関係[3)]

上述のような現地計測を基にした手法以外にも，耐食性・耐候性試験による方法も提案されている．鋼構造物の耐食試験としては，一般的に図2.33に示す塩水噴霧試験及び複合サイクル試験が多く使用されている．その中でも，塩水噴霧試験は，従来から数多く使用されており基礎的な耐食性試験である．中性塩水噴霧試験はJIS Z 2571で規定されており，5%の塩水を連続噴霧する試験である．なお，その際の温度は35℃とし，pH6.5～7.2で試験が行われ，塗装等被覆剤の耐食性能が評価される．

図 2.33 塩水噴霧試験装置

　近年，複合サイクル試験により耐食性の検討を行うケースが増えている．複合サイクル試験は，塩水噴霧試験と同様に塩水を用いた耐食性試験であるが，塩水噴霧・湿潤・乾燥の過程を繰り返す試験である．湿潤・乾燥過程があることで，塩水噴霧試験に比べ大気での曝露に近い試験であると言える．また，一般的に複合サイクル試験は，塩水噴霧試験に比べ促進倍率が高くなる傾向がある．複合サイクル試験は JIS K 5621 一般用さび止めペイント試験で規定されており，5%塩水を使用して塩水噴霧 30℃ 0.5 時間，湿潤 30℃湿度 95% 1.5 時間，乾燥 50℃湿度 20% 2 時間，乾燥 30℃湿度 20% 2 時間の条件で行われる．

　文献調査を行った複合サイクル試験について，試験方法及びサイクル条件をとりまとめたものを**表 2.17**に示す．JIS K 5621 一般用さび止めペイントによる方法，JIS K 5600-7-9 塗膜の機械的性質－塗装の長期耐久性試験，日本道路公団規格 JHS403-1997 が実施されているが，試験方法はほぼ同等である．概ね，塩水噴霧 30℃ 0.5 時間，湿潤 30℃ 1.5 時間，乾燥 50℃ 2 時間，乾燥 30℃ 2 時間のサイクル条件が採用されており，一般に屋外曝露試験との相関性が高い S6 サイクル（旧通産省）のサイクル条件が使用されている．

　なお，酸性雨試験では，JIS K 5621 一般用さび止めペイントの試験方法に準拠して，硝酸及び硫酸等を添加し pH3.5 とした塩水が使用されている．

　あらかじめ，これら塩水噴霧試験や複合サイクル試験と大気曝露試験を実施することで，促進倍率を求めておけば，これら促進試験の結果を板厚や塗装の劣化予測に用いることが可能となる．例えば文献(8)では，**表 2.17** の S6 サイクル試験の促進倍率 Ac を実験結果より以下の式(2.3)のように求めている．

$$A_c = 9.14 w_s^{-0.62} \tag{2.3}$$

上式で，w_s は飛来塩分量(mdd)である．

表2.17　複合サイクル試験のサイクル条件

サイクル	サイクル条件				試験方法・条件	参考文献番号
1	塩水噴霧 30℃ 0.5H	湿潤 30℃湿度95% 1.5H	乾燥 50℃湿度20% 2H	乾燥 30℃湿度20% 2H	5%塩水 JIS　K5621 一般用さび止めペイント S6サイクル	文献(8)-(14)
2	JIS K5600-7-9 塩水噴霧 30℃ 0.5H pH6.0〜7.0　に準じた	湿潤 30℃湿度95% 1.5H	熱風乾燥 50℃ 2H	温風乾燥 30℃ 2H	JIS K5600-7-9 塗膜の機械的性質－塗膜の長期耐久性（サイクル腐食試験方法）のサイクルDに準じた	文献(15)
3	塩水噴霧 30℃ 0.5H	湿潤 30℃湿度95% 1.5H	熱風乾燥 50℃ 2H	温風乾燥 30℃ 2H	日本道路公団規格　JHS 403-1997	文献(16)
4	塩水噴霧 30℃ 0.5H	湿潤 30℃湿度95% 1.5H	乾燥 50℃湿度20% 2H	乾燥 30℃湿度20% 2H	酸性雨 pH3.5 JIS　K5621 一般用さび止めペイント S6サイクルを参考とした	文献(17)-(19)

　また，これらの促進試験結果や現地調査結果を基に，塗膜の劣化予測式や，耐候性鋼材の板厚減少を予測する式なども提案されている．例えば藤原らは，腐食に厳しくない一般的な環境では，塗膜劣化面積の増加を次式で予測できるとしている[20]．

$$Y = N_S N_P N_E N_R N_W N_H \times 0.008 X^2 \tag{2.4}$$

ここで，Yは劣化面積率（％），Xは経過年数（年）である．また，N_Sは構造形式による耐久性係数，N_Pは部位による耐久性係数，N_Eは架設環境による耐久性係数，N_Rは使用塗装系による耐久性係数，N_Wは塗装施工方法による耐久性係数，N_Hは塗装履歴による耐久性係数であり，これらは**表2.18**のように実験から求められている[21]．

　一方で耐候性鋼材については，土木研究所，鋼材倶楽部（現日本鉄鋼連盟），日本橋梁建設協会

が様々な環境下，劣化状況の全国 41 橋梁において小型の暴露試験片を設置し，外観や板厚減少量の経年変化などの調査を行った [22),23)]．その結果，飛来塩分量と板厚減少量の間には高い相関関係があることが明らかとなった．また，それらの計測結果から，供用 X 年目の板厚減少量 Y は以下の式(2.5)がよく一致することを明らかにした．

$$Y = AX^B \qquad\qquad (2.5)$$

文献(22)では上述の全国で調査を行った 41 橋梁について，暴露試験後 1 年目，3 年目，5 年目，7 年目，9 年目の計測結果から式(2.5)中の係数 A, B を回帰分析により求めている．また，それぞれについて外観調査の評点も記載されている．この式に基づけば板厚減少量が求まり，またそれに起因する耐荷力の低下も例えば 2.2.2 節に記載の手法により評価することができる．

表 2.18 耐久性係数 [21)]

	項目	耐久性	耐久性係数
構造形式 (N_S)	箱桁	11	0.91
	鈑桁	10	1
	トラス桁	9	1.11
部位 (N_P)	桁腹板外面	10	1
	下フランジ下面	3	3.333
	添接部	3	3.333
	桁端部	3	3.333
架設環境 (N_E)	一般	10	1
	河川	7	1.428
	海岸	4	2.5
塗装系 (N_R)	一般塗装(A,B 塗装系)	10	1
	重防食塗装系(C 塗装系)	20	0.5
塗装施工 (N_W)	一般塗装系現地上塗	10	1
	重防食塗装系現地上塗	15	0.667
	重防食塗装系工場一括塗装	20	0.5
塗装履歴 (N_H)	新設塗装	10	1
	塗装 1 回	8	1.25
	塗装 2 回	6	1.667
	塗装 3 回	5	2

(3) 統計的，確率論的に劣化を予測する手法

鋼構造物の点検が実施されている場合，その点検結果の推移およびそれぞれの部材や環境条件から将来の劣化を予測するということも行われている．劣化予測の結果から例えばライフサイクルコストを計算することができ，例えば維持管理シナリオの選択や，必要予算の算出などが行われる．劣化予測の手法は様々に存在するが，その代表的なものとして，劣化曲線による方法，マルコフ理論による方法があり，ここではそれらについて述べる．

劣化曲線による方法は，各部材の実測点検データを経年ごとにプロットし，そこから回帰により劣化曲線を導出し，それにより将来の状態を予測する手法である．その際に用いるデータとしては点検対象の構造物の点検結果のみを用いる場合，あるいは環境や構造が類似した構造物の点検結果を全て用いる場合がある．この手法は取り扱いが容易であるが，どのような劣化曲線を用いるかで将来の予測が大きく変わってしまうなどの難点もある．例えば，1次関数から4次関数まで様々なものが特に自治体管理橋梁の劣化予測で用いられているが，図2.34に示すように例えば1次関数と3次関数では将来予測に大きな差が出てしまう．このような設定次第で結果が大きく変わるような予測手法を取り扱う際には，何故その予測手法を採用したか説明が重要になる．

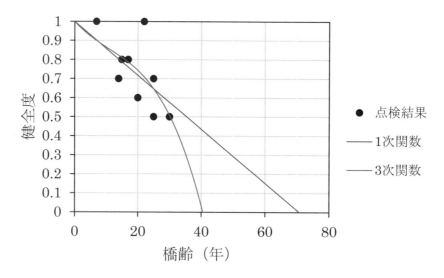

図 2.34 回帰曲線の次数による結果の違いの例

また，マルコフ理論の遷移確率を応用して劣化予測を行う手法が，米国の橋梁マネジメントシステムの1つであるPONTIS[24]，国内では青森県の橋梁アセットマネジメント[25]などで用いられている．遷移確率とは，点検によりある時点での健全度が得られた際に，次の時点での健全度へどのように推移するかを表した確率を意味しており，この遷移確率を順次掛けていくことで将来の状態を確率的に予測できる[21],[26]．以下に例を示す．

まず，構造物の目視点検などの結果を基に，劣化を予測したい部材の劣化度を例えば5段階（もっとも良い状態が評点1，もっとも悪い状態が評点5）に分類し，それらの存在割合を$P_1 \sim P_5$とする．そして，現時点から一定期間が過ぎた時に劣化度iの部材がπ_{ij}の確率で劣化度jに遷移すると，一定期間後の健全度別の存在割合は以下の式(2.6)のように求められる．

$$P_j^f = \sum_{i=1}^{5} \pi_{ij} P_i^p \qquad (j = 1...5) \tag{2.6}$$

ここで，式(2.6)において，添字のfは一定期間経過後，pは現在の健全度の存在割合を意味している．π_{ij}は一般に遷移確率と呼ばれ，点検結果の統計的な処理，あるいは専門家の知見などにより求められる．この式(2.6)の計算を繰り返すことで，将来の様々な時点での健全度を求めることができる．

一般的に，マルコフ連鎖モデルでは式(2.6)にあるように「一期前の点検結果のみが今回の判定に関係する」という単純マルコフ過程が用いられており，直感的に理解しやすい．また，劣化曲線の場合と異なり離散値として点検結果と同様の形で与えられるため，補修コストの計算なども容易であるという利点もある．しかし，例えば遷移確率π_{ij}は建設後年数の関数であり得るがほとんどそのようなことは考えられておらず，またデータが少ないと一部の橋梁の点検結果に強く影響を受けてしまうなど課題も多い．

本節で述べたように，点検データを用いた統計的，確率論的劣化予測手法は回帰曲線による手法，マルコフ理論による方法など様々に存在する．しかし，その精度を向上させるためには信頼できるデータを多く蓄積する必要がある．また，この手法は管理する構造物群の構造物の総数が大きい時に平均的な劣化予測が期待値に収束するという統計的特性を生かすものなので，個々の構造物の劣化予測を行う場合には必ずしも適していない．また，点検間隔を長くすると統計的予測から大きく外れた速度で進行する劣化を長期間見落とす危険性があり，これを防ぐためには予測手法の特性を理解した上で注意してこれらを取り扱うことが望まれる．

最後に，ケース別に推奨される劣化予測手法を本節のまとめとして示す．個々の構造物の劣化にともなう危険度などを予測したい場合は，2.2.2で述べたように，現地試験や現地の環境を模擬した促進試験により腐食損傷の進展を予測することが望ましい．それは，板厚減少などの物理的な変化・劣化を予測しているため，例えば耐荷力の低下など将来性能の予測に必要となる情報を直接得ることができるためである．回帰曲線やマルコフ理論などによる統計的な手法は，将来のグレードの予測を行うものであり，性能の予測は必ずしも容易ではない．一方で，中長期的な維持管理計画の策定を行う際に用いるような，構造物群全体の劣化予測を行う場合には，回帰曲線やマルコフ理論などによる統計的な手法は有用性が高い．逆にそのような場合に，2.2.2で述べたような手法で個々の構造物の劣化予測を行い，その集合として構造物群の劣化予測をしようとすると，手間・コストが大きくなってしまうと予測される．

どちらの手法を用いるにせよ，劣化予測は不確定な将来を予測するものであり，当然ばらつきが存在する．すなわち劣化予測を行う際は，ばらつきがあるということを理解した上でその結果を用いることが重要となる．例えば，ばらつきがどの程度存在し得るかを過去の実験結果（例えば電気量と鋼材の腐食速度の関係であれば，**図2.31**など）から把握した上で用いたり，平均的な結果のみが必要なケース（すなわち，ばらつきを考慮しなくていいケース）で用いたりするなど，そのような注意が必要である．しかし，現状ではそのような意識が共有されているとは言いがたい．劣化予測を効果的なものとするためには，管理者やコンサルタントを含む関係者がこれらの概念を共有し，何故劣化予測を行うかその目的を明確にすることが望まれる．例えば，「劣化予測をする目的は明確ではないが，劣化予測をすることを求められているから（定められているから）

劣化予測を行う」というような，目的と手段の混同は必ず避けなければいけない．

（4） サンプル数の決定方法

現地の観測データや試験片，現地の環境を模擬した促進試験により腐食損傷の進展を予測したり，あるいは様々な環境下での実験結果から劣化予測式などを構築する際に，どの程度のサンプル数を確保すれば良いかが課題となる．そこで本節では，サンプルサイズの決定方法について，まず理論的背景を整理する．またその使用法の参考となるように例題についても記載した．

1)理論的背景

はじめに，母集団における変数YとXについて，次のような関係が成り立っていると仮定する．

$$Y = \beta_0 + \beta_1 X + u \tag{2.7}$$

ただし，uは，平均 0，分散σ^2の正規分布に従う確率変数であり，

$$u \sim N(0, \sigma^2) \tag{2.8}$$

である．したがって，Yは平均値$\beta_0 + \beta_1 X$，分散σ^2の正規分布であると考えることができ，

$$Y \sim N(\beta_0 + \beta_1 X, \sigma^2) \tag{2.9}$$

と表せる．この母集団からn個の標本が観察された（サンプルサイズn）として，$Y_1, Y_2, \cdots, Y_n$とおく．これらの観測値に対応したXの値を$X_1, X_2, \cdots, X_n$とおく．これらの観測値に対して最小二乗法を適用し，式(2.7)のβ_0, β_1を推定した値をb_0, b_1とおくと，

$$b_1 = \frac{\sum_{i=1}^{n}(Y_i - \bar{Y})(X_i - \bar{X})}{\sum_{i=1}^{n}(X_i - \bar{X})^2} \tag{2.10}$$

$$b_0 = \bar{Y} - b_1 \bar{X} \tag{2.11}$$

と表される．ただし，

$$\bar{X} = \frac{1}{n}\sum_{i=1}^{n} X_i \tag{2.12}$$

$$\bar{Y} = \frac{1}{n}\sum_{i=1}^{n} Y_i \tag{2.13}$$

である．ここで，Yは確率変数であるため，Yを含むb_0, b_1も確率変数であり，観察された標本の組み合わせによって，b_0, b_1は異なる値を取りうる．これらの確率変数の標本分布は，それぞれ次のような正規分布

$$b_0 \sim N\left\{\beta_0, \frac{\sum_{i=1}^n X_i^2}{(n-1)S_X^2}\sigma^2\right\} \tag{2.14}$$

$$b_1 \sim N\left\{\beta_1, \frac{\sigma^2}{(n-1)S_X^2}\right\} \tag{2.15}$$

となることが知られている．ただし，S_X^2は説明変数の標本分散であり，

$$S_X^2 = \frac{1}{n-1}\sum_{i=1}^n (X_i - \bar{X})^2 \tag{2.16}$$

と表される．ここで，$\sigma_{b_0}^2 = \frac{\sum_{i=1}^n X_i^2}{(n-1)S_X^2}\sigma^2, \sigma_{b_1}^2 = \frac{\sigma^2}{(n-1)S_X^2}$とおくと，

$$\frac{b_0 - \beta_0}{\sigma_{b_0}} \sim N(0,1) \tag{2.17}$$

$$\frac{b_1 - \beta_1}{\sigma_{b_1}} \sim N(0,1) \tag{2.18}$$

は，それぞれ標準正規分布に従うことがわかる．したがって，標準正規分布表を用いることによって，$(b_0 - \beta_0)/\sigma_{b_0}, (b_1 - \beta_1)/\sigma_{b_1}$が，ある値の範囲内にある確率を求めることができる．例えば，

$$Pr\left\{-1.96 < \frac{b_0 - \beta_0}{\sigma_{b_0}} < 1.96\right\} = 0.95 \tag{2.19}$$

$$Pr\left\{-1.96 < \frac{b_1 - \beta_1}{\sigma_{b_1}} < 1.96\right\} = 0.95 \tag{2.20}$$

のように，母集団におけるパラメータβ_0, β_1の信頼係数95％での信頼区間は

$$b_0 - 1.96\sigma_{b_0} < \beta_0 < b_0 + 1.96\sigma_{b_0} \tag{2.21}$$

$$b_1 - 1.96\sigma_{b_1} < \beta_1 < b_1 + 1.96\sigma_{b_1} \tag{2.22}$$

と求められる．

　ここでは，式(2.21), (2.22)中の$\sigma_{b_0}, \sigma_{b_1}$には，母集団中の分散$\sigma^2$がそれぞれ含まれているため，観測することができない．そこで標本から$\sigma_{b_0}, \sigma_{b_1}$の推定値を求める．適当な推定値として，標本から計算された回帰からのYの残差の標本分散$\hat{\sigma}^2$を用いる．

$$\hat{\sigma}^2 = \frac{1}{n-2}\sum_{i=1}^{n}\{Y_i - (b_0 + b_1 X_i)\}^2 \tag{2.23}$$

ただし，$n-2$は残差平方和の自由度である．今，$\sigma_{b_0}^2, \sigma_{b_1}^2$の$\sigma^2$を，$\hat{\sigma}^2$で置き換えたものを$\hat{\sigma}_{b_0}^2, \hat{\sigma}_{b_1}^2$として表すと，$\frac{b_0-\beta_0}{\hat{\sigma}_{b_0}}, \frac{b_1-\beta_1}{\hat{\sigma}_{b_1}}$は，それぞれ自由度$n-2$の$t$分布に従う．すなわち，

$$t_{b_0}(n-2) = \frac{b_0-\beta_0}{\hat{\sigma}_{b_0}} = \frac{b_0-\beta_0}{\hat{\sigma}\sqrt{\left.\sum_{i=1}^{n} X_i^2 \middle/ (n-1)S_X\right.}} \tag{2.24}$$

$$t_{b_1}(n-2) = \frac{b_1-\beta_1}{\hat{\sigma}_{b_1}} = \frac{b_1-\beta_1}{\hat{\sigma}\middle/\sqrt{n-1}S_X} \tag{2.25}$$

である．ここで自由度が$n-2$の t 分布において中央に $0.95(=1-\alpha)$ の確率を含む範囲を$(-t_{0.025}(n-2), t_{0.025}(n-2))$で表し，$\hat{\sigma}_{b_0}^2, \hat{\sigma}_{b_1}^2$用いて式(2.19), (2.20)を書き直すと，

$$Pr\left\{-t_{0.025}(n-2) < \frac{b_0-\beta_0}{\hat{\sigma}_{b_0}} < t_{0.025}(n-2)\right\} = 0.95 \tag{2.26}$$

$$Pr\left\{-t_{0.025}(n-2) < \frac{b_1-\beta_1}{\hat{\sigma}_{b_1}} < t_{0.025}(n-2)\right\} = 0.95 \tag{2.27}$$

となるため，これらの式の左辺を変形することによって，

$$Pr\{b_1 - t_{0.025}(n-2)\hat{\sigma}_{b_1} < \beta_1 < b_1 + t_{0.025}(n-2)\hat{\sigma}_{b_1}\} = 0.95 \tag{2.28}$$

$$Pr\{b_1 - t_{0.025}(n-2)\hat{\sigma}_{b_1} < \beta_1 < b_1 + t_{0.025}(n-2)\hat{\sigma}_{b_1}\} = 0.95 \tag{2.29}$$

が得られる．すなわち，信頼係数 95%でβ_1の区間推定ができる．これらの式の左辺は，それぞれ次のように表すことができ，

$$Pr\{|b_0 - \beta_0| < t_{0.025}(n-2)\hat{\sigma}_{b_0}\} = 0.95 \tag{2.30}$$

$$Pr\{|b_1 - \beta_1| < t_{0.025}(n-2)\hat{\sigma}_{b_1}\} = 0.95 \tag{2.31}$$

$|b_0 - \beta_1|, |b_1 - \beta_1|$が，ある一定の値$d_{b_0}, d_{b_1}$よりも小さくなるためには，

$$t_{0.025}(n-2)\hat{\sigma}_{b_0} \leq d_{b_0} \tag{2.32}$$

$$t_{0.025}(n-2)\hat{\sigma}_{b_1} \leq d_{b_1} \tag{2.33}$$

を満たすサンプルサイズが必要である．ここで式(2.32), (2.33)それぞれの必要サンプルサイズを $n_{b_0}^*, n_{b_1}^*$ とおき，$\hat{\sigma}_{b_0} = \hat{\sigma}\sqrt{\sum_{i=1}^{n} X_i^2/(n-1)S_X}$,$\hat{\sigma}_{b_1} = \hat{\sigma}/\sqrt{n-1}S_X$ および $n_{b_0}^* > 0$ であることを考慮すると，

$$n_{b_0}^* \geq 1 + \frac{\hat{\sigma}t_{0.025}(n-2)}{S_X d_{b_0}}\sqrt{\sum_{i=1}^{n} X_i^2} \tag{2.34}$$

$$n_{b_1}^* \geq 1 + \frac{\hat{\sigma}^2 t_{0.025}^2(n-2)}{S_X^2 d_{b_1}^2} \tag{2.35}$$

となり，$|b_0 - \beta_0| \leq d_{b_0}$, $|b_1 - \beta_1| \leq d_{b_1}$ を満たすためには，最小でも式(2.34), (2.35)の右辺のサンプルサイズが必要であることを意味している．ここで，信頼係数 $1-\alpha$ の下での式(2.30), (2.31)は，次のように表現することができ，

$$Pr\left\{|b_0 - \beta_0| < t_{\alpha/2}(n-2)\hat{\sigma}_{b_0}\right\} = 1 - \alpha \tag{2.36}$$

$$Pr\left\{|b_1 - \beta_1| < t_{\alpha/2}(n-2)\hat{\sigma}_{b_1}\right\} = 1 - \alpha \tag{2.37}$$

このときの必要サンプルサイズ n^* は，

$$n_{b_0}^* \geq 1 + \frac{\hat{\sigma}t_{\alpha/2}(n-2)}{S_X d_{b_0}}\sqrt{\sum_{i=1}^{n} X_i^2} \tag{2.38}$$

$$n_{b_1}^* \geq 1 + \frac{\hat{\sigma}^2 t_{\alpha/2}^2(n-2)}{S_X^2 d_{b_1}^2} \tag{2.39}$$

と表せる．すなわち，標本から推定されたパラメータ b_0, b_1 が $1-\alpha$ の確率で，$|b_0 - \beta_0| \leq d_{b_0}$, $|b_1 - \beta_1| \leq d_{b_1}$ を満たすためには少なくとも式(2.38), (2.39)のサンプルサイズを確保する必要がある．ただし，式(2.38), (2.39)の右辺は整数ではない実数の値になる場合が多いため，式(2.38), (2.39)を満たす最小の整数を必要サンプルサイズとして選ぶことが望ましい．

さらに，式(2.36), (2.37)において，あるサンプルサイズ n から変更できない状況において，$(1-\alpha)$ の確率で $|b_0 - \beta_0|$, $|b_1 - \beta_1|$ が取りうる範囲を次のように求めることができる．

$$t_{\alpha/2}(n-2)\hat{\sigma}_{b_0} = \frac{\hat{\sigma}\,t_{\alpha/2}(n-2)}{(n-1)S_X}\sqrt{\sum_{i=1}^{n}X_i^2} \tag{2.40}$$

$$t_{\alpha/2}(n-2)\hat{\sigma}_{b_1} = \sqrt{\frac{\hat{\sigma}^2\,t_{\alpha/2}^2(n-2)}{(n-1)S_X^2}} \tag{2.41}$$

である. すなわち, $(1-\alpha)$の確率で$|b_0 - \beta_0|$, $|b_1 - \beta_1|$が取りうる範囲は, 式(2.40), (2.41)の右辺で決めることができる. 逆に, αの確率で$|b_1 - \beta_1|$は式(2.40), (2.41)の右辺の値よりも大きくなる.

2) 例題

ここでは, 1)で示した理論について, どのように利用するか例題を用いて示す. ここでは, 2.2.3.(2)の図2.31の左図の関係を想定し, 5体の供試体から以下のような関係が仮に得られたとする. なお, ここではYは logCR(Fe), Xは logQ である.

表2.19 観測データ

供試体番号	Y	X
1	-2.1	-4.0
2	-2.0	-2.4
3	-1.5	-2.0
4	-1.3	-0.9
5	-1.6	-1.9

表2.19の観測データから推定された回帰直線は下式の様に表される.

$$Y_i = -1.10 + 0.27X_i \tag{2.42}$$
$$R^2 = 0.80$$

ここで更なる円柱供試体を作ることが可能である場合に, はじめに95%で$|b_1 - \beta_1|$が取りうる範囲をd_{b_1}以内に抑えるために必要なサンプルサイズを求める. 式(2.39)の必要サンプルサイズを求める式の計算に必要な値は$\hat{\sigma}^2$, S_X^2, $t_{\alpha/2}(n-2)$, d_{b_1}の4種類である.

$\hat{\sigma}^2$は, 表2.19の観測データから計算されたYの残差の標本分散$\hat{\sigma}^2$であるから, 式(2.23)を用いて,

$$\hat{\sigma}^2 = \frac{1}{n-2}\sum_{i=1}^{n}\{Y_i - (b_0 + b_1 X_i)\}^2$$

$$= \frac{0.0054 + 0.0660 + 0.0183 + 0.0016 + 0.0001}{3} = \frac{0.0914}{3} = 0.0305 \tag{2.43}$$

である.

また, S_X^2は説明変数の標本分散であり, 式(2.16)に代入すると,

$$S_X^2 = \frac{1}{n-1}\sum_{i=1}^{n}(X_i - \bar{X})^2$$

$$= \frac{3.0976 + 0.0256 + 0.0576 + 1.7956 + 0.1156}{4} = \frac{5.0920}{4} = 1.2730 \tag{2.44}$$

$t_{\alpha/2}(n-2)$は, 現在のサンプルサイズが$n=5$であることから, 自由度(*degree of freedom, d.f.*)が $3(=n-2=5-2)$, $\alpha = 0.05$の t 分布表の値を用いる. 文献(27)などにある t 分布表を用いた場合, 参考文献中の$P = (1-0.05)/2 = 0.475$に対応しているため, $t_{0.05/2}(n-2) = 3.182$である.

以上から式(2.39)は,

$$n_{b_1}^* \geq 1 + \frac{0.03047 \times (3.182)^2}{1.2730 \times d_{b_1}^2} = 1 + \frac{0.2424}{d_{b_1}^2} \tag{2.45}$$

と書ける. d_{b_1}は推定値b_1の精度, すなわち 95%の確率で$|b_1 - \beta_1| \leq d_{b_1}$となる$d_{b_1}$の値であり, 分析者が求める精度に応じて決める. 例えば, $d_{b_1} = 0.1$とした場合には, 式(2.44)より,

$$n_{b_1}^* \geq 1 + \frac{0.2424}{0.1^2} = 25.24 \tag{2.46}$$

となる. したがって, 最低でもサンプルサイズは 26 である必要がある. ここでは, β_1の推定値b_1 が 0.27 であることから, $0.01 \leq d_{b_1} \leq 2.00$の範囲で$d_{b_1}$を変える感度分析を行う. 式(2.46)から求めたd_{b_1}と必要サンプルサイズn^*との関係を表 2.20 に示す. ただし, 信頼係数がもう少し低くていい場合は (70%や 90%など), このサンプルサイズも変化すること留意する必要があるが, 上の手順に従い容易に求めることができる.

表 2.20　d_{b_1} と必要サンプルサイズ $n_{b_1}^*$ との関係（$\alpha = 0.05$）

d_{b_1}	$n_{b_1}^*$		d_{b_1}	$n_{b_1}^*$
0.1	25.24		0.01	2425.0
0.2	7.06		0.02	607.0
0.3	3.69		0.03	270.3
0.4	2.51		0.04	152.5
0.5	1.97		0.05	98.0
0.6	1.67		0.06	68.3
0.7	1.49		0.07	50.5
0.8	1.38		0.08	38.9
0.9	1.30		0.09	30.9
1	1.24		0.1	25.2
1.1	1.20		0.11	21.0
1.2	1.17		0.12	17.8
1.3	1.14		0.13	15.3
1.4	1.12		0.14	13.4
1.5	1.11		0.15	11.8
1.6	1.09		0.16	10.5
1.7	1.08		0.17	9.4
1.8	1.07		0.18	8.5
1.9	1.07		0.19	7.7
2	1.06		0.2	7.1

すなわち，推定値 b_1 から真の値 β_1 を推定する際に，95%の確率で $b_1 - 0.1 \leq \beta_1 \leq b_1 + 0.1$ の範囲となるような b_1 を推定するためには，最低でも必要なサンプルサイズは 26 本である

一方，サンプルサイズを 5 本から増やせない場合には，式(2.41)に代入すると，

$$\sqrt{\frac{\hat{\sigma}^2\, t_{\alpha/2}^2 (n-2)}{(n-1)S_X^2}} = \sqrt{\frac{0.03047 \times (3.182)^2}{(5-1) \times 1.2730}} = 0.25 \tag{2.47}$$

であるから，β_1 の取りうる範囲は，

$$0.02 = b_1 - 0.25 \leq \beta_1 \leq b_1 + 0.25 = 0.52 \tag{2.48}$$

となる．すなわち，β_1 は 95%の確率で0.02から 0.52 の範囲にあることになる．

次に，95%で $|b_0 - \beta_0|$ が取りうる範囲を d_{b_0} 以内に抑えるために必要なサンプルサイズを求める．

式(2.39)の必要サンプルサイズを求める式の計算に必要な値は$\hat{\sigma}^2$, S_X^2, $t_{\alpha/2}(n-2)$, d_{b_0}に加えて，$\sqrt{\sum_{i=1}^{n} X_i^2}$を計算する必要がある．したがって，

$$\sqrt{\sum_{i=1}^{n} X_i^2} = \sqrt{(-4.0)^2 + (-2.4)^2 + (-2.0)^2 + (-0.9)^2 + (-1.9)^2}$$
$$= \sqrt{16.0 + 5.76 + 4.00 + 0.81 + 3.61} = 5.49 \tag{2.49}$$

となる．ここで，$d_{b_0} = 0.1$とした場合には，式(2.38)より，

$$n_{b_0}^* \geq 1 + \frac{\hat{\sigma} t_{\alpha/2}(n-2)}{S_X d_{b_0}} \sqrt{\sum_{i=1}^{n} X_i^2}$$
$$= 1 + \frac{0.1746 \times 3.182}{1.1283 \times 0.10} \times 5.494 = 28.05 \tag{2.50}$$

となる．したがって，最低でもサンプルサイズは6本である必要がある．ここでは，β_0の推定値b_0が-1.10であることから，$0.10 \leq d_{b_0} \leq 2.00$の範囲で$d_{b_0}$を変える感度分析を行う．式(2.38)から求めた$d_{b_0}$と必要サンプルサイズ$n_{b_0}^*$との関係を表2.21に示す．

また，サンプルサイズを5本から増やせない場合には，式(2.40)に代入すると，

$$\frac{\hat{\sigma} t_{\alpha/2}(n-2)}{(n-1)S_X} \sqrt{\sum_{i=1}^{n} X_i^2} = \frac{0.1746 \times 3.182}{(5-1) \times 1.1283} \times 5.494 = 0.68 \tag{2.51}$$

であるから，β_1の取りうる範囲は，

$$-1.77 = b_0 - 0.68 \leq \beta_0 \leq b_0 + 0.68 = -0.42 \tag{2.52}$$

となる．すなわち，β_0は95%の確率で-1.77から$= -0.42$の範囲にあることになる．

2) 経験的なサンプル数決定方法 [28)]

(1),(2)では理論的なサンプル数決定手法について述べた．しかし，上記の手法は煩雑であり，活用は必ずしも容易ではない．そこで，統計学的な知見として，説明変数の数の10倍以上のデータを用意すると良いという"One in ten rule"という経験則が存在するため，特に初期段階ではこのような手法を検討することも予測式の構築の一助になると考えられる．しかし，この10倍という数字はあくまでも経験的に求められているものであり，それゆえ説明変数の数の20倍以上のデータ

を用意する"One in 20 rule", あるいは説明変数の数の 50 倍以上のデータを用意する"One in 50 rule"のようなものも提唱されているため，こうして得られた結果については統計分析により有意性を確認してから用いるなどの工夫も，適切な運用のために必要となる．

表 2.21　d_{b_0} と必要サンプルサイズ $n_{b_0}^*$ との関係（$\alpha = 0.05$）

d_{b_0}	$n_{b_0}^*$
0.1	28.05
0.2	14.52
0.3	10.02
0.4	7.76
0.5	6.41
0.6	5.51
0.7	4.86
0.8	4.38
0.9	4.01
1	3.70
1.1	3.46
1.2	3.25
1.3	3.08
1.4	2.93
1.5	2.80
1.6	2.69
1.7	2.59
1.8	2.50
1.9	2.42
2	2.35

【参考文献】

1) 元田慎一, 鈴木揚之助, 篠原正, 辻川茂男：工業化住宅内各部位の環境腐食性, 材料と環境, Vol.47, No.10, pp.651-660, 1998.

2) 押川渡, 糸村昌祐, 篠原正, 辻川茂男：雨がかりのない条件下に暴露された炭素鋼の腐食速度とACMセンサー出力との関係, 材料と環境, Vol.51, No.9, pp.398-403, 2002.

3) 森幸夫：大島大橋箱桁内腐食環境調査, 本四技報, Vol.25, No.96, pp.25-30, 2001.

4) 村上博基：海上箱桁橋の内部腐食環境について, 土木学会第58回年次学術講演会, V-092, pp.183-184, 2003.

5) 岩本政巳, 田中忍, 後藤芳顯, 小畑誠：ACMセンサーによる高架橋箱桁内の腐食環境調査, 土木学会第60回年次学術講演会, Ⅰ-054, pp105-106, 2005.

6) 大田隼也, 大屋誠, 安達良, 武邊勝道, 願永留美子, 麻生稔彦, 北川直樹, 松崎靖彦, 安食正太：ACMセンサーを利用した橋梁桁内の局部環境観測, 土木学会第62回年次学術講演会, Ⅰ-390, pp775-776, 2007.

7) 淵脇秀晃, 矢吹哲哉, 有住康則, 山田義智, 下里哲弘, 諸見里朋子：沖縄地域におけるACMセンサーを用いた濡れ時間と鋼板腐食の相関評価, 土木学会第62回年次学術講演会, Ⅰ-394, pp783-784, 2007.

8) 伊藤義人, 岩田厚司, 貝沼重信：鋼材の腐食耐久性評価のための環境促進実験とその促進倍率に関する基礎的研究, 構造工学論文集, Vol.48A, pp.1021-1029, 2002.

9) 伊藤義人, 坪内佐織, 金仁泰：環境促進実験による塗替え塗装鋼板の腐食劣化特性に関する研究, 土木学会論文集, No.3, pp.556-570, 2008.

10) 伊藤義人, 清水善行, 北根安雄：複合サイクル環境促進実験を用いた異なる鋼板角部形状の塗装防食耐久性に関する研究, 土木学会論文集, No.1, pp.68-78, 2010.

11) 伊藤義人, 肥田達久, 金仁泰, 忽那幸造, 小山明久：鋼橋に用いられている金属防食被膜の腐食耐久性に関する研究, 土木学会第59回年次学術講演会, I-095, pp189-190, 2004.

12) 伊藤義人, 貝沼重信, 門田佳久：環境促進実験とその促進倍率に関する基礎的研究, 土木学会第56回年次学術講演会, I-B136, pp272-273, 2001.

13) 細見直久, 貝沼重信, 金仁泰, 伊藤義人：鋼コンクリート境界部の経時的な腐食特性に関する基礎的研究, 土木学会第58回年次学術講演会, I-471, pp941-942, 2003.

14) 長田光司, 小野聖久, 大浦隆, 桜田道博：波型鋼板ウェブ橋の埋め込み接合部の促進腐食実験, 土木学会第60回年次学術講演会, 5-221, pp441-442, 2005.

15) 坂本達朗, 田中誠, 江成孝文, 桐村勝也, 瓜谷詔大, 山本基弘, 永井昌憲：ブラッシング現象の塗膜防食性に与える影響についての評価試験, 土木学会第62回年次学術講演会, 1-397, pp789-790, 2007.

16) 湯瀬文雄, 中山武典, 川野晴弥, 安部研吾, 古川直宏, 堺雅彦, 藤原博：長曝型塗装用鋼板の塩化物耐食性評価, 土木学会第56回年次学術講演会, I-A234, pp468-469, 2001.

17) 清水善行, 伊藤義人：酸性雨による鋼橋防食性能の劣化に関する実験的研究, 土木学会第62回年次学術講演会, 1-399, pp793-794, 2007.

18) 伊藤義人, 清水善行, 小山明久：酸性雨と塩水噴霧複合サイクル環境促進実験による金属皮膜防食の耐久性に関する研究, 土木学会論文集, No.4, pp.795-810, 2007.

19) 坪内佐織，金仁泰，伊藤義人，小山明久，寺尾圭史，忽那幸造：塩水及び酸性雨噴霧複合サイクル環境促進試験による金属被膜防食法の腐食劣化特性，土木学会第 60 回年次学術講演会，1-010，pp19-20，2005.

20) 藤原博，三宅将：鋼橋塗膜の劣化度評価と寿命予測に関する研究，土木学会論文集，No.696/I-58，pp.111-123, 2002.

21) 大島俊之：実践建設系アセットマネジメント‐補修事業計画の立て方と進め方，森北出版，2009

22) 建設省土木研究所，（社）鋼材倶楽部，（社）日本橋梁建設協会：耐候性鋼材の橋梁への適用に関する共同研究報告書(XV)，1992.

23) 建設省土木研究所，（社）鋼材倶楽部，（社）日本橋梁建設協会：耐候性鋼材の橋梁への適用に関する共同研究報告書(XX)，1993.

24) Thompson, P. D., Small, E. P., Johnson, M., and Marshall, A. R.: The Pontis Bridge management system, Structural Engineering International, Vol.8, No.4, pp.303-308, 1998.

25) 青森県県土整備部道路課：青森県橋梁アセットマネジメント基本計画，2004.

26) 古田均，保田敬一，川谷充郎，竹林幹雄：これだけは知っておきたい社会資本アセットマネジメント，森北出版，2010.

27) 宮川公男：基本統計学［第 3 版］，有斐閣，1998.

28) Brooks, G.P. and Barcikowski, R.S.: The PEAR Method for Sample Sizes in Multiple Linear Regression, Multiple Linear Regression Viewpoints, Vol.38, No.2, pp.1-16, 2012.

2.3 疲労損傷を受ける構造物の診断，余寿命予測

2.3.1 概要

　疲労は，「土木用語大辞典」によれば，「構造物や材料が繰返し荷重を受けて強度が減少する現象」と定義されている[1]．鋼材が繰返し荷重を受ける時，金属中の線状の結晶欠陥である転位が結晶面を移動し，その結果すべりが発生し，それが成長することで疲労き裂となる[2]．疲労き裂は最終的に脆性破壊や延性破壊を引き起こすこともあるため，適切な診断や余寿命予測が重要となる．疲労き裂は溶接部や切り欠き部などの応力集中部から発生することが多く，それらの形状や構造，品質が疲労強度に大きな影響を与える[3]．

　疲労損傷の診断・余寿命予測は，既設鋼構造物の応急対策や補修・補強の必要性の判断，そしてその手法の検討を目的として行われる．そのために，疲労き裂が発生していない場合については疲労き裂の発生時期や部位の予測，疲労き裂が発生している場合についてはそれによる脆性・延性破壊や全断面降伏の危険性や発生時期の予測を行う．それぞれ手法が異なるため，疲労き裂が発生していない場合の診断について 2.3.2.(1)に，発生している場合については 2.3.2.(2)にそれぞれ別々に述べることとする．なお，現状では疲労に対する点検・診断といえば主に疲労き裂が発生している場合をターゲットとすることが多い．応力状態やき裂長さなどによっては，き裂進展が不安定化，すなわち急激にき裂の進展が高速化してしまい，結果として構造物の崩壊に繋がってしまう．逆に言えば，き裂進展が早いかどうかが疲労き裂の危険度を左右するが，その判定自体が容易ではないため，き裂の発生の有無がまず重要な評価判断基準となる．

【参考文献】
1) 土木学会：土木用語大辞典, 1999.
2) 例えば，幸田成康：復刻 100 万人の金属学基礎編, 2003.
3) 日本道路協会：鋼橋の疲労, 1997.

2.3.2. 診断

(1) 疲労き裂が発生していない場合

1) 疲労照査の流れ

　疲労き裂が生じていない場合，疲労き裂の発生時期や部位を予測することを目的として疲労照査を行う．大まかな疲労照査の流れとしては，①まず実測や計算などにより構造物に作用する応力を測定・評価し，②そこからレインフロー法などの応力頻度解析手法により変動応力を一定応力端成分の集合の形に整理する．次に，③疲労等級などをその形状から選定し，④そこから累積損傷度を計算する，という流れである．また，⑤それらから等価応力範囲を求め，S-N線と当てはめれば残存寿命を求めることが出来る．それぞれの項目について以下で述べる．

① 構造物に作用する荷重や応力の測定

　疲労損傷を評価するために，対象部位に作用する応力とその繰返し回数を求める必要がある．具体的には，疲労荷重を求め対象部位に作用する応力を計算により算出する方法や，対象部位に作用する応力をひずみゲージ等により直接計測する方法がある．疲労荷重を求める方法にも①疲労設計荷重を用いる方法，②構造物に一定期間（例えば72時間）作用する荷重を実測する方法の2通りがあり，後者の方が，荷重の実測値を用いていることから精度が高いと考えられる．また，応力をひずみゲージ等で測定できれば更に精度の高い疲労診断が可能となる．

② 応力範囲頻度分布の導出

　実際の鋼橋等の各部材・部位には，設計時に想定した荷重ではなく，種々の大きさ荷重が様々な位置に作用することによって複雑な変動応力が生じる．したがって，厳密には実際の構造物に作用する変動応力波形を用いた各種継手に対する疲労試験を行わない限り，実働状態での疲労寿命を推定することはできない．しかし，実構造物の各部位に生じる応力波形は多種多様であり，これらすべての条件に対して試験を行うことは，費用，時間あるいは試験装置の面で困難である．したがって，何らかの方法により，実働状態における応力波形と一定応力振幅のもとにおける疲労試験結果とを関連付け，実働応力状態での疲労強度ないし疲労寿命を推定する必要がある．この際に用いられる手法として，実働応力波形を一定応力端成分の集合の形に整理する応力頻度分析法がある．

　応力頻度分析方法には，ピーク法，最大・最小値法，経過頻度表示法，パワースペクトル解析法，レインフロー法，レンジペア法などがある．ここでは，一般的によく使用されるレインフロー法による応力範囲のカウント方法の一例を示す[1]．

　レインフロー法は，応力（ひずみ）の時間波形の時間軸を垂直方向にとり，応力の大きさを多重の塔の屋根からの雨垂れに例え，雨垂れの流れたレンジで応力レンジをカウントする方法である．具体的には**図2.35**に示すように，

・変動応力波形を，応力を横軸，時間を縦軸下向きにとってプロットする．
・それぞれの極値に，水源を置いて水を流すと，その流れは次の極値で下に落下する．
・この時の流れで区切られた範囲で応力をカウントしていく．

さらに具体的な方法については，文献(2)に詳しく，またプログラムについても掲載されている．

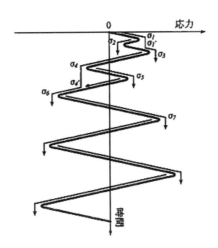

図 2.35　応力範囲頻度のカウント法（レインフロー法）

③ 疲労等級の選定，あるいはホットスポット応力の計算

鋼構造物における疲労に対する照査は，継手部に生じる応力範囲と設計寿命中に予想される応力の繰返し数，および継手等級に対応する疲労寿命曲線を用いて行われる．溶接継手ではその継手形状によって疲労強度が異なるため，対象とする部位がどの継手等級に属するか選定する必要がある．代表的な溶接継手とき裂の発生場所については様々な文献に紹介されており，図 2.36 は日本鋼構造協会の「鋼構造物の疲労設計指針・同解説」[2] に記載されているものである．

また，同指針では図 2.37 のように直応力を受ける継手に対してはほぼ等間隔に 9 本，直応力を受けるケーブルおよび高力ボルトに対して 5 本，また，せん断応力を受ける継手に対して 1 本の設計寿命曲線（S-N 線）を設定しており，それぞれの継手は試験体の疲労試験結果を参考にして各強度等級に分類されている．例えばこの S-N 線図を参考として等価応力範囲の計算，あるいは累積損傷度の評価を行う．

一方で，継手形状が複雑であり作用する荷重の載荷位置や移動にともない応力状態が変化するなど，公称応力が明確に定義できない場合や，等級分類に存在しない継手に対して疲労損傷度の評価を行う場合，ホットスポット応力と呼ばれる応力を用いて疲労損傷度の評価を行う方法がある[3]．ホットスポット応力については種々の考え方があり，統一的な定義がなされているとは言いがたいが，JSSC 疲労設計指針ではホットスポット応力を溶接による局部的な応力集中を含まず，構造的な応力の乱れを考慮した着目部（溶接止端部）での応力と定義している．図 2.38 に示すようにガセットプレート端における局部の応力性状は，部材に作用する公称応力に加えて，継手全体の力の流れの不連続に依存する構造的な応力集中と溶接ビードの寸法・形状に依存する応力集中が重畳した急激な応力勾配を持った状態となっているが，このような部位におけるホットスポット応力を求める方法は各種提案されているが，例えば溶接止端部付近の 2 点，あるいは 3 点の発生応力をひずみゲージや応力集中ゲージにより計測した後に止端部に外挿して算出する方法や，FEM 解析による方法などが提案されている．ホットスポット応力を用いた疲労損傷評価は，止端部からき裂が発生するような損傷に適用できる．

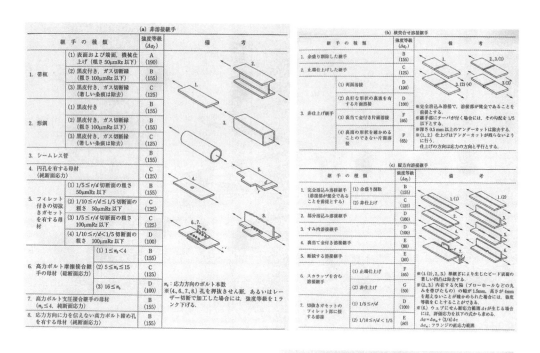
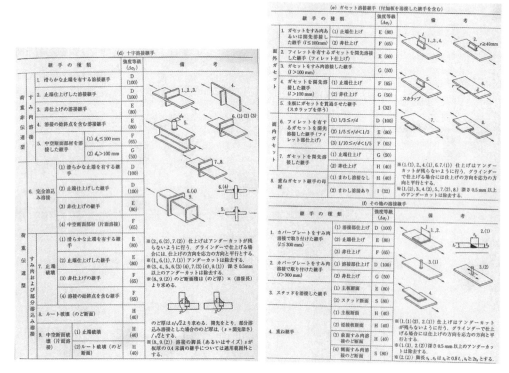
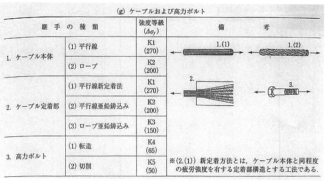

図 2.36 代表的な溶接継手とき裂の発生場所

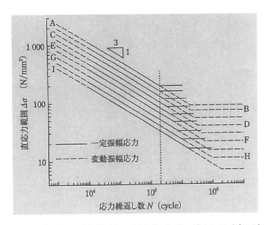

(a) 疲労設計曲線（直応力を受ける継手）

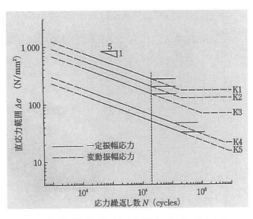

(b) 疲労設計曲線（直応力を受ける
ケーブルおよび高力ボルト）

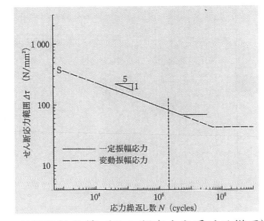

(c) 疲労設計曲線（せん断応力を受ける継手）

図 2.37 疲労等級別の設計寿命曲線（S-N 線）

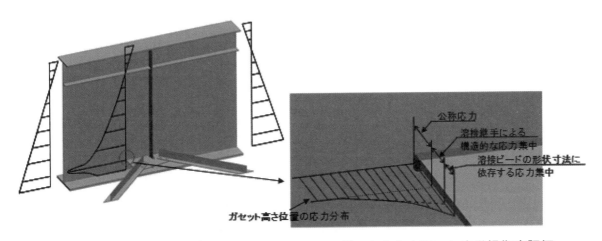

図 2.38 ガセットプレート端でのホットスポット応力を用いた疲労損傷度評価

④ 累積損傷度の計算

変動応力が作用する鋼部材の疲労損傷度を評価する場合，一般に線形累積被害則 [3]が用いられている．これは部材に作用する応力範囲 S_{ri} に対して N_i 回で部材に疲労損傷が生じる場合，応力範囲 S_{ri} の応力範囲 1 回の繰り返しによる疲労損傷の程度を $1/N_i$ とし，各応力範囲に作用する頻度 n_i を N_i で割った値 n_i/N_i の和がある値 D に達した時に疲労損傷が生じるという考え方である．

$$D = \sum \left(\frac{n_i}{N_i} \right) \tag{3.1}$$

一定応力範囲による実験結果のみを参照するマイナー側では耐久限度以下の応力範囲成分については疲労被害に寄与しないこととし，$D=1$ となった場合に疲労破壊が生じるとしている．しかしながら，実構造物に生じている種々の応力範囲を成分に持つ変動応力下では，このような耐久限度以下の応力範囲によってもき裂の進展が見られ疲労被害が増加する．このようなことから，耐久限度以下の応力範囲成分による影響を考慮した修正を行うことが必要となり，一般的には，S-N 曲線を耐久限度以下まで延長して用いることが多い．この考え方を修正マイナーの方法と呼んでいる．この他に，疲労限以下の傾きを緩やかにするハイバッハの方法や文献(2)の疲労設計指針のように疲労損傷に寄与しない応力範囲の限界値（変動振幅応力下の応力範囲の打切り限界と呼んでいる）を一定応力範囲下での疲労限界より低くすることなどの方法が提案されている．これの手法により，供用開始時からこれまでに累積された疲労損傷の程度を評価することができ，また $D=1$ となる時期を計算することで余寿命を導出することができる．

なお，この D は疲労センサーを用いて直接導出することもできる．D とセンサー内のき裂進展量が D と線形関係にあるため，き裂進展量を求めることで D を求めることができる．

⑤ 等価応力範囲

レインフロー法等で導出された，変動荷重下における応力頻度分布を整理するためのパラメータとして，変動振幅応力と同じ繰り返し回数で等価な疲労損傷度を与える等価応力範囲を上述の線形累積被害則に基づいて以下の式により求めることができる [6].

$$\Delta\sigma_e = \sqrt[m]{\frac{\sum \Delta\sigma_i^m \cdot n_i}{\sum n_i}} \quad (m = 3,5), \quad \Delta\tau_e = \sqrt[m]{\frac{\sum \Delta\tau_i^m \cdot n_i}{\sum n_i}} (m = 5) \tag{3.2}$$

上記の式で $\Delta\sigma_i, \Delta\tau_i$ は応力振幅，n_i はそれぞれの頻度である．この考え方により，部材の受ける損傷度をある特定の応力振幅が何回繰り返されたことと等価であるかを表現できる．

2) 疲労設計例

① 阪神高速における鋼橋の疲労対策【第三訂版】より抜粋した事例 [4]

既設橋の応力測定結果に基づく主桁損傷に対する疲労評価例として，図2.39 に示す溶接部のうち，①ガセットプレート端（G 等級），②中間横桁下フランジ端（G 等級），③中間横桁下フランジの中主桁ウェブ貫通部（H 等級），および④主桁下フランジ下面の吊り金具取付位置（応力と平行に取り付けられている吊り金具，G 等級）が将来疲労損傷の発生する可能性が考えられる場所

と想定し，①ガセットプレート端，②中間横桁下フランジ端（G 等級）を対象として，主桁の疲労評価を試みた事例を下記に示す．

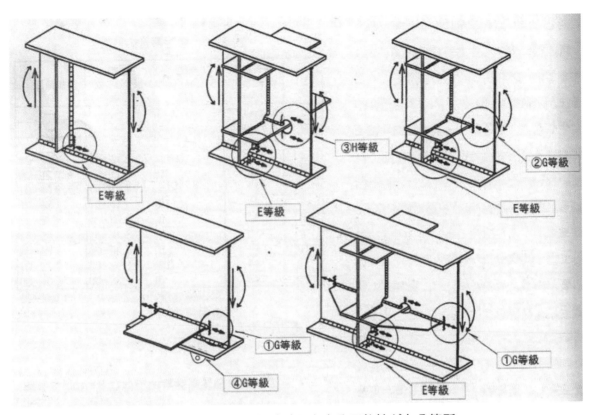

図 2.39　将来疲労き裂が発生する可能性がある箇所

既往の頻度測定データを，主桁曲げ応力分布を考慮し対象位置（ガセットもしくは横桁下フランジ端）の公称応力位置に換算する方法（図 2.40）を採用している．具体的には，阪神高速道路の標準的な鋼 I 桁橋では，ガセットプレートおよび横桁下フランジは主桁下フランジ上面から 200mm の位置にあり，幾つかの橋梁における調査結果によれば，ガセット位置の活荷重による公称応力値は主桁下フランジ応力の 0.8～0.9 倍程度であることから，調査橋梁の平均値の値を用いて，主桁下フランジ応力の 0.875 倍の値を評価対象位置の応力としている．

疲労評価対象路線として大型車交通量が多い路線を選定し，鋼 I 桁橋 9 橋梁（図 2.41）を対象に，測定位置を第一内桁支間中央の主桁下フランジとして応力頻度測定結果と疲労寿命算出結果を示している（表 2.22）．なお，測定対象主桁を一般的に活荷重発生応力の大きな外桁ではなく第一内桁としている理由は，車線位置と主桁配置の関係から，外桁では各橋梁で平均的な条件ではなかったためとしている．

対象とした 9 橋のうち，F 橋を除いて試算疲労寿命は 100 年以上となっている．F 橋の試算疲労寿命が短いのは，①大型車交通量が多いこと，②橋梁支間が短いため活荷重の影響を受けやすいことが原因としている．また，同様の理由から G 橋の試算疲労寿命も比較的短いことがわかる．また，ここで示した結果が第一内桁の結果であるため，外桁が車線直下にある橋梁については外桁の応力は第一内桁よりも大きくなるため，試算疲労寿命は表に示した結果よりも短くなると予想している．

各径間の大型車交通量と実測された応力範囲の総頻度,および各橋梁の疲労損傷度との関係を図 2.42 に示す.総頻度と大型車交通量には相関性があり,大型車交通量が多いほど総頻度も多くなる傾向にある.一方,疲労損傷度と大型車交通量にはある程度の相関はみられるものの,ばらつきが大きい.疲労損傷度には大型車交通量の他,橋梁支間や橋梁形式など様々な要因が関わってくるためであるとしている.

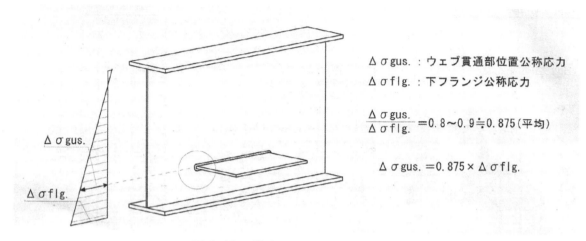

図 2.40 ガセット位置の応力換算

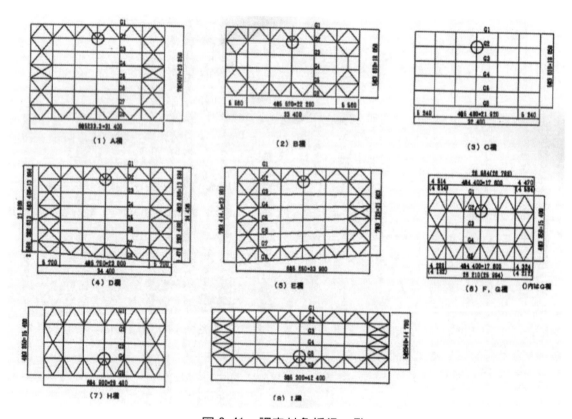

図 2.41 調査対象橋梁一覧

表 2.22 応力頻度測定結果

△σi	A橋	B橋	C橋	D橋	E橋	F橋	G橋	H橋	I橋
54.1	0	0	0	0	1	0	0	0	0
50.7	0	0	0	0	1	0	0	0	0
47.3	0	0	0	0	2	0	0	0	1
44.0	0	0	0	0	1	0	0	0	1
40.6	0	0	0	0	7	0	0	0	0
37.2	0	0	0	0	4	0	2	0	0
33.8	0	0	1	0	18	4	0	0	1
30.4	0	0	3	2	6	26	4	0	2
27.1	1	1	12	5	13	80	30	2	9
23.7	7	13	61	17	66	172	123	17	23
20.3	30	41	139	80	178	290	220	90	91
16.9	36	73	152	158	217	952	502	206	333
13.5	214	458	993	471	1165	3686	2310	938	1440
10.1	1316	3156	4387	3442	4443	6969	7046	5615	5884
6.8	4687	10702	11110	10633	14537	18534	16127	13577	10080
総頻度	6291	14444	16858	14808	20659	30713	26364	20445	17865
累積損傷度 D[/日]	2.1E-06	4.0E-06	1.1E-05	6.0E-06	1.7E-05	4.2E-05	2.5E-05	8.7E-06	1.3E-05
試算寿命 [年]	1283.9	677.8	248.0	459.9	157.9	65.5	110.3	316.1	204.4
大型車 交通量 [台/日]	5994	9525	9525	12591	12419	16211	16211	16633	14015
橋梁支間	32	34	33	35	34.5	27	27	30	43

注1）応力範囲△σiは面外ガセット位置換算応力とした.

注2）疲労強度等級は JSSC-G 等級（△σf=50MPa）とした.

Δσi	A橋	B橋	C橋	D橋	E橋	F橋	G橋	H橋	I橋
54.1	0	0	0	0	1	0	0	0	0
50.7	0	0	0	0	1	0	0	0	0
47.3	0	0	0	0	2	0	0	0	1
44.0	0	0	0	0	1	0	0	0	1
40.6	0	0	0	0	7	0	0	0	0
37.2	0	0	0	0	4	0	2	0	0
33.8	0	0	1	0	18	4	0	0	1
30.4	0	0	3	2	6	26	4	0	2
27.1	1	1	12	5	13	80	30	2	9
23.7	7	13	61	17	66	172	123	17	23
20.3	30	41	139	80	178	290	220	90	91
16.9	36	73	152	158	217	952	502	206	333
13.5	214	458	993	471	1165	3686	2310	938	1440
10.1	1316	3156	4387	3442	4443	6969	7046	5615	5884
6.8	4687	10702	11110	10633	14537	18534	16127	13577	10080
総頻度	6291	14444	16858	14808	20659	30713	26364	20445	17865
累積損傷度 D[／日]	2.1E-06	4.0E-06	1.1E-05	6.0E-06	1.7E-05	4.2E-05	2.5E-05	8.7E-06	1.3E-05
試算寿命 [年]	1283.9	677.8	248.0	459.9	157.9	65.5	110.3	316.1	204.4
大型車交通量 [台／日]	5994	9525	9525	12591	12419	16211	16211	16633	14015
橋梁支間	32	34	33	35	34.5	27	27	30	43

注1）応力範囲Δσiは面外ガセット位置換算応力とした．
注2）疲労強度等級はJSSC－G等級（Δσf=50MPa）とした．

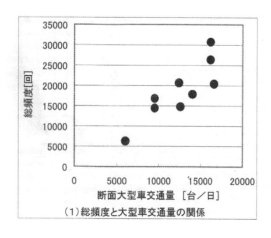
(1) 総頻度と大型車交通量の関係

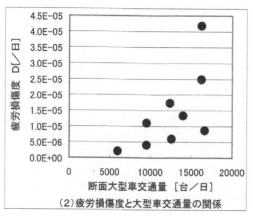
(2) 疲労損傷度と大型車交通量の関係

図2.42 応力範囲の頻度および疲労損傷度と大型車交通量との関係

② 土木研究所の文献5)より抜粋した事例

既設橋の建設当時の適用基準と標準的な断面設計の方法による再現設計を行い，疲労指針に基づく疲労照査を行うとともに，疲労損傷度に対する設計・構造条件の影響について分析している．

表2.23は検討対象とした橋梁であり，図2.43は幅員構成と桁配置を示している．昭和39年の鋼道路橋設計示方書（以下，S39道示という.）による単純桁を基本ケースとして，適用基準，支間長，構造形式，主桁本数，幅員，桁高支間比，斜角等の設計・構造条件の異なるケースを選定しており，適用基準に関して，使用鋼材の許容応力度の変化，設計活荷重応力度の変化（TL-20→B活荷重）及び床版等の基準変遷に伴う死活荷重応力度の増加等の影響が大きいと考えられる昭和31年，昭和55年，平成14年の設計基準（以下，それぞれS31道示，S55道示，H14道示という.）を対象としている．主な設計条件は表2.24のとおりである．

桁高は，桁橋の標準的な桁高／支間長の範囲を踏まえて，単純桁では1/20，連続非合成桁では1/22を基本としており，連続桁の支間割りについては実績を踏まえ2ケースとしている．主桁断面の計算にあたって応力余裕量は0MPaを目標としている．ガセット継手の設置位置は，建設当時の標準設計を参考に下フランジ下面から270mmの高さに統一している．また，非合成桁については，一般に接合部の健全性が保たれている場合には合成挙動することが既存の研究により確認されていることから疲労照査の応力算出時には合成桁断面と仮定している．

表2.23 検討対象橋梁

形式・幅員・支間 適用基準	単純合成I桁					単純非合成I桁[注]	連続非合成I桁[注]	
	有効幅員9.5m(基本ケース)				有効幅員8.0m	有効幅員9.5m		
	支間25m	支間30m	支間40m	支間50m	支間25m	支間25m	支間40,50,40m	支間40m@3
S39道示	SC-25-9.5-1/20(S39)	SC-30-9.5-1/20(S39)	SC-40-9.5-1/20,1/22(S39)	SC-50-9.5-1/20(S39)	SC-25-8.0-1/20(S39)	SN-25-9.5-1/20(S39)	CN-40+50+40-9.5-1/22,1/24(S39)	CN-40+40+40-9.5-1/22(S39)

注）疲労照査は合成断面および非合成断面の両方で実施する

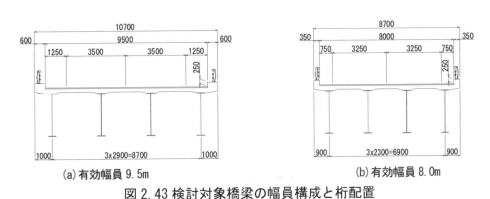

(a) 有効幅員9.5m (b) 有効幅員8.0m

図2.43 検討対象橋梁の幅員構成と桁配置

表2.24 検討対象橋梁の設計条件

設計条件 \ 設計基準	S31道示	S39道示	S55道示	H14道示
活荷重	TL-20			B活荷重
床板 設計床板厚	170mm	180mm	230mm	250mm
床板重量	4.1kN/m²	4.5kN/m²	5.8kN/m²	6.1kN/m²
たわみの許容値	L/600m	L/500m	L²/20,000m	
主な鋼種（許容応力度）	SS400(130kN/mm²)	SM490(190kN/mm²)	SM490Y(210N/mm²)	
桁高/支間長	単純合成桁:1/17~1/22, 単純非合成桁:1/20, 連続非合成桁:1/22~1/24			

この橋梁の疲労損傷度を，疲労指針に従い，次式により計算している．

$$D = \sum Di \tag{3.3}$$

D_i：車線i に対する疲労設計荷重の移動載荷による累積損傷度：$D_i = \sum \left(nt_i / N_{i,j} \right)$

nt_i：設計で考慮する期間に考慮する疲労設計荷重の載荷回数

$N_{i,j}$：$\Delta\sigma_{i,j}$ に対応する疲労設計曲線より求められる疲労寿命

$nt_i = ADTT_{SLi} \cdot \gamma_n \cdot 365 \cdot Y$

$ADTT_{SLi}$：一方向一車線（車線 i）当たりの日大型車交通量（ここでは2000 台としている）

γ_n：頻度補正係数（ここでは0.3 としている）

Y ：設計で考慮する期間（年）（ここでは100 年としている）

$ADTT_{SLi} = ADTT / n_L \times \gamma_L$，　$ADTT$ ：一方向当たりの日大型車交通量，n_L：車線数，

γ_L：車線交通量の偏りを考慮するための係数（ここでは1.0 としている）

$N_{i,j} = 2 \times 10^6 \cdot \left(\Delta\sigma_f \cdot C_R \cdot C_t \right)^3 / \Delta\sigma_{i,j}^3$

$\Delta\sigma_{i,j}$：車線 i に対する疲労設計荷重一組の移動載荷によって得られるj 番目の応力範囲

$\Delta\sigma_f$：直応力に対する 200 万回基本許容応力範囲

C_R：平均応力の影響を考慮して基本許容応力範囲及び打ち切り限界を補正するための係数

C_R= 1.00　　　　　　　　　　　　　　　（$-1.00 < R < 1.00$）

C_R= 1.30$(1.00 - R)/(1.60 - R)$　　　　（$R \leq 1.00$）

C_R= 1.30　　　　　　　　　　　　　　　（$R > 1.00$）

R ：応力比　　$R = \sigma_{min} / \sigma_{max}$

σ_{min}：最小応力度，σ_{max}：最大応力度

C_t：板厚の影響を考慮して基本許容応力範囲及び打ち切り限界を補正するための係数

$C_t = \sqrt[4]{25/t}$　　t：板厚（mm）（ここではすべて 1.00）

　図 2.44 は，各橋梁における，外桁及び内桁支間中央下フランジ（連続桁は中央径間中央）の設計死・活荷重応力度と疲労照査に用いる最大応力範囲（以下，疲労設計応力範囲）について整理した結果を示している．ここで，応力範囲とは，疲労設計荷重に対する最大応力度と最小応力度の差の絶対値に活荷重補正係数，衝撃の影響，構造解析係数（=0.8）を考慮した値としている．外桁と内桁による応力度の違いは特に見られない．適用基準に着目すると，支間長 40m の場合，疲労設計応力範囲は S31 道示の場合が最も小さく，次いで H14 道示，S55 道示，S39 道示の順となっている．S39 道示の場合について，支間長と幅員の影響に着目すると，支間長が短いほど，また幅員が小さいほど，疲労設計応力範囲は大きくなる傾向が見られる．S31 道示では，鋼種が SS400 に限定され許容応力度が小さいことから，疲労設計応力範囲は最も小さい．一方，S55 道示では床版が厚くなり死荷重による曲げモーメントが増加するものの，鋼種が SM490 から SM490Y となり許容応力度の高い鋼材を使用しているため，結果的に S39 道示の場合と疲労設計応力範囲はほとんど変わらない．連続非合成桁については，支間長が同じ単純桁と比較して，許容応力度に占める設計活荷重応力度の比率が大きくなり，かつ，負曲げの応力振幅も考慮する必要があることから，疲労設計応力範囲は単純桁と比較して大きくなる．

第2章 鋼構造物の診断・劣化予測

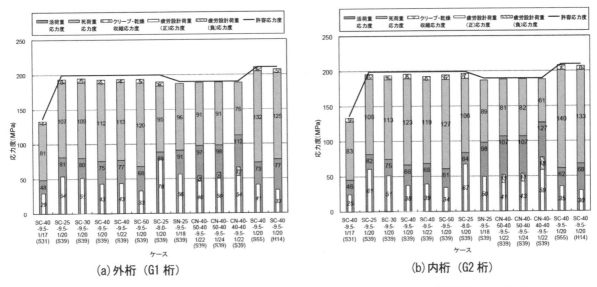

図 2.44 外桁及び内桁支間中央下フランジの設計応力度と疲労設計応力範囲

　図 2.45 は，各橋梁についての照査部位別の疲労損傷度を示している．なお，疲労設計応力範囲が一定振幅応力に対する応力範囲の打切り限界を超えた部位のみの結果を示している．また，参考として断面変化位置にガセット継手が存在すると仮定した場合の疲労損傷度も示している．疲労損傷度が 1.0 を超える部位は，単純桁では，すべてウェブガセット溶接部（G 等級）であり，連続非合成桁では，ウェブガセット溶接部の他に，下フランジと垂直補剛材溶接部（E 等級）や，ウェブと水平補剛材溶接部（G 等級）も 1.0 を超える部位が見られる．適用基準別に見ると，S39，S55，S31 道示の順に相対的に疲労耐久性が高い．S39 道示と S55 道示では大きな違いは見られない．連続桁では単純桁に比べ相対的に厳しい傾向が見られる．

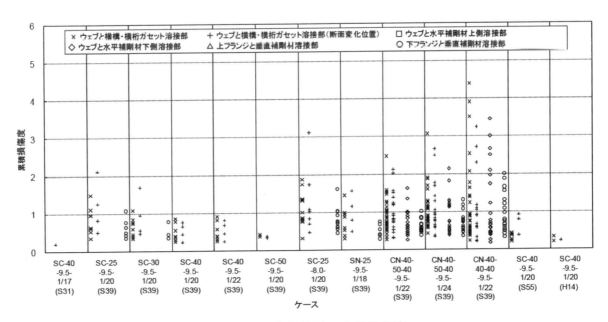

図 2.45 照査部位別の疲労損傷度

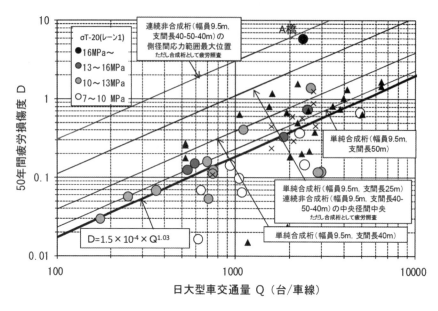

図 2.46 日大型車交通量と 50 年間疲労損傷度の関係

図 2.46 は既設橋において支間中央の照査部位について大型車交通量との関係を整理した結果を示している．新設橋の疲労照査の目安としている疲労損傷度 1.0 を超える日大型車交通量は，設計・構造条件により異なるが，連続非合成桁を除いて 1,000～4,000 台/車線の値を示している．図中には，連続非合成桁の側径間応力範囲最大位置における値も併記している．連続桁については，負曲げの影響等により単純桁と比較して非常に高い疲労損傷度となっている．

(2) 疲労き裂が発生している場合
1) 疲労き裂が目視により確認できる場合

目視検査では，部材の破断もしくは破断に至るような大きなき裂，開口を伴うき裂，き裂の発生が疑われる塗膜割れなどが発見され，報告される．このような報告に対して，損傷部位の重要性や損傷の程度により，緊急的な措置の必要性の判断，速やかな調査の必要性の判断，詳細調査の必要性の判断などを行うことが目視検査結果に基づく診断と考えられる．

緊急的な措置が必要な損傷としては，構造物の崩壊に至るような部位の損傷，第三者被害の危険性が高い損傷などが考えられるが，それぞれの構造物の管理者ごとに定められる点検要領に基づいて判定するのが一般的である．例えば，国土交通省が定める橋梁定期点検要領 [6]の対策区分判定要領（付録-2）によれば，緊急対応が必要な損傷として下記を例示している．

- き裂が鈑桁形式の主桁腹板や鋼製橋脚の横梁の腹板に達しており，き裂の急激な進展によって構造安全性を損なう状況などにおいては，緊急対応が妥当と判断できる場合がある．
- アーチ橋の支材や吊り材，トラス橋の斜材，ペンデル支承のアンカーボルトなどが破断し，構造安全性を著しく損なう状況などにおいては，緊急対応が妥当と判断できる場合がある．
- 鋼床版構造で縦リブと床版の溶接部から床版方向に進展するき裂が輪荷重載荷位置直下で生じて，路面陥没によって交通に障害が発生する状況などにおいては，緊急対応が妥当と判断できる場合がある．

図 2.47 に緊急的な措置の例（橋梁）を記載する．

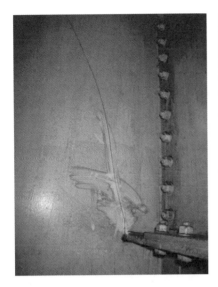

(a) 主桁ウェブに大きく進展したき裂（左）と緊急措置の補強材設置例（右）[7]

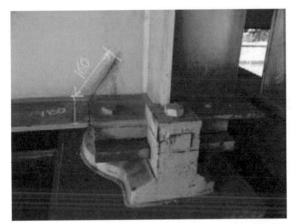

(b) 支承ソールプレート部の損傷（左）[8] と緊急措置の例（右）[9]
図 2.47 鋼構造物（橋梁）における緊急的な措置の例

2) 疲労き裂の寸法が非破壊検査により特定される場合

　鋼構造物の疲労損傷を対象として実施される非破壊検査は，第 1 章 1.4.1 に示されたものがあり，主にき裂の形状・寸法を調査することに主眼が置かれる．表面のき裂長さのみならず，き裂が板厚を貫通しているかいないか，板厚内のき裂進展方向に特徴はあるか，溶接状態とき裂の関係はどのようになっているかなど，詳細な損傷状況を把握することが，損傷原因特定のための詳細調査を立案するための重要な情報となる．

　2.2 節の腐食損傷の評価と同様，非破壊検査により得られた疲労損傷の形状や寸法に応じて，構造物の管理者が定める規定などにより損傷程度や健全度，対策区分が判定されるのが一般的である．例えば，橋梁定期点検要領[10]では表 2.25 のように損傷程度を評価することを基本としている．

表 2.25　橋梁定期点検要領[10]による部材単位の健全性の診断を行うための判定区分

区分	一般的状況
a	損傷なし
b	―
c	断面急変部，溶接接合部などに塗膜われが確認できる． き裂が生じているものの，線状でないか，線状であってもその長さが極めて短く，更に数が少ない場合．
d	―
e	線状のき裂が生じている，又は直下にき裂が生じている疑いを否定出来ない塗膜われが生じている．

注1：塗膜われとは，鋼材のき裂が疑わしいものをいう．
　2：長さが極めて短いとは，3mm 未満を一つの判断材料とする．

　また，腐食損傷と同様に，図 2.48 から図 2.50 に典型的な疲労損傷に関する評価例として，道路橋定期点検要領[11]に掲載されている例を示す．　他の例として，東・中・西日本高速道路（株）は，表 2.26 および表 2.27 に示すように，点検部位に応じて疲労損傷の進展状況を踏まえた判定基準を設定している[12]．阪神高速道路株式会社は，疲労き裂に対する 1 次判定として表 2.28 および図 2.51 に示す判定基準を設定するとともに，点検 1 次判定の区分が A ランクに該当する損傷を発見した場合は，損傷状態の判定に加えて，進行性および冗長性などの損傷度を考慮した 2 次判定を実施することとしている[13]．また文献(14)では，損傷度の評価では損傷の①進行性，②冗長性，③変状が与える影響に対して，表 2.29 に示す判定区分を表 2.30 から表 2.332 に示す評価表を用いて判断されるとしている．さらに，直ちに何らかの措置が必要となる「AA」ランクの損傷として，疲労き裂に関しては具体的なき裂長を用いて図 2.52 のように与えている．しかしながら，これらの数値は過去の実績を重視して暫定的に決めたものであり，これらの妥当性については，今後，さらに調査・研究すべき余地は多いとしている．

鋼部材の損傷	②き裂	1／4

判定区分　Ⅱ	構造物の機能に支障が生じていないが，予防保全の観点から措置を講ずることが望ましい状態． （予防保全段階）

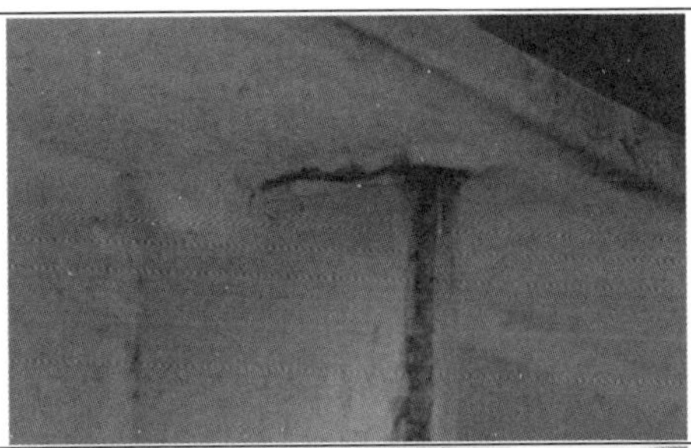	例 進展しても主部材が直ちに破断する可能性は少ないものの，今後も進展する可能性が高いと見込まれる場合
	例 進展してもき裂が直ちに主部材に至る可能性は少ないものの，今後も進展する可能性が高いと見込まれる場合
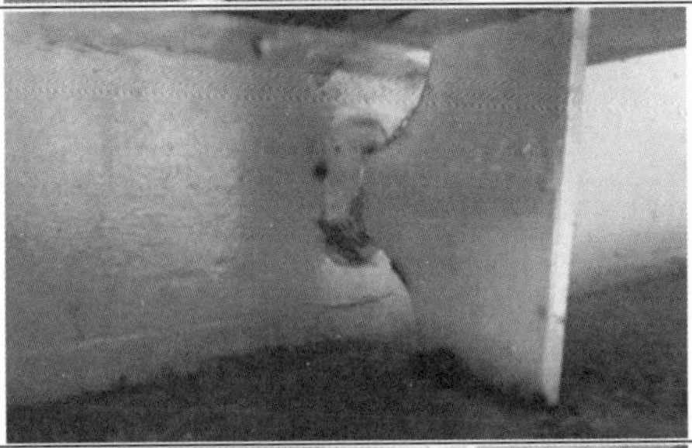	例 進展してもき裂が直ちに主部材に至る可能性は少ないものの，今後も進展する可能性が高いと見込まれる場合
	例 対傾構や横構などに明らかな亀裂が発生しており，その位置や向きから進展しても直ちに主部材に至る可能性はないものの，放置すると部材の破断に至る可能性が高い場合

備考
■き裂の発生部位によっては，直ちに主部材に進展して橋が危険な状態になる可能性は高くないと考えられる場合がある．しかし確実にき裂の進展が見込まれる場合には，き裂が拡大すると補修が困難になったり大がかりなることも考えられる．

図 2.48　判定区分Ⅱ　予防保全段階の例 [11]

| 鋼部材の損傷 | ②き裂 | 2／4 |

判定区分 Ⅲ	構造物の機能に支障が生じる可能性があり，早期に処置を講ずべき状態． （早期措置段階）
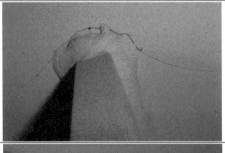	例 明らかなき裂が鋼床版のデッキプレートに伸びており，さらに進展すると路面陥没や舗装の損傷につながることが見込まれる場合
	例 明らかなき裂が鋼床版のデッキプレートに伸びており，さらに進展すると路面陥没や舗装の損傷につながることが見込まれる場合
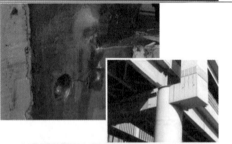	例 明らかなき裂が鋼製橋脚の隅角部に発生している．さらに進展すると梁や柱に深刻な影響がでることが見込まれる場合 （発生位置によっては，Ⅳとなることも多い）
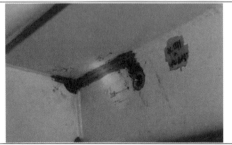	例 明らかなき裂が鋼床版のトラフリブに伸びており，さらに進展すると路面陥没や舗装の損傷につながることが見込まれる場合
備考 ■き裂は，突然大きく進展することがあり，また連続している部位のどこに進展するのかは予測できないのが通常であり，主部材に発生している場合や，主部材に進展する恐れのある場合には，早期に対策を実施する必要がある．	

図 2.49　判定区分Ⅲ　早期措置段階の例 [11]

鋼部材の損傷	②き裂	3／4

判定区分 Ⅳ	構造物の機能に支障が生じている，又は生じる可能性が著しく高く，緊急に措置を講ずべき状態. （緊急措置段階）

	例
	大きさに関係なく，ゲルバー桁の受け梁にき裂が発生している場合
	大きさに関係なく，アーチ橋やトラス橋の支柱・吊材・弦材などに明らかなき裂がある場合
	主げたのフランジからウェブに進展した明確なき裂がある場合
	主桁や横桁のウェブに大きな亀裂が進展している場合

備考
■応力の繰り返しを受ける部位のき裂では，その大小や向きによって進展性（進展時期や進展の程度）を予測することは困難であり，主部材の性能に深刻な影響が生じている場合には，直ちに通行制限やき裂進展時の事故防止対策などの緊急的な対応を行うべきと判断できることがある.

図2.50　判定区分Ⅳ　緊急措置段階の例[11]

鋼構造シリーズ 29　鋼構造物の長寿命化技術

表 2.26　鋼道路橋点検における判定の例（プレートガーダー橋，鋼床版，鋼製橋脚）[12]

部位	損傷の種類	判定の標準例（状態の具体例）		
		損傷ランク：AA	損傷ランク：A	損傷ランク：B
主部材	疲労き裂	※表 2.27 による		
	変形座屈	大きな変形や座屈が生じ，構造物の耐荷力に影響を及ぼす恐れがある．	変形や座屈が生じている	…
添接部	リベット，HTB のゆるみ，脱落	…	F11T の遅れ破損がみられる．主部材の添接部に 1 か所当たり 2 本以上の脱落がある．	左記以外にリベットやHTB の脱落がある．
全体	塗膜劣化	…	塗膜のひび割れ，はがれ，ふくれまたはさびなどが発生している面積が大きい．	塗膜のひび割れ，はがれ，ふくれまたはさびなどが発生している面積が小さい．
主部材	腐食	孔食や著しい断面減少が生じており，構造物の耐荷力に影響を及ぼす恐れがある．	部材に減厚や孔食が生じている．	減厚や孔食に進行する恐れのある腐食がみられる．

凡例：損傷ランク

AA：変状が著しく，機能面への低下が非常に高いと判断され，速やかな対応が必要な場合．

A：変状があり，機能低下に影響していると判断され，対策の検討が必要な場合．

B：変状はあるが，機能低下への影響は無く，変状の進行状態を継続的に観察する必要がある場合．

第2章　鋼構造物の診断・劣化予測　　　　　　　　　　141

表 2.27　鋼道路橋点検における判定の例（疲労き裂）[12]

部位の一例	判定の標準例（状態の具体例）		
	損傷ランク：AA	損傷ランク：A	損傷ランク：B
ソールプレート前面溶接部	き裂がウェブまで進展している.	き裂が発生している.	---
桁端切欠きR部	き裂がウェブまで進展している.	き裂が発生している.	---
対傾構取付け垂直補剛材溶接部	---	き裂が発生している.	---
主桁ウェブ面外ガセット溶接部	き裂がウェブ上を進展している.	き裂の恐れのある塗膜割れがある.	---
主桁下フランジ突合わせ溶接部	き裂が発生している.	き裂の恐れのある塗膜割れがある.	---
鋼床版縦リブ溶接部	溶接線長の$\frac{2}{3}$以上の長さにき裂が進展している.	き裂が発生している.	---
鋼製橋脚隅角部	き裂が発生しており進展する恐れがある.	き裂が発生している	---
その他	上記以外で発見された大きなき裂がある.	上記以外でき裂が発生している.	---

凡例：損傷ランク

　AA：変状が著しく，機能面への低下が非常に高いと判断され，速やかな対応が必要な場合.

　A：変状があり，機能低下に影響していると判断され，対策の検討が必要な場合.

　B：変状はあるが，機能低下への影響は無く，変状の進行状態を継続的に観察する必要がある場合.

表 2.28 主桁本体と二次部材に発生したき裂の考え方および判定例 [13]

判定ランク	損　傷　状　況	適　用　例
S	主桁本体にわれが発生し，構造物の安全が著しく損なわれている．	①引張応力が作用する主桁のフランジおよび腹板またはその溶接継手部で，応力に直角な方向に発生したわれ
		②主桁切欠部の溶接部から腹板に進展したわれ
		③ソールプレート溶接部において，主桁下フランジから腹板に進展したわれ
A	主桁本体などにわれが発生しているが，われの発生位置および状態より判断して，その補修には特に緊急性を要さないと考えられる．	①鋼 I 桁橋の中間横桁や対傾構と主桁との連結部において，主桁腹板(圧縮応力が作用する部位)に発生したわれ
		②鋼 I 桁橋の桁端部横構取付ガセット部において，主桁腹板に発生したわれ
		③主桁切欠部の溶接部に発生したわれ
		④対傾構部材の切断(周長の$1/2$以上のわれを含む)またはその取付ガセットの破断(ガセット高の$1/2$以上のわれを含む)
		⑤ソールプレート溶接部において，溶接部または主桁下フランジに発生したわれ
B	主として二次部材に発生したわれであり，構造物の安全性にとって，重大な影響のないもの	①鋼 I 桁橋の中間横桁や対傾構と主桁との連結部において，リブ板や垂直補剛材本体またはその溶接部に発生したわれ
		②鋼 I 桁橋の桁端部横構取付ガセット部において，ガセット本体またはその溶接部に発生したわれ
		③対傾構部材のわれ(周長の$1/2$未満)またはその取付ガセットのわれ(ガセット高の$1/2$未満)

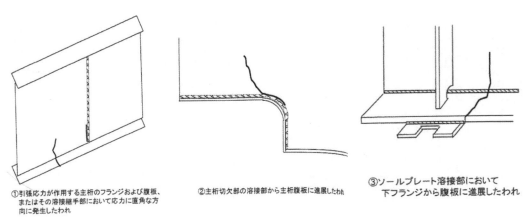

Sランクの部材のわれおよび溶接部のわれ

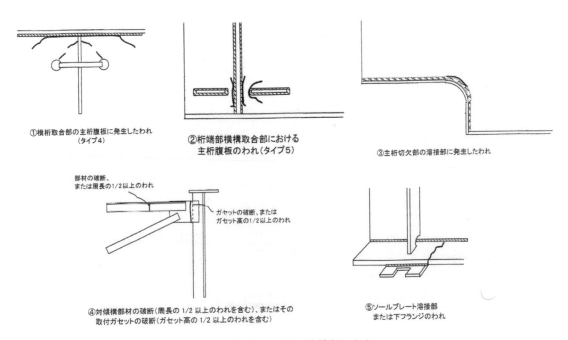

Aランクの部材のわれおよび溶接部のわれ

図 3.51(1)　損傷ランク別の部材のわれおよび溶接部のわれ [13]

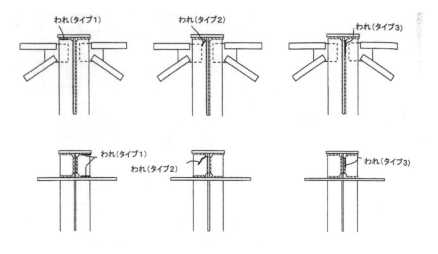

①横桁や対傾構と主桁との連結部において、リブ板や垂直補剛材本体またはその溶接部に発生したわれ（タイプ1〜3）

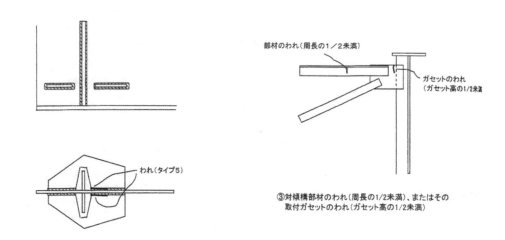

③対傾構部材のわれ（周長の1/2未満）、またはその取付ガセットのわれ（ガセット高の1/2未満）

Bランクの部材のわれおよび溶接部のわれ

図 2.51 (2)　損傷ランク別の部材のわれおよび溶接部のわれ [13]

第2章 鋼構造物の診断・劣化予測

表 2.29 損傷に対する健全度判定区分 [14]

判定区分		運転保安等に対する影響	変状の程度	措置
AA		・安全を脅かす	重大	直ちに措置
A	A₁	・早晩脅かす ・異常外力の作用時危険	変状が進行し,機能低下も進行	早急の措置
	A₂	将来脅かす	変状が進行し,機能低下の恐れ	必要な時期に措置
B		進行すればAランクになる	進行すればAランクになる	監視(必要に応じて措置)
C		現状では影響なし	軽微	重点的に検査
S		影響なし	健全	

表 2.30 組み合せから決まる判定区分 [14]

進行性＼冗長性	a	b	c	s
a	A₁	A₁	A₂	A₂
b	A₂	A₂	B	C
c	B	B	C	C
s	C	C	C	S

表 2.31 進行性及び冗長性の評価表(1) 「進行性」 [14]

評価ランク	状況
a	変状を発見してから4〜5年以内(全般検査で1回見落としを考慮)に機能の限界もしくはその部材(品)の破断等に達する可能性のあるもの.
b	変状を発見してから10年(塗装期間)以内に機能の限界もしくはその部材(継手)の破断等に達する可能性のあるもの.
c	変状が認められるものの進行は遅く,計算上設計想定寿命程度は満足できると思われるもの.
s	変状が発生しても通常はほとんど進展しないか,進展しても破断に至らないもの.

表 2.32　進行性及び冗長性の評価表(2)　「冗長性」[14)]

評価ランク	状　　況
a	直接部材や構造物の安全を脅かす著しい機能低下や崩壊につながるもの.
b	連鎖的もしくはある特定の使用条件になった時に構造物の著しい機能低下や崩壊に結びつくもの.
c	耐久性の低下として長期的には機能低下や崩壊に結びつくもの.
s	その継手や部材が崩壊しても構造物全体の強度や機能にあまり影響を与えないもの.

表 2.33　損傷の影響を大とする項目 [14)]

①放置すると他に多大な影響を及ぼすもの. ②多発する可能性のあるもの. ③早期対策が維持管理上著しく有利なもの. ④他にも同類の箇所があり，その箇所の検査が比較的難しいもの. ⑤構造物としての重要度が特に高いもの.

第2章 鋼構造物の診断・劣化予測

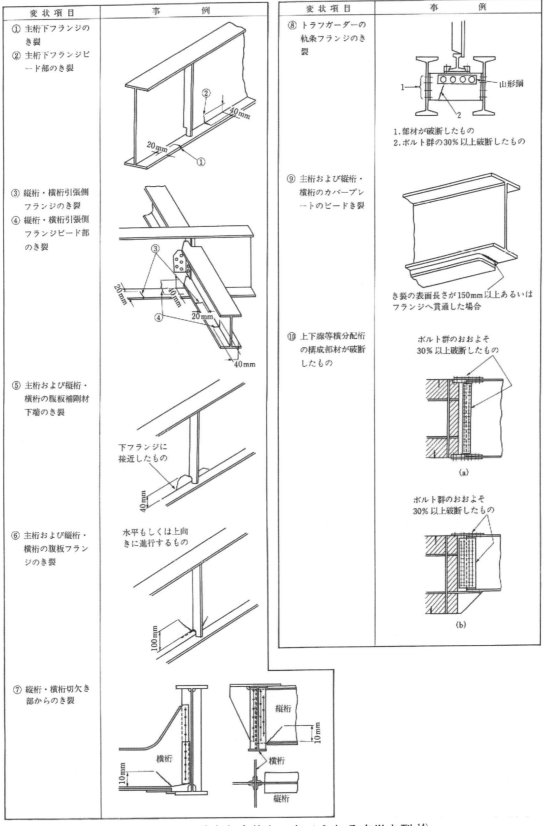

図 2.52 重大な変状とみなせられる疲労き裂[14]

【参考文献】

1) 日本鋼構造協会：テクニカルレポート 71 号, 鋼橋の疲労耐久性向上・長寿命化技術, 2006.

2) 日本鋼構造協会：鋼構造物の疲労設計指針・同解説, 2012.

3) 日本道路協会：鋼橋の疲労, 1997.

4) 阪神高速道路株式会社：阪神高速における鋼橋の疲労対策【第三訂版】, 2012.

5) 村越潤, 澤田守：古い年代の鋼部材の材料・強度特性から見た状態評価技術に関する研究, 2009.

6) 国土交通省：橋梁定期点検要領, 2014.

7) 名阪国道の橋梁保全に関する検討委員会：国道 25 号「名阪国道」の橋梁保全対策について,
   http://www.kkr.mlit.go.jp/nara/ir/press/h18data/press20061110.pdf, 2006.

8) 首都高速道路技術センター：鋼道路橋と疲労損傷, 2004.

9) 牛越裕幸, 佐々木一哉, 今井正智, 増井隆, 高草木智也：鋼 I 桁の主桁端部の疲労損傷補修,
   土木学会第 59 回年次学術講演会, 2004.

10) 国土交通省道路局国道・防災課：橋梁定期点検要領, 2014.6

11) 国土交通省道路局：道路橋定期点検要領（技術的助言）, 2014.6

12) 東・中・西日本高速道路株式会社：保全点検要領, 2017.

13) 阪神高速道路株式会社：道路構造物の点検要領（共通編　土木構造物編）, 2005.

14) 鉄道総合技術研究所：鋼構造物補修・補強・改造の手引き, 1992.

2.3.3. 残存寿命の評価

(1) 概要

疲労き裂が発生している場合，き裂による脆性・延性破壊や全断面降伏の危険性，発生時期の予測を目的としてき裂進展解析が行われることがある．一般的には破壊力学的アプローチによりこれらの評価がなされる．破壊力学理論の詳細な説明は破壊力学の教科書[1]に譲り，その解析的な評価事例を後述する．それらによると，疲労き裂進展寿命の大半は疲労き裂寸法が小さい間に費やされるため，初期き裂を精度よく計測することができれば寿命を精度高く予測できる．すなわち，適切な診断や余寿命予測のためには，非破壊検査などでき裂寸法を精度高く計測することが求められる．

また，脆性・延性破壊や全断面降伏などの破壊モードに移行するき裂寸法である限界き裂寸法は，構造物架設場所の最低気温や靭性値などを影響因子として持つため，これらについても計測する手法が求められる．このように初期き裂や環境条件等の高精度な計測，そして限界き裂の高精度な見積もりにより，寿命が的確に予測できると期待できる．

(2) 事例

1) 残存寿命の解析的評価の事例

一般的な疲労き裂の発生，進展の寿命は前述のように，レインフロー法による応力頻度分布の評価に基づいて行われる．一方，実構造物に発生した疲労き裂の進展を予測して余寿命を算定するためには，実際の構造モデル，載荷条件を再現した解析が必要となる．

前述のように，破壊力学に基づく疲労き裂の進展に関する解析的な評価は疲労照査に有効な手法であるが，従来は比較的単純な接ぎ手等の解析にのみ適用されてきた．しかし，最近はコンピューター性能の向上に伴い，部材レベルの評価が可能な汎用コードも見られるようになってきた[22]．

実橋に発生した疲労き裂の進展を解析によって検証し，余寿命評価を行った事例として，山添橋の主桁ウェブに発見された疲労き裂に関する検討事例がある[2]．評価対象構造物は，図 2.53 上に示すような 3 主桁 2 径間連続プレートガーダー橋である．疲労き裂は，同図下に示すように，主桁が横桁と交差する位置に設けられたスカーラップ部から発生し，主桁中を進展した．

発見された疲労き裂に対する効果的な対策の検討を目的として，3 次元の汎用破壊力学シミュレーションコードである Zencrack7.4 と有限要素プログラム MSC.Marc をリンクさせて，実橋梁を再現したモデルに対するき裂進展シミュレーションが行われた[2]．そして，スカーラップ部の形状について，横桁フランジ下面を主桁ウェブに接合しない片側溶接モデルと，結合した両側溶接モデルの 2 つのタイプについて，損傷の進展に伴う部材や橋梁の全体挙動の変化の比較を実施している．なお，応力拡大係数の算定には仮想き裂進展法を用い，進展方向は最大エネルギー解放基準を適用し求めている．またき裂進展速度式は Paris 則を用いている．

解析により得られたき裂進展形状を図 2.54 に示す．上記の二つのモデルともに，水平方向に徐々に向きを変えながらき裂が進展している．この形状は実橋において観察されたものを良く再現しており，ここで用いた解析手法の有効性が確認できる．

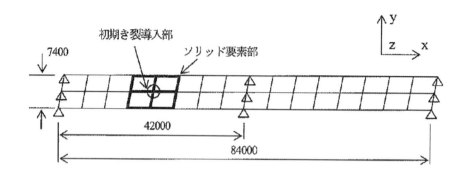

図 2.53 評価対象構造物と解析モデル

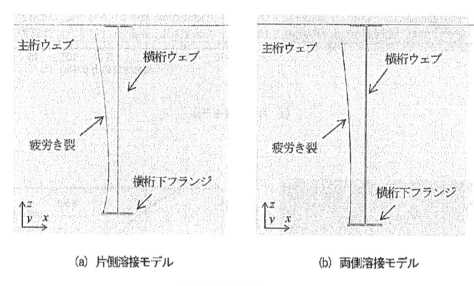

図 2.54 き裂進展形状

さらに，交通荷重を山添橋において計測結果に基づき，交通量約6万台／日，大型車混入量50%と設定したき裂進展解析を行い，き裂長1100mm（実際に山添橋で発見されたき裂長）になるまでの寿命推定を行った．二つの評価モデルのうち対象橋梁に近い片側溶接モデルの結果では，き裂長が1100mmに達する寿命は約60年となっており，山添橋で報告された結果と比較的形状が良く一致していることが報告されている．また，横桁下フランジ下面を主桁ウェブと接合することで，接合しない場合と比べて寿命が約2倍となることを明らかにしている．ここで示す結果のように，き裂進展シミュレーションはき裂の進展性や残存寿命の推定を可能とし，補修，補強対策の立案に有効なものと考えられる．

2) 限界き裂長さの検討例

文献(3)では，既設鋼橋から切り出した鋼材試験片を用いて，破壊靭性値（CTOD試験）とシャルピー衝撃試験を行い，古い年代に建設された鋼橋の破壊靭性値について検討をおこなうとともに，鋼主桁の面外ガセット継手を主な対象として，限界き裂長さについて試算を実施している．検討では，一般溶接構造物に用いられる鋼材を対象とした脆性破壊発生に対する評価手法として提案されているWES2805を参考に，試験及び評価を実施している．

具体的には，図 2.55 に示すフローにより，限界き裂長の算出に必要な，破壊靱性値を検討している．破壊靱性値を試験から算出する方法としては，比較的板厚の小さい既設鋼橋の鋼材片から試験体を採取するため，CTOD 試験（4 橋の 4 鋼材で実施）とシャルピー衝撃試験（13 橋の 14 鋼材で実施）を採用している．供試体の概要と試験項目については表 2.34 に記載している．

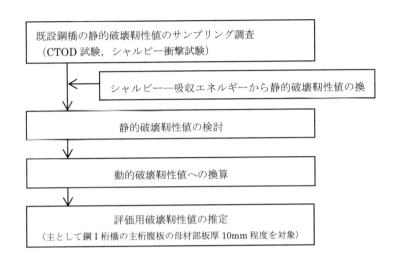

図 3.21 破壊靱性値の検討フロー

表 2.34 供試鋼材の概要と試験項目一覧

供試鋼材番号/供試鋼材の詳細						CTOD試験 WES 1108	シャルピー衝撃試験 JIS Z 2242		化学成分 (%) C : JIS G 1211 S : JIS G 1215 Mn, Si, P : JIS G 1253					機械的性質 (引張試験結果 3体の平均) JIS Z 2241 (JIS5号試験片)		
番号	建設年次	採取した橋梁の形式,採取部位,板厚			鋼種	3点曲げ試験片	フルサイズ (10mm)	ハーフサイズ (5mm)	C	Mn	Si	P	S	上降伏点 (MPa)	引張強さ (MPa)	伸び (%)
No.1	T14	桁橋	主桁腹板	10mm	SS39[旧]	—	—	32体	0.170	0.540	0.003	0.015	0.028	280	432	39
No.2	S9	トラス	縦桁腹板	9mm	SS39[旧]	—	—	30体	0.237	0.510	0.070	0.017	0.009	315	480	38
No.3	S11	トラス	横桁腹板	10mm	SS39[旧]	38体	—	30体	0.087	0.230	0.004	0.015	0.037	264	359	44
No.4	S28	桁橋	主桁腹板	10mm	SS41	—	—	30体	0.097	0.300	0.003	0.012	0.021	280	373	44
No.5	S28	トラス	斜材	9mm	SS41[旧]	—	—	30体	0.190	0.420	0.004	0.007	0.033	286	435	41
No.6	S29	桁橋	主桁腹板	12mm	SS41[旧]	35体	—	30体	0.200	0.480	0.008	0.011	0.033	293	448	36
No.7	S29	トラス	縦桁腹板	8mm	SS41	32体	—	30体	0.160	0.420	0.006	0.007	0.023	308	427	40
No.8	S38	桁橋	主桁腹板	14mm	SM50[旧]	—	30体	—	0.170	1.270	0.300	0.013	0.006	352	542	42
No.9	S39	桁橋	主桁腹板	9mm	SS41	—	—	32体	0.160	0.580	0.071	0.010	0.029	312	433	39
No.10	S41	桁橋	主桁腹板	11mm	SM41B	34体	—	32体	0.200	0.710	0.058	0.021	0.021	307	469	41
No.11	S45	桁橋	主桁腹板	13mm	SM50Y[旧]	—	30体	30体	0.184	1.230	0.010	0.015	0.017	430	544	38
No.12	S55	桁橋	主桁腹板	10mm	SM50Y[旧]	—	48体	—	0.196	1.270	0.280	0.017	0.006	420	571	37
No.13	S55	鋼製橋脚	フランジ・ウェブ	28mm	SM50YB	—	—	30体	0.180	1.410	0.380	0.018	0.004	451	597	48
No.14	S55	鋼製橋脚	フランジ・ウェブ	28mm	SM58	—	—	30体	0.130	1.280	0.270	0.014	0.004	566	662	43

注）鋼種を特定する既存資料が残っておらず，引張試験結果から推定した．

CTOD試験は試験片の採取方向による影響を考慮して，板の長手方向と幅方向の2方向から試験片を採取し，疲労予き裂入りの静的3点曲げ試験片を用い，WES1108に準拠して試験を実施している．限界CTOD値δ_cは次式により算出している．なお，試験温度は-100，-60，-40℃の基本温度に加え，限界CTOD値の上部棚から下部棚までの変化傾向を把握できるような試験温度を追加し，試験を実施している．

$$\delta_c = \frac{K^2(1-\nu)}{2\sigma_Y E} + \frac{\gamma_p(W-a_0)V_p}{r_p(W-a_0)+a_0+z} \quad (7)$$

$$K = YP/BW^{1/2} \quad (8)$$

$$Y = 4\left[2.9\left(\frac{a_0}{W}\right)^{1/2} - 4.6\left(\frac{a_0}{W}\right)^{3/2} + 21.8\left(\frac{a_0}{W}\right)^{5/2} - 37.6\left(\frac{a_0}{W}\right)^{7/2} + 38.7\left(\frac{a_0}{W}\right)^{9/2}\right] \quad (9)$$

$$\sigma_Y = \sigma_{Y0}\exp\left\{(481.4-66.5\ln\sigma_{Y0})\left(\frac{1}{T+273}-\frac{1}{293}\right)\right\} \quad (10)$$

ここで，
Y：応力拡大係数の補正係数
P：限界CTOD値時の荷重(kN)
B：試験片厚さ(mm)
W：試験片幅(mm)
σ_Y：試験温度における材料の降伏点又は0.2%耐力(MPa)
σ_{Y0}：室温における材料の降伏点又は0.2%耐力(MPa)
E：材料の縦弾性係数($= 2.06\times10^5$MPa)
ν：ポアソン比($= 0.3$)
r_p：回転係数($= 0.4$)
V_p：限界CTOD値のクリップゲージの開口変位(mm)
a_0：初期き裂長さ(mm)
z：ナイフエッジの高さ($= 1$mm)

CTOD試験の試験結果をまとめたのが，図2.56である．図中には試験結果のばらつき（標準偏差σ）を用いて，各試験片及び採取方向ごとに求めた回帰曲線から-2σ離れた位置の曲線を示しており，限界CTOD値の平均値-2σ曲線のうち，最も下限側にある曲線が実施した全てのCTOD試験結果よりも低くなっていることがわかる．

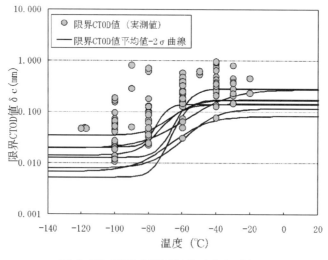

図2.56 CTOD試験結果（まとめ）

また，図2.57に示すように，鋼種と年代をパラメータとしたシャルピー衝撃試験が実施されている．試験片には，JIS Z 2242で示されている2mm Vノッチ型フルサイズ（10mm）もしくはハーフサイズ（5mm）を用いている．なお，ハーフサイズの試験結果はハーフサイズとフルサイズの両方で試験した供試鋼材の試験結果を基に，フルサイズに換算している．試験温度は，-60，-

40, -20, 0℃を基本温度とし，シャルピー吸収エネルギー及び脆性破面率の上部棚から下部棚までの変化傾向を把握できるような試験温度を追加して試験を実施している．

図 2.57 では 0℃におけるシャルピー吸収エネルギーの試験結果を鋼種ごとに年代順で示しているが，400 キロ級鋼材に関しては昭和 20 年代後半の鋼材の結果がやや低く，最低値は 24J であったのに対して，高強度の SM50Y，SM58 については他の鋼種と比べ高い傾向にあった．

図 2.58 では WES で提案されている，シャルピー吸収エネルギーと限界 CTOD 値の相関式により求まる限界 CTOD 値（換算値）と，CTOD 試験により求まる限界 CTOD 値（実測値）とを比較している．なお，WES で提案されている相関式は次式である．

$$\delta_C(T) = \frac{1}{250} \cdot vE(T + \Delta T) \tag{3.5}$$

$$\Delta T = 87 - 0.10\sigma_{Y0} - 6\sqrt{t} \tag{3.6}$$

ここで，$\delta_c(T)$：評価温度 T（℃）における限界 CTOD 値の平均値（mm）

$vE(T + \Delta T)$：温度 $T + \Delta T$（℃）におけるシャルピー吸収エネルギーの平均値（J）

σ_{Y0}：室温における材料の降伏点又は 0.2%耐力（MPa）

t ：対象とする鋼板の厚さ（mm）

である．

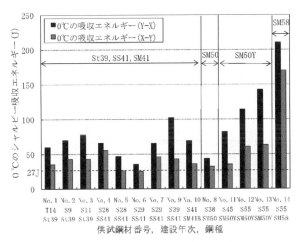

図 2.57 シャルピー衝撃試験結果（まとめ）

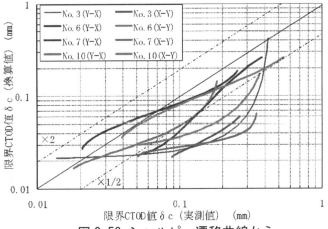

図 2.58 シャルピー遷移曲線から推定した CTOD 遷移曲線と試験結果の比較

WES の提案式は比較的ばらつきが大きい鋼材がみられるが，限界 CTOD 値（換算値）は，限界 CTOD（実測値）と比較して低い傾向が見られ，安全側となっていることから，シャルピー衝撃試験結果から限界 CTOD 値を推定したデータを併せて評価に使用することとしている．破壊靭性値の下限値推定に際して，破壊靭性値がひずみ速度の影響を受けることから，静的破壊靭性値から動的破壊靭性値への変換に WES で提案している次式を用いている．

$$\delta_C(衝撃荷重:T) = \delta_C(静的荷重:T + \Delta T_d) \tag{3.7}$$
$$\Delta T_d = -20(log_{10}\dot{\varepsilon} + 4)(\dot{\varepsilon} > 10^{-4})$$
$$\Delta T_D = 0 \qquad (\dot{\varepsilon} \leq 10^{-4})$$

ここで，T ：評価温度（℃）
　　　　ΔT_d：評価対象の温度からの移動量（℃）
　　　　$\dot{\varepsilon}$ ：ひずみ速度（/sec）

　ひずみ速度は，過去の調査結果の主桁下フランジで確認された最大ひずみ $3.7×10^{-4}$ が車両速度 80 km/h と支間長 20m の橋梁で発生した場合のひずみ速度が約 $8.3×10^{-4}$/sec であるため，主桁に生じる最大のひずみ速度を 10^{-3}/sec とし静的破壊靭性値から動的破壊靭性値に換算するための評価温度からの移動量ΔT_dを-20℃としている．また，温度に関しては道路橋示方書に準じて，普通および寒冷地方に対してそれぞれ-10℃，-30℃を設定している．以上の，ひずみ速度と温度の条件を踏まえ，動的破壊靭性値（限界 CTOD）の下限値を算出するにあたって，普通の地方，寒冷な地方のそれぞれの評価温度(-10℃，-30℃)について，ひずみ速度の影響分の-20℃をシフトさせた，-30℃，-50℃における静的破壊靭性値（限界 CTOD 値）を用いることとしている．

　図 2.59 は CTOD 試験結果およびシャルピー衝撃試験結果から推定した限界 CTOD 値に，CTOD 試験で得られた平均値-2σ曲線（σ：標準偏差）と，供試鋼材及び採取方向ごとにシャルピー衝撃試験結果を回帰して求めた平均値曲線から CTOD 試験のばらつきを考慮した平均値-2σ曲線を示している．限界き裂長の算出に用いる温度の-30℃，-50℃において，破壊靭性値の最低値は，約 0.058mm（-30℃），約 0.027mm（-50℃）となることがわかった．

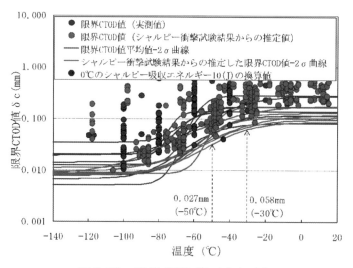

図 2.59　限界 CTOD 値（まとめ）

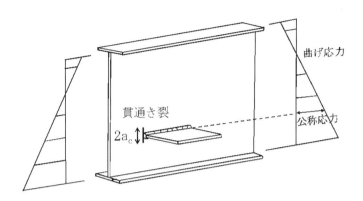

図 2.60 限界き裂長の対象とした主桁面外ガセット継手

また，図 2.60 に示すような鋼 I 桁橋の面外ガセット継手を対象として限界き裂長の検討を実施している．き裂の脆性破壊への以降の判定および応力拡大係数は次式で表される．

$$K \geq K_C$$
$$K = F \cdot \sigma \sqrt{\pi a} \tag{3.8}$$

ここに，F：継手に生じる応力集中等に対する補正係数
　　　　σ：公称応力（MPa）
　　　　a：き裂長さ（mm）　である．

貫通き裂を想定し $F=1$ を与えるとともに，溶接残留応力の開放を見込み，面外ガセット位置の作用応力を下フランジ位置の許容応力度の 90%と仮定し，限界き裂長の算出を上式に次式を適用し求めている．なお，応力勾配の影響はないと仮定している．

$$K_C = \sqrt{\delta_C \cdot E \cdot \sigma_Y} \tag{3.9}$$

$$\text{限界き裂長さ} \quad 2a_C(T) = \frac{\partial \delta_C(T) \cdot E \cdot \sigma_Y(T)}{\pi \cdot \sigma^2}$$

ここで，限界き裂長に約 0.058mm（-30℃），約 0.027mm（-50℃）を用い，降伏点には，各種鋼材の保証降伏点とした場合について限界き裂を試算すると図 2.61 のようになる．このようにして算出された限界き裂長について，既設橋の場合，鋼材の破壊靭性値や応力の状態が不明であるため，緊急の度合いを把握するうえでの参考になるとしている．

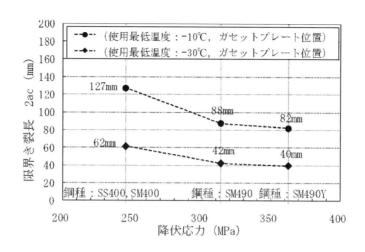

図 2.61　限界き裂長の試算結果

【参考文献】

1) 例えば，T.L. Anderson，粟飯原周二（監修),金田 重裕(翻訳)，吉成仁志（翻訳）：破壊力学（第3版） － 基礎と応用，森北出版株式会社, 2011.
2) 日本鋼構造協会： 疲労損傷を受けた鋼橋の耐久性評価および耐久性向上技術，日本鋼構造協会 2009.
3) 村越潤,澤田守：既設鋼道路橋から切り出した鋼材片の破壊靭性値と限界き裂長に関する検討，鋼構造論文集， Vol. 19, No. 73, 2012.

2.3.4 補修補強効果の確認

　疲労による損傷は疲労き裂の発生，進展には一般的に長い時間を要することから，補修補強等の対策の効果が実際に確認されるためにも多くの時間の経過が必要となる．しかし，実際に構造物の疲労対策では，施工がなされてからそれほど時間がたっていないものも多く，補修補強の効果については十分なデータは未だ得られていない[1]．

　補修補強の妥当性の確認のためには，対策工の設計において仮定した構造物の挙動や変状の妥当性を確認することが重要となるため，文献(1)では以下のような考慮が求められると指摘されている．

　　① 補修補強を行った箇所について通常の定期点検の他に，頻度の高い計画的な点検（追跡点検）を実施し，損傷の再発の有無を確認する，あるいは補修補強箇所の周辺部において新たな損傷の発生の有無を確認する．

　　② 必要に応じて補強前後において応力・変位測定を実施し，補強により損傷の原因となった応力，変形の低減がなされているかどうかを確認する．

　またこのような補修効果を確認した結果は，補修補強を施した橋梁のためだけではなく，今後の同種の損傷に対する補修補強対策の立案のためにも有用な基礎データになることが示されている．

　実構造物における疲労損傷の補修に関する報告としては，補修内容の報告を主目的とするものが多く，上記の①のような補修効果の報告は例えば文献(2)のように検討された事例があるものの，その数は少ない．今後，誤った補修補強工事による再劣化が顕在化した場合は，その状況の整理と原因の分析を行い，データの蓄積を図ることが重要となる．

　一方，②については，対策工法の有効性の検証として幾つかの事例が報告されている．例えば，文献(3)の事例では，鋼床版トラフリブの溶接部に疲労き裂が発生し，その恒久的な対策として，損傷部のトラフリブを新しい部材に取り替える補修を実施し，その効果の確認のため補修前後の応力変動の計測を実施している．損傷の発生位置を図2.62の左図に示すが，その損傷部のトラフリブを切断し，同図右に示すような部材に取替を行っている．補修効果の確認のための計測として，i)取替境界部，ii)横リブ，iii)既設リブと新設リブの応力伝達部，iv)リブ健全部について，平日の一般車両通行時の応力変動を72時間計測し，レインフロー法による頻度解析と応力性状の確認を実施した．図2.63に示すように，各評価点における等化応力範囲，応力変動波形ともに，取替によって応力が大幅に低減していることが分かった．また，取替境界部に新たな応力集中は発生していないことも確認された．

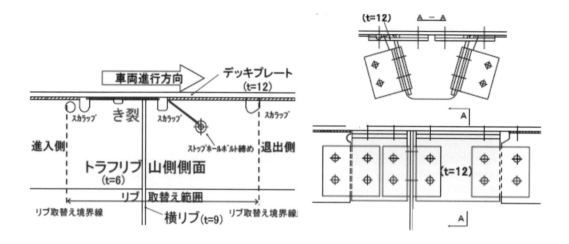

図 2.62 損傷発生部位と補修方法

部位	測定点	方向	取替前 σ_e	取替後 σ_e	健全部 σ_e	取替後/取替前	取替後/健全部
デッキプレート	a 点	橋直	—	9.4MPa	17.6MPa	—	53%
	b 点	橋軸	22.8MPa	8.6MPa	—	38%	—
トラフリブ	c 点	橋軸	19.8MPa	12.2MPa	—	62%	—
	d 点	鉛直	22.8MPa	11.5MPa	17.5MPa	50%	66%
横リブ	e 点	水平	22.2MPa	11.4MPa	—	51%	—
	e' 点	鉛直	14.3MPa	11.9MPa	—	83%	—
	f 点	斜め	26.1MPa	9.0MPa	—	34%	—
	f' 点	斜め	22.9MPa	9.5MPa	—	41%	—

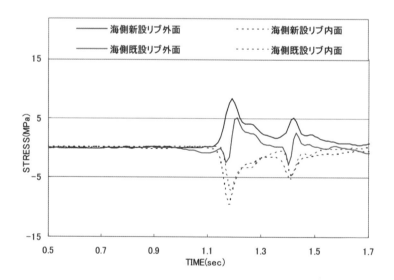

図 2.63 補修による発生応力の変化と応力変動

【参考文献】
1) 日本道路協会：鋼橋の疲労，1997.
2) 伊藤裕一, 関雅樹, 名取暢, 三木千寿, 市川篤：35年間使用した溶接構造鋼鉄道橋の解体調査, 土木学会論文集724巻, I-62, pp.37-48, 2003.
3) 斎藤豪, 鳥羽正樹, 木ノ本剛, 大道裕紀：鋼床版トラスリブの取替えによる補修の効果と応力性状の確認, 土木学会第63回年次学術講演会, I-202, 2008.

2. 4. その他の損傷

腐食と疲労に加えて，変形や高力ボルトの遅れ破壊なども適切に取り扱う必要がある．

変形は地震や衝突などにより生じることが考えられ，それにより構造物の安全上の問題となっていたり，使用上の支障となったりしてはいけない．すなわち，仕様で定められているたわみ許容値などを満たしていない場合には補修や補強・取替などの対策を行う必要がある．また，橋梁定期点検要領[1]では以下の**表2.35**のように損傷の評価区分を定めている．さらに，国土技術政策総合研究所の道路橋の定期点検に関する参考資料[2]や国土交通省の道路橋定期点検要領[3]には判定例の写真等も掲載されており，これらの事例集も参考になる．

表2.35 橋梁定期点検要領による変形損傷の評価区分[1]

区分	一般的状況
a	損傷なし
b	-
c	部材が局部的に変形している． 又は，その一部が欠損している．
d	-
e	部材が局部的に著しく変形している． 又は，その一部が著しく欠損している．

高力ボルトの遅れ破壊は水素脆化の一形態であり，荷重が負荷されてからある時間経過後に突然脆性的に破壊する現象である[4]．この遅れ破壊は，腐食により高力ボルトに水素が供給され，そして応力集中部に蓄積した水素により破壊強度が低下することで発生するものである．この現象は特に F11T 以上の強度を持つ高力ボルトで多く見られることが知られており，点検により評価し場合によっては取り替える必要がある．

点検手法としては目視で腐食やゆるみなどが発生していないか確認するもの以外に，第1章で述べられているようにたたき検査によるもの，超音波探傷試験によるものなどがある．このうちたたき検査は定量的な評価手法があるわけではなく，感触や振動などに異常がないか確かめる方法であり，簡便であるが経験・技量に左右される．超音波探傷試験は，ボルトの端部から探傷し，反射エコーから損傷の有無を判定する方法であり，特に健全な状態と比較すると損傷検出の精度が高い．これらの点検手法から損傷ランクを判定している例[5]もあり，その損傷ランク判定基準の例を**表2.36**に示す．

他の手法として，鋼構造協会などによりまとめられた H_E^*/H_C^* 法などがある[4]．H_E^*/H_C^* 法は切欠先端部ないしボルトねじ底の局所限界水素濃度の破壊を起こさない上限値 H_C^* と，局所侵入水素濃度 H_E^* を比較することで，$H_C^*>H_E^*$ の時にボルトは破壊しないと評価するものである．いずれの点検手法を用いるにせよ，まずは F11T や F13T などがどこに使用されているか図面，あるいはボルトヘッドマークの確認により認識をしておくことが重要である．

表 2.36　接合部に着目した損傷ランク判定基準の例

損傷ランク (対応)	A (要緊急対応)	B (要対応)	C (対応不要)	D (異常なし)	備考
発錆腐食	①損傷が著しく構造物の安全性が短期間に失われる可能性がある場合(A0) ②部材落下や漏水により第三者被害を起こす可能性がある場合(A1) ③HT ボルト，リベット，普通ボルト，アンカーボルトおよびナットの緩みや超音波探傷で発見された内部欠損はA1 ランクとする	①断面欠損を伴う発錆腐食がある場合 ②比較的広範囲に渡る発錆腐食がある場合 ③構造重要部位に発錆腐食がある場合	①断面欠損を伴わない発錆腐食がある場合 ②範囲の狭い発錆腐食がある場合	損傷等がない場合	・鋼構造物は接近点検および徒歩目視点検を主な点検とする．なお，HTB(F11T)に対しては超音波探傷検査で点検を行う． ・徒歩目視点検では確認可能な範囲で先の判定を行うが，以下の構造重要部位について特に着目して点検を行う． 【構造重要部位】 ①鋼桁 鋼床版張出部，支間中央部，桁端部，支承周辺部，ゲルバーヒンジ部，切欠部，部材交差部(主桁横桁交差部等),添接部(HT ボルト，リベット，溶接部) ②鋼橋脚 支間中央部，隅角部，支承周辺部，添接部 HT ボルト，リベット，溶接部)，基部
塗膜劣化および汚れ		①劣化(フクレ，ワレ，ハガレ)が相当範囲に広がっている場合 ②劣化が構造重要部位に発生している場合 ③変退色や汚れが目立ち不快感を与える場合	①劣化が構造重要部位以外に発生している場合 ②変退色や汚れが発生している場合		
脱落，緩み (接合部)		HT ボルト，リベット，普通ボルトの脱落がある場合			

【参考文献】

1) 国土交通省道路局国道・防災課：橋梁定期点検要領, 2014.6

2) 国土交通省国土技術政策総合研究所：道路橋の定期点検に関する参考資料－橋梁損傷事例写真集－, 2004.

3) 国土交通省道路局：道路橋定期点検要領（技術的助言）, 2014.6

4) 日本鋼構造協会：高力ボルトの遅れ破壊特性評価ガイドブック, JSSC テクニカルレポート 91, 2010.

5) 土木学会：高力ボルト摩擦接合継手の設計・施工・維持管理指針(案), 鋼構造シリーズ 15, 2006.

2.5. 更新

　構造物の更新は，物理的要素の観点からなされるもの，機能的要素の観点からなされるものがある．物理的要素の観点による更新というのは，保有性能が低下しているために更新を行うような事例を指し，機能的要素の観点による更新というのは供用期間中の要求性能の変化による更新を指す．例えば，鋼橋の場合，**表2.37**に国土技術政策総合研究所により架替の原因がまとめられており [1]，それによると幅員狭小のためすれ違いが困難であるなど機能上の問題で行われることが多く70%~80%を占めているが，構造上の問題で行われることもある．他にも社会情勢の変化等により維持管理コストが増大するため更新を行うといった経済的要素の観点からなされるものもある．本報告書は構造物の長寿命化のための技術についてまとめているものであり，特に，物理的要素の観点について以下に述べる．

　長寿命化はそれ自体が目的ではなく，あくまでも安全性の向上やライフサイクルコストの低減等が目的であり，そのための更新という選択肢があり得る．特に，修復が困難な損傷を受けた構造物については，長寿命化と更新を比較した上で更新を選択するのは合理的な判断である．例えば小規模橋梁において，部材寸法が小さいため当て板等の補修・補強が困難な場合などが考えられる [2]．なお，鋼橋の場合，上記の文献(1)に架替の原因がまとめられており，それによると構造上の問題の中では上部構造の損傷が原因のものが多く，平成18年度の調査では鋼材の腐食が50%，床版の破損が30%とこの2種類の損傷が上位を占めていた．また，建設当初の設計・施工の不具合のため損傷が多発し，抜本的対策のために更新を行った事例もある [3]．

　いずれにせよ，更新は通行止め等の社会的損失を伴うものであり，なぜ更新という選択肢を選んだか，その判断基準となった将来予測や根拠を工学的に説明することが重要になる．文献(4)では，鋼桁，吊橋ハンガーロープ，アーチ橋の吊材，トラス橋，送電鉄塔，ラジアルゲートの脚柱部について，部材取替により性能回復を行った実例や取替を行った根拠が示されている．例えば，当て板での性能回復が困難で部材取替が経済的に優位なために取り替えた事例，大変形が生じて過熱矯正などによる復元が不可能なため取り替えた事例，設計時に考慮していない断面力や損傷が生じたためそれに対応した部材に取り替えた事例が紹介されている．

表2.37　橋梁架替理由の内訳

	昭和52年度	昭和61年度	平成8年度	平成18年度
上部構造の損傷	295	280	252	179
下部構造の損傷	71	44	32	22
耐荷力不足	29	208	100	60
機能上の問題	248	314	542	319
改良工事	778	682	894	688
耐震対策	0	54	38	23
その他	124	109	65	51
合計	1545	1691	1923	1342

【参考文献】

1) 国土交通省国土技術政策総合研究所：橋梁の架替に関する調査結果(IV)，国総研資料第444号，2008.

2) 土木学会複合構造委員会：社会インフラの改築・更新のあり方を考える，土木学会平成26年度全国大会研究討論会　研-20資料，2014.

3) 高田佳彦，RC単純桁の損傷と桁架け替え工事報告，土木学会第57回年次学術講演会，V-298，2002.

4) 土木学会：腐食した鋼構造物の性能回復事例と性能回復設計法，鋼構造シリーズ 23，丸善，2014.

第3章 鋼構造物の長寿命化技術

3.1 はじめに

　道路橋などにおける鋼構造物は，道路ネットワーク等の要であり，重要な都市基盤施設として種々の機能を果たすとともに，地域のランドマークともなっている．鋼構造物の寿命を考えた場合，人間と同じように専門医による適切な診察，診察結果を基に行われる診断，そしてその後の処置によって，その寿命は大きく変わることとなる．供用している鋼構造物の性能や機能を適切に評価するための点検，そして，診断の結果，必要となる塗膜の塗り替えなど防食機能回復，疲労損傷を防止するための構造の改善，環境の変化に対処する補修・補強などを効果的に行うことで，鋼構造物の寿命を限りなく延ばすことが可能となる．そこで，寿命を延ばすことのできる対策についてみた場合，鋼構造物の維持管理における対策工の検討では，損傷等の現象に対して，それを対策するための工法として，損傷の原因を除去するような考え方等で方針を決定して工法が適用されている場合が多い．実務的には，損傷の程度に応じて，対策工法を選定するようなことが多く，工法選定では，適用性，費用，施工性，維持管理性などを総合的に比較して，工法選定していることが多い．対策工には，「安全性」，「耐久性」等の性能を維持・回復するようなことを期待しているが，維持管理の対策において，時間の経過をどこまで考慮しているのかは，不明確なところがある．したがって，その対策を実施したことで，どのようなリスクに対応したのかは判りづらいところがある．すなわち，「安全」であるか「危険」であるか2項対立のような状況で性能を判断したことになっており，寿命を延ばすためには必ずしも最適な判断であるとは限らないと考えられる．そもそも，対象となる構造物が現在を含めて，将来にわたって「安全」か「危険」か，もしくはその間の領域を含めて，どこに位置しているかを評価する必要がある．そのような観点から，リスクに対する考え方を取り入れ，リスクマトリクスの視点から長寿命化技術のニーズを把握する方法論を検討し，この視点から鋼構造物の補修・補強技術を整理することを試みた（3.2 鋼構造物の対策技術の現状）．次に，長寿命化技術としての補修・補強に着目し，これらの設計に求められることを検討した（3.3　長寿命化技術の設計に求められること）．また，設計された長寿命化技術を適切に施工するための留意事項を抽出・整理した（3.4　長寿命化対策の施工に関する留意事項）．最後に，予防保全型と事後保全型それぞれの長寿命化対策事例と，長寿命化のニーズを解決するために用いられた新たな技術シーズの適用事例について紹介している（3.5　鋼構造物の長寿命化対策事例）．

3.2 鋼構造物の対策技術の現状

　構造物の供用期間中には，寿命を阻害する様々な要因が発生する．これらの要因により寿命を阻害されることのないよう，新規に構造物を計画・設計・施工する段階，建設された構造物を維持管理する段階それぞれにおいて適切な手段を講じ，供用期間中に求められる鋼構造物の要求性能を満足させる必要がある．

　新規に構造物を計画・設計・施工する際，例えば，道路橋に関しては道路橋示方書があるように，一般的には当該構造物の設計基準が存在する．この設計基準には，構造物の要求性能が示されるとともに，構造物の要求性能を確保すべく，これまでに得られた技術的知見をもって性能を検証する手法や作用の考え方なども示される．

一方，構造物を維持管理する段階においては，設計当時に想定した要求性能の変化や供用期間そのものの変化，設計時には必ずしも明らかではなかった外力などの作用による早期の性能低下などが，構造物の寿命を阻害する．これら寿命を阻害する要素に対して，供用期間中，構造物が要求性能を満たすよう，点検（調査，性能評価，対策の要否判定）や対策（維持，監視，補修，補強，使用制限，取替など）を実施して長寿命化を図る．

本章では，リスクマトリクスの視点から長寿命化技術のニーズを把握する方法論を検討し，長寿命化するためには，どのような技術が求められるかを概観する．ここには，補修・補強技術だけでなく，点検にかかる技術，使い方等のソフト対策技術，さらには新規構造物の計画や設計時に導入する技術も含まれていることが認識できる．

3.2.1 長寿命化技術のニーズ

鋼構造物の寿命を阻害する要素には，長期の供用期間中に生じる要求性能の変化といった機能的側面や，外力の作用による劣化や損傷といった物理的側面がある．第1章や第2章からわかるように，これまでは，これらについて個別の指標を設定して，その程度を評価してきた．例えば，劣化や損傷に対して調査で得られた情報をもとに対策の必要性を評価すること，調査で得られた情報をもとに将来の対策の必要性を予測すること，グレードアップされた耐震基準に対して保有する耐震性能を評価することなどである．しかし，煎じ詰めれば，寿命を阻害する要素が鋼構造物に影響を及ぼす強さを表現したいのであるから，ここでは問題を単純にするため，「リスク事象の発生確率」として整理することを考えた．

他方，ある一定のリスク事象の発生を想定した場合，全ての鋼構造物で同じ影響を受けるというわけではない．例えば，同程度に対策の必要性が高い2つの橋があったとしても，交通量の多い橋と少ない橋では，その優先性が違って当然であろう．また，代替路があるかどうか（迂回時間の長さ）によっても優先性が違ってくるであろう．ここでは，こういった影響の程度の違いについても，問題を単純にするため，ひとつの指標に集約して表現することを考える．すなわち，費用便益分析で便益を貨幣価値化する方法が一般的には知られており，これを参考に，「リスクによる損失額」（損失額には，物質的な損失の他，社会経済に及ぼす影響も含む）で整理することを考えた．

そして，この「リスク事象の発生確率」と「リスクによる損失額」の視点から，鋼構造物の長寿命化技術のニーズを把握する方法を検討しようとすれば，自ずとこれらを2軸とする「リスクマトリクス」が浮かび上がる．リスクマトリクスを活用し，4つのカテゴリー（「回避」「軽減」「転嫁」「受容」）に分類して理解することで，鋼構造物の状況（健全度と重要度）に応じて，どのような長寿命化技術が求められるのか（どのようにして寿命が尽きるリスクを回避，軽減，転嫁，受容させるのか）を整理することができ，また，異なる複数のリスクに対する優先性を評価することも可能となる．

(1) リスクマトリクスと4つのカテゴリー

はじめに，リスクマトリクスの4つのカテゴリーである「回避」「軽減」「転嫁」「受容」について，鋼構造物の長寿命化の視点から，それぞれの内容を整理する．

リスクマトリクスでは，一般的に，一方の軸でリスク事象の発生確率や発生件数，他方の軸で

リスクによる損失額や一定期間の総損失額をあらわし，その2軸で表現される領域を4つのカテゴリーに分ける．そして，対象となる事象が，リスクマトリクスのどこに位置するかを理解することで，とるべき対策やそのタイミング等を検討する基礎情報を得る．このためには，リスクの発生確率や件数を直接的に計測したり，リスクが発生した場合の損失額等を計測したりすることが求められる．

第1章や第2章では，点検・調査等で得られる情報や，それらをもとに診断・劣化予測される情報について調査・検討した結果が整理されている．具体的には，構造物の状態，置かれている環境や利用状況などの情報を，点検や調査により得ているのが現状であり，これらは直接的にリスクの発生確率を導くかたちではないものの，要求性能に対する保有性能を評価あるいは予測することにより，いわば間接的にリスクを表現できるものであると考えられる．また，リスクが発生した場合の損失額等の情報についても直接には整理されていないのが現状であるが，間接的には，例えば道路橋に着目すれば，交通量，緊急輸送道路区分，代替路の有無（迂回時間），橋の大きさ（架替費用の大きさ）などの台帳に記載されている情報を活用して，社会的に及ぼす影響の程度を評価できると考えられる．

これらを踏まえて，ここでは，鋼構造物のリスク対応の概念は図 3.1 に示すようなリスクマトリクスとして表現することを提案する．

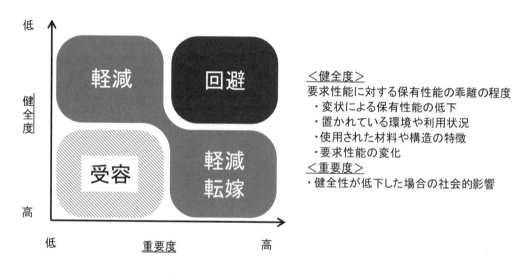

図 3.1　リスクマトリクスの概念

1)「回避」カテゴリー

構造物等の重要度が高いレベルでかつ，構造物や構造物を構成する部材（以下，「構造物等」という）の保有性能が要求性能に対して著しく低い状態である．例えば，国の基幹的な道路網に架かる鋼道路橋でかつ，これまでに重大な損傷が報告されている特定部位（ゲルバー部や桁端切欠部等）を有する場合などが，これに相当する．

このカテゴリーになることが想定される場合には，このカテゴリーになることをあらかじめ回避する措置をとる．

2)「軽減」カテゴリー

構造物等の保有性能が要求性能に対して低い状態であり，このまま対策をとらなければ将来的

に致命的になることが予測される状態，あるいは，構造物等の保有性能は要求性能に対して然程悪くないものの（健全度は低～中），構造物等の重要度が中～高レベルにある状態である．

前者については，例えば，鋼道路橋の桁端部が腐食により減肉している場合や，耐候性鋼橋で異常なさびが発生している場合などが，これに該当する．この場合には，変状により低下した保有性能を補修するなどして回復させたり，置かれている環境や利用条件を変更したりするなどの対策を講じて，寿命が尽きるリスクを軽減する措置をとる．

また，後者が想定される場合には，構造物等の機能的な位置付けを見直すことで軽減することもできる．例えば，鉄道橋としての使命を終えた後，一部を撤去せずに展望台として用途を変更した事例などが，これに相当する．

3)「転嫁」カテゴリー

構造物等の保有性能は要求性能に対して然程悪くないものの，構造物等の重要度が中～高レベルにある状態である（(2)の後者と同様）．

このカテゴリーにある場合には，万一のリスクの顕在化に備えて保険をかけたり，外部機関に運用を委託したりするなどして，リスクを転嫁する措置をとることもできる．

4)「受容」カテゴリー

構造物等の保有性能は要求性能に対して然程悪くなく，重要度も比較的に低レベルにある状態である．例えば，比較的良好な環境にかかる鋼橋で，建設後の経過年数が短い場合などが，これに相当する．

このカテゴリーにある場合には，1)～3)の措置を行わずに，例えば定期点検を行うなどして，リスクを受容する．

(2) 長寿命化技術の選定

1) 現実的なリスクマトリクス

　対策技術を選定するプロセスにおいて，はじめに構造物等がリスクマトリクスのどこに位置するかを把握し，次に将来的にはどこに移動していくかを予測したうえで，最適な対策技術を講じることが求められる．これは言い換えれば，第1章に示した点検や調査技術を駆使して鋼構造物の状態を特定するとともに機能的な重要度を把握し，第2章に示した診断や劣化予測技術を駆使して鋼構造物が将来どのような状態になるかを予測することが必要不可欠であり，そういったプロセスを踏んだ上で，さらにコスト，改善効果（どれだけ性能が向上できるか），効果の持続性（何年寿命を延ばせるか）などを考慮して対策技術を選定するということである．また，これまでに蓄積されてきた種々の知見を整理・分析することにより，変状しやすい構造特性や環境特性などを把握し，これを基に類似の構造物に対して，あらかじめ対策を検討するといった考え方もできる．

　鋼構造物の長寿命化対策におけるリスクを現実的に捉えれば，リスクマトリクスとして図3.1においては4つのカテゴリーの概念を表現したが，図3.2のようになると考えられる．すなわち，図3.1で示したように，ある重要度を境に「受容」と「軽減」の対応が明確に区別して志向されるというよりも，図3.2で示したように，徐々に「受容」と「軽減」の範囲が変化すると捉える方が現実的と言える．対策技術の選定においては，リスクを十分に把握した上で，現実的なリスクマトリクスを検討することが重要であると考えられる．

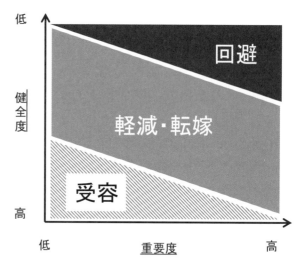

図 3.2　現実的なリスクマトリクスの概念

2) 長寿命化技術の考え方

　構造物等の重要度が然程高くない場合や，比較的劣化進行がゆるやかであることが知られている事象では，定期的な点検等により状態を把握するといった「受容」措置を講じつつ，一定程度劣化が進行していることが確認できた場合に「軽減」措置として補修工事を行うなど，事後保全的に対応を検討することができる．

　これに対して，重要度が高い構造物等の場合には，不測の劣化進行により寿命となることがないよう，その「受容」範囲を変状が軽微な状態にとどめ，早めに「軽減」措置としての補修工事を行ったり，場合によっては構造物を建設する段階で仕様を高めたり，予防保全的な対応を検討するのがよい．

　他方，同程度の重要度であっても，劣化進行が早かったり，知見が不足している事象については，点検頻度を短くしたり，モニタリングを行うなど，「受容」カテゴリーにおける対策を検討するのがよい．また，こういった事象における不測の事態を想定して，事前の「軽減」措置（予防保全的な対応）を検討することも考えられる．

　さらに，検査路や点検設備を整備することで，図3.3に示すような「受容」カテゴリーを拡大

するといったことも考えられる．構造物等の重要度が変化する場合もある．例えば，新規にバイパス道路を整備し，既存の道路は生活道路に位置付けて車両重量を制限することなどが考えられる．この場合には，横軸上の位置が左に移動することに伴って，相対的に「受容」範囲が拡大されることとなるため，長寿命化技術を再検討することで，より合理的かつ効率的な技術を選択できる可能性がある．

なお，土木遺産に認定されている橋梁や過疎地で代替路のない橋梁などで，重要度が高いと判断される場合には，相対的に「回避」の領域が大きくなる．重要度が高くない構造物において「受容」できた状態，あるいは補修工事等による「軽減」措置で対応できた状態と同程度の状態であっても，重要度が高い構造物では「回避」措置を選択すべき場合があることに留意が必要である．

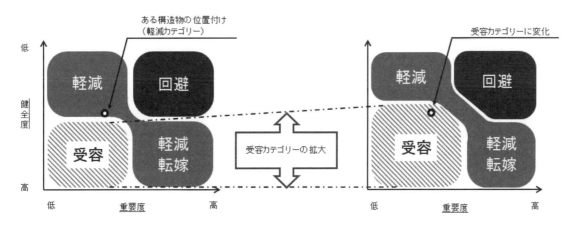

図 3.3　間接的対策技術

(3)　鋼構造物の補修・補強技術

鋼構造物のうち，例えば道路橋に着目した場合，劣化・損傷，その原因，適用される主な補修・補強対策は，既往の文献(1)により，**表 3.1**のとおり整理されている．

ここでは，これら既存の補修・補強技術のいくつかを例にして，提案したリスクマトリクスの視点から長寿命化技術のニーズを整理することを試みたものを**表 3.2**に示す．

あらかじめこのような情報を整理しておくことで，長寿命化技術の比較検討をより効率的かつ効果的に行うことが期待できるとともに，あらたに長寿命化技術を開発する際に，既存の技術と比較しやすくなるということも期待できる．

表 3.1(1)　構造部位別の補修対策 [1)]

劣化・損傷	構造部位	主な劣化・損傷要因	主な対策
防食機能の劣化や腐食	鋼材部	・床版のひび割れ，打継ぎ不良部からの漏水 ・伸縮装置，床版端部からの漏水 ・箱げた，橋脚内部の結露，滞水 ・飛沫塩分の付着	・床版ひび割れ，伸縮装置の補修 ・床版防水工の施工 ・水抜き孔，換気孔の設置 ・塗装塗替え ・腐食部添接板設置 ・部材取替え
疲労き裂	支承ソールプレート	・溶接部応力集中 ・支承可動機能の低下	・ストップホール施工（応急対策） ・き裂部添接板設置 ・部材取替え
	けた端切欠き部	・設計上考慮されていない二次応力	・ストップホール施工（応急対策） ・き裂部添接板設置
	鋼床版構造	・溶接部応力集中 ・大型車両等の影響	・ストップホール施工（応急対策） ・き裂部添接板設置
	鋼製橋脚隅角部	・溶接部応力集中 ・施工上不適切な細部構造	・ストップホール施工（応急対策） ・き裂部除去 ・き裂部添接板設置
	アーチ吊材	・風による渦励振	・ら旋鉄筋巻き付けによる空力特性改良
異常な変形	鋼材部	・車両の衝突，火災，地震	・添接板設置 ・部材取替え
高力ボルトの遅れ破壊	高力ボルト	・ボルトの強度等級（F11T 以上） ・湿潤な環境	・ボルト取替え ・落下防止（第三者被害対策）
ボルトやリベットの緩み	添接部	・振動 ・伸び，変形	・ボルト取替え

表 3.1(2)　構造部位別の補強対策 [1)]

劣化・損傷	構造部位	主な劣化・損傷要因	主な対策
疲労き裂	けた端切欠き部	・溶接部の応力集中 ・設計上考慮されていない二次応力	・切欠き部への添接板の設置と細部構造の改良
	横げた及び対傾構取付部	・溶接部応力集中 ・設計上考慮されていない二次応力	・腹板ギャップ細部構造の改良 ・溶接継手の疲労強度改善
	鋼製橋脚隅角部	・溶接部応力集中 ・施工上不適切な細部構造	・隅角部への添接板の設置と細部構造の改良
	鋼床版構造	・溶接部応力集中 ・大型車両等の影響	・補強部材設置等による剛性向上
	アーチ吊材	・風による渦励振	・部材端部への添接板の設置と細部構造の改良
たわみ	主げた，鋼床版	・部材剛性の不足 ・大型車両等の影響	・補強材設置等による剛性向上 ・支持点の変更・追加

表 3.2(1) 補修・補強技術の個票

工法名	当て板補強工法
工法の対象となる部位	鋼桁
変状の種類	疲労き裂
対策技術のカテゴリー	軽減
工法の特徴	疲労き裂の原因となる応力集中や、き裂先端の応力集中部に「当て板」を添接することで、当該部位に作用する応力を当て板に流し、周辺応力を緩和することでき裂の発生、進展を抑制する。
工法の位置づけ	事後保全

工法の特徴		評価	
効果	回避効果	―――	×
	軽減効果	当て板への応力伝達	◎
	転嫁効果	―――	×
	受容効果	―――	×
	特記事項		
設計の成立性(対象とする事例への適合性)		<案件ごとに確認>	
既設構造物への影響	形状・線形への影響	特になし	◎
	荷重の増加	軽微	○
	既設構造物の補強の要否	必要になる場合がある。	○
	その他(外観、使用性の変化等)	特になし	◎
工法適応にあたっての制約条件		当て板補強が設置可能なスペースを有するか？き裂部以外の母材が健全か？	○
耐久性	耐久年数や不具合事例など	特になし	◎
	耐久年数経過後の補修工法		
施工性作業性	施工実績	実績多数	◎
	工期		
対応可能な交通規制	対象道路および周辺道路	交通規制なし	ジャッキアップが不要であれば可能	○
		夜間の一車線規制日数	ジャッキアップが不要であれば可能	○
		夜間の全止め日数	ジャッキアップが不要であれば可能	○
		昼夜間の一車線規制日数	ジャッキアップが不要であれば可能	○
		昼夜間の全止め日数	ジャッキアップが不要であれば可能	○
	施工時期の制約	特になし	◎
足場等の安全設備の必要性		必要	○
維持管理上の留意点		本体と同様に管理	◎
経済性	工事費	経済的	○
	ライフサイクルコスト	経済的(本体と同等)	○
本工法の採用に対する評価			◎
		疲労亀裂に対して、多くの実績がある工法。	

工法の概要(図や表など)

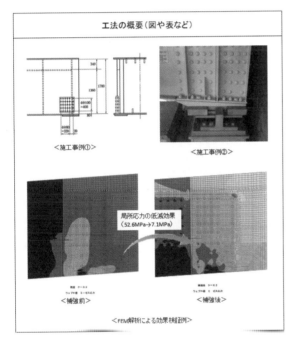

<施工事例①>　<施工事例②>
<補強前>　<補強後>
<FEM解析による効果検証例>
局所応力の低減効果（52.6MPa→7.1MPa）

摘要

<適用に対する方案>
・ボルト接合面の母材健全度の把握
・既設塗装系の確認(補強部材の塗装仕様の決定)
・当て板補強後の不可視部分の確認、将来的な点検、補強時の影響検討
・補強効果の事前検証・事後確認
・施工手順の立案(ボルト締め付け手順等)

評価の凡例：◎:最も優れている、○:適用可能、△:好ましくないが適用可能、×:適用不可

表3.2(2) 補修・補強技術の個票

工法名	ストップホール工法
工法の対象となる部位	鋼桁
変状の種類	疲労き裂
対策技術のカテゴリー	軽減
工法の特徴	き裂先端に円孔を設けることにより、先端部での高い応力集中を軽減し、き裂の進展を抑制する。ストップホールに高力ボルトを挿入し、軸力導入することで、孔部の変形が拘束され、孔縁での応力集中を緩和できる。
工法の位置づけ	事後保全

工法の特徴		評価	
効果	回避効果	---	×
	軽減効果	応力集中の軽減	○
	転嫁効果	---	×
	受容効果	---	×
	特記事項	・緊急対策として採用されるケースが多い ・恒久対策や頻度計測等の事前調査までの暫定処置	
設計の成立性(対象とする事例への適合性)		<案件ごとに確認>	
既設構造物への影響	形状・線形への影響	特になし	◎
	荷重の増加	特になし	◎
	既設構造物の補強の要否	あくまで緊急措置であり、恒久措置を実施する	○
	その他(外観、使用性の変化等)	特になし	◎
工法適応にあたっての制約条件		孔明け、MT、グラインダー等の使用上の制約(狭隘部等)	○
耐久性	耐久年数や不具合事例など	緊急対策	△
	耐久年数経過後の補修工法		
施工性作業性	施工実績	実績多数	◎
	工期		
対応可能な交通規制	対象道路および周辺道路	交通規制なし	ジャッキアップが不要であれば可能	○
		夜間の一車線規制日数	ジャッキアップが不要であれば可能	○
		夜間の全止め日数	ジャッキアップが不要であれば可能	○
		昼夜間の一車線規制日数	ジャッキアップが不要であれば可能	○
		昼夜間の全止め日数	ジャッキアップが不要であれば可能	○
施工時期の制約		特になし	◎
足場等の安全設備の必要性		必要	○
維持管理上の留意点		緊急対策	△
経済性	工事費	経済的	○
	ライフサイクルコスト	緊急対策	△
本工法の採用に対する評価		○ 緊急対策としては実績多数である。ただし、変動応力が十分小さい箇所では、恒久対策にもなりうるが、実績はほとんどない。	

工法の概要(図や表など)

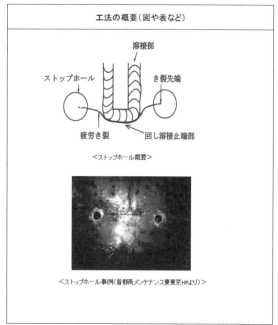

<ストップホール概要>

<ストップホール事例(首都高メンテナンス東京HPより)>

摘要

<適用に対する方案>
・現地にてMTを実施し、円孔内にき裂先端が収まっていることを確認する。
・ボルト締め付けや添接板の効果は大きいが、恒久対策とはなりえないことに留意する。
・孔内面に新たな疲労き裂の起点となるような傷などを残さないよう、円滑に仕上げる。

評価の凡例:◎:最も優れている、○:適用可能、△:好ましくないが適用可能、×:適用不可

第 3 章　鋼構造物の長寿命化技術　　　　　　　　　　　　　　　　　　　　173

表 3.2(3)　補修・補強技術の個票

工法名	ICR処理（衝撃き裂閉口処理）工法
工法の対象となる部位	鋼桁
変状の種類	疲労き裂
対策技術のカテゴリー	軽減
工法の特徴	疲労き裂近傍の鋼材表面に塑性変形を与え、き裂の開口部を閉口させ、載荷荷重によっても開口しないよう処置を行うことで、疲労き裂の進展を抑制させる。（C等級レベルの継手へ改善が可能）
工法の位置づけ	予防保全・事後保全

工法の概要（図や表など）

(a)溶接止端部　(b)母材部　【ICR処理の例】
＜ICR施工手順・例（山田ら論文より引用）＞

面外ガセット継手　L=75mm

＜予防保全適用時の疲労強度改善効果（NETIS登録情報より）＞

摘要

＜適用に対する方案＞
・比較的軽微な装備で施工が可能
・損傷度合いによる適用可否がある（腐食減肉が著しい部位などへの適用は、検討が必要である）

	工法の特徴		評価	
効果		回避効果	損傷部位はそのまま残る（ただし損傷部位ではなくなる）	△
		軽減効果	疲労き裂進展速度の軽減 溶接止端部の引張残留応力の軽減	◎
		転嫁効果	－－－	×
		受容効果	－－－	×
		特記事項		
設計の成立性（対象とする事例への適合性）			＜案件ごとに確認＞	
既設構造物への影響		形状・線形への影響	特になし	◎
		荷重の増加	特になし	◎
		既設構造物の補強の要否	不要	◎
		その他（外観、使用性の変化等）	特になし	◎
工法適応にあたっての制約条件			ICR処理用の工具が、該当部位へ当てられるか、確認を要する	○
耐久性		耐久年数や不具合事例など	実績は少ない	△
		耐久年数経過後の補修工法	補強部材を取り付けないため、その後の補修・補強に対しても制約を作らない。	
施工性作業性		施工実績	実績少ない	△
		工期		
対応可能な交通規制	対象道路および周辺道路	交通規制なし	ジャッキアップが不要であれば可能	○
		夜間の一車線規制日数	ジャッキアップが不要であれば可能	○
		夜間の全止め日数	ジャッキアップが不要であれば可能	○
		昼夜間の一車線規制日数	ジャッキアップが不要であれば可能	○
		昼夜間の全止め日数	ジャッキアップが不要であれば可能	○
	施工時期の制約		特になし	◎
足場等の安全設備の必要性			必要	○
維持管理上の留意点			緊急対策	△
経済性		工事費	経済的	◎
		ライフサイクルコスト	緊急対策	○
本工法の採用に対する評価			◎	
			設備が小さく、施工性が良好である上に、恒久対策としても採用可能である。特に、工場製作時に、疲労等級が低い部位に適用することで、当該部位の疲労等級が飛躍的に改善できる、「予防保全」としての役割が期待できる部分が大きく他と異なる。	

評価の凡例：◎：最も優れている、○：適用可能、△：好ましくないが適用可能、×：適用不可

表 3.2(4) 補修・補強技術の個票

工法名	溶接補修工法
工法の対象となる部位	鋼桁
変状の種類	疲労き裂
対策技術のカテゴリー	回避
工法の特徴	き裂部をMT等で確認し、アークエアガウジングもしくは棒グラインダー等で除去し、溶接にて埋め戻す。溶接後はグラインダー等で円滑に仕上げ、既設構造物より疲労等級を挙げる工夫を施す。
工法の位置づけ	予防保全・事後保全

工法の概要（図や表など）

- MT等でき裂範囲の確認
- き裂部の除去（ガウジングorグラインダー）
- 溶接による埋め戻し
- グラインダーによる整形・仕上
- MTによるき裂有無確認

＜一般的な溶接補修手順＞

摘要

＜適用に対する方案＞
・溶接補修の一番の課題は、供用下（振動下）での補修、品質の確保である。補修箇所が新たな弱点とならないよう、施工時期、手順等を決定し、品質を確保する。

工法の特徴			評価	
効果		回避効果	損傷部が除去される	△
		軽減効果	損傷部が除去される	○
		転嫁効果	ーーー	×
		受容効果	ーーー	×
		特記事項	供用下（振動下）での補修、品質の確保に留意	
設計の成立性（対象とする事例への適合性）			施工が可能であれば問題ない	○
既設構造物への影響		形状・線形への影響	特になし	◎
		荷重の増加	特になし	◎
		既設構造物の補強の要否	不要	◎
		その他（外観、使用性の変化等）	特になし	◎
工法適応にあたっての制約条件			溶接施工が可能か？（狭隘部等）	○
耐久性		耐久年数や不具合事例など	実績は多い	○
		耐久年数経過後の補修工法	補強部材を取り付けないため、その後の補修・補強に対しても制約を作らない。	
施工性作業性		施工実績	実績は多が，振動下での施工に配慮する	△
		工期		
対応可能な交通規制	対象道路および周辺道路	交通規制なし	ジャッキアップで応力の開放が必要	△
		夜間の一車線規制日数	ジャッキアップで応力の開放が必要	△
		夜間の全止め日数	ジャッキアップで応力の開放が必要	△
		昼夜間の一車線規制日数	ジャッキアップで応力の開放が必要	△
		昼夜間の全止め日数	ジャッキアップで応力の開放が必要	△
	施工時期の制約		交通振動が少ない時間帯（夜間）	△
足場等の安全設備の必要性			必要	○
維持管理上の留意点			本体と同じだが、補修箇所が疲労耐久性の弱点とならないか，点検時に留意する	△
経済性		工事費	経済的	○
		ライフサイクルコスト	対策によっては抜本対策とならない可能性がある	△
本工法の採用に対する評価			△	
			疲労き裂の補修は、供用下での施工が多く、交通振動が溶接品質に与える影響が懸念される。特に疲労き裂は、重交通区間で発生することが多く、交通規制が困難なケースも少なくない。振動下での溶接施工は、品質に大きな影響を与えることから、施工時期や手順に配慮が必要である。	

評価の凡例：◎：最も優れている、○：適用可能、△：好ましくないが適用可能、×：適用不可

第3章 鋼構造物の長寿命化技術

表3.2(5) 補修・補強技術の個票

工法名	炭素繊維シート工法
工法の対象となる部位	鋼桁
変状の種類	疲労き裂
対策技術のカテゴリー	軽減
工法の特徴	疲労亀裂の周辺に炭素繊維シートを貼り付け、き裂部の作用応力を低減する。特に、溶接品質の確保が困難な現地や、高力ボルトの断面欠損が問題となる場合などで、炭素繊維シートの接着が採用されるケースがある。
工法の位置づけ	予防保全・事後保全

工法の概要（図や表など）

<炭素繊維シートの材料特性>

種類	引張強度(N/mm²)	ヤング係数(kN/mm²)
高強度型	3400	245
中弾性型	2900〜2400	390〜450
高弾性型	1900	540〜640
鋼	400〜570	200

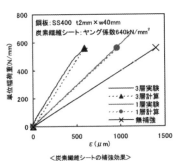

<炭素繊維シートの補強効果>

上記は、杉浦ら「炭素繊維シート(CFRP)を用いた鋼部材部分補修に関する実験研究（土木学会 第6回複合構造の活用に関するシンポジウム）」2005より抜粋

摘要

<適用に対する方案>
・炭素繊維シートにも、貼り付け層数や、定着長などの制約があり、適用に際しては、設計完了後に現地状況を照らし合わせ、適用可能か確認する必要がある。
・炭素繊維は亀裂と直交して貼付するが、亀裂位置、部材との取り合いを考慮して、貼付可能か判断する必要がある。（既往の亀裂発生位置では、適用範囲が限られる）
・炭素繊維を貼付する接着剤の耐久性に依存する。

工法の特徴		評価	
効果	回避効果	損傷部位はそのまま残る	△
	軽減効果	炭素繊維シートへの応力伝達	○
	転嫁効果	---	×
	受容効果	---	×
	特記事項		
設計の成立性（対象とする事例への適合性）		<案件ごとに確認>	
既設構造物への影響	形状・線形への影響	特になし	◎
	荷重の増加	特になし	◎
	既設構造物の補強の要否	不要	◎
	その他（外観、使用性の変化等）	特になし	◎
工法適応にあたっての制約条件		狭隘部への適用は困難（定着長が確保できない）	○
耐久性	耐久年数や不具合事例など	実績が少ない	△
	耐久年数経過後の補修工法		
施工性作業性	施工実績	実績が少ない	△
	工期		
対応可能な交通規制	対象道路および周辺道路	交通規制なし	ジャッキアップが不要であれば可能	○
		夜間の一車線規制日数	ジャッキアップが不要であれば可能	○
		夜間の全止め日数	ジャッキアップが不要であれば可能	○
		昼夜間の一車線規制日数	ジャッキアップが不要であれば可能	○
		昼夜間の全止め日数	ジャッキアップが不要であれば可能	○
施工時期の制約		特になし	◎
足場等の安全設備の必要性		必要	○
維持管理上の留意点		本体と同様に管理	◎
経済性	工事費	比較的高価	△
	ライフサイクルコスト	経済的（本体と同等）	○
本工法の採用に対する評価		施工実績が少なく、中長期的な効果が不明であるため、採用に際しては十分な検討が必要である。	△

評価の凡例：◎:最も優れている、○:適用可能、△:好ましくないが適用可能、×:適用不可

表 3.2(6) 補修・補強技術の個票

工法名	ボルト取替え
工法の対象となる部位	鋼桁
変状の種類	高力ボルトの遅れ破壊や腐食
対策技術のカテゴリー	回避
工法の特徴	脆性遅れ破壊の懸念があるF11T高力ボルトから、S10TもしくはF10Tの高力ボルトへ取替えを行う。
工法の位置づけ	予防保全・事後保全

工法の概要（図や表など）

① F11TからF10Tへのボルト交換の留意点
摩擦接合のボルト1本あたりの許容力の違いを把握し、継手照査を行う。

表－ 摩擦接合用高力ボルトの許容力
（1ボルト1摩擦面あたり）

ボルト等級	呼び径	許容力 (kN)	割合
F11T	M22	51	1.00
F10T	M22	48	0.94
	M24	56	1.10

摘要

たたき点検や超音波探傷にて、ボルトの異常の有無を確認し、異常が確認され取替えの必要が生じた場合は、F10TやS10Tの高力ボルトへの取替えを実施する。

この際、取替え範囲は、当該構造物の重要性や緊急性などを勘案して決定する。また、もとのボルトはF11Tであることが多いため、ボルトの許容値の違い（約5%）について、継手部耐力の照査を行い、要求性能を満足することを確認する。

実施工においては、ボルトの取替え手順（一度に取り替える本数、取り替える方向）を、応力照査を行いながら各作業手順ごとで安全性を確認する必要がある。また、RC床版やPC床版、合成床版のように、コンクリートと接触している部分のボルト取替えについては、実施の要否も含め、床版コンクリートの撤去方法を併せて、施工計画の構築が必要となる。

工法の特徴・評価

項目			内容	評価
効果		回避効果	完全な取替えが可能	○
		軽減効果	完全な取替えが可能	◎
		転嫁効果	－－－	×
		受容効果	－－－	×
		特記事項		
設計の成立性（対象とする事例への適合性）			導入軸力の違いによるボルト本数の妥当性確認が必要	○
既設構造物への影響		形状・線形への影響	特になし	◎
		荷重の増加	特になし	◎
		既設構造物の補強の要否	ボルト本数の妥当性確認	○
		その他（外観、使用性の変化等）	特になし	◎
工法適応にあたっての制約条件			母材・添接板が健全であること。ボルト締め付けが可能であること。所要耐力を有すること。	○
耐久性		耐久年数や不具合事例など	特になし	◎
		耐久年数経過後の補修工法		
施工性作業性		施工実績	実績多数	◎
		工期		
対応可能な交通規制	対象道路および周辺道路	交通規制なし	上フランジ側のボルト取替え時、および下路橋では必要	△
		夜間の一車線規制日数	（対象案件による）	－－－
		夜間の全止め日数	（対象案件による）	－－－
		昼夜間の一車線規制日数	（対象案件による）	－－－
		昼夜間の全止め日数	全止めは不要	○
	施工時期の制約		特になし	◎
足場等の安全設備の必要性			必要	○
維持管理上の留意点			一般橋梁と同様	◎
経済性		工事費	本工法以外の対策が少ない	－－－
		ライフサイクルコスト	一般橋梁と同様	◎
本工法の採用に対する評価			ボルト損傷において、最も一般的な対策工法といえる。	◎

評価の凡例：◎：最も優れている、○：適用可能、△：好ましくないが適用可能、×：適用不可

第 3 章　鋼構造物の長寿命化技術

表 3.2(7)　補修・補強技術の個票

工法名	落下防止対策工
工法の対象となる部位	鋼桁
変状の種類	高力ボルトの遅れ破壊や腐食
対策技術のカテゴリー	受容・軽減
工法の特徴	ボルトの脱落による第三者被害を防止するため、ボルトの落下防止を行う。
工法の位置づけ	予防保全・事後保全

工法の概要（図や表など）

対策事例の例（橋建資料より抜粋）

落下防止キャップの取付例　　　落下防止ネットの取付例

摘要

損傷事例が多く報告されているF11T高力ボルトの脱落防止対策としては、非常に一般的かつ有効な手段である。
特に、遅れ破壊や腐食等の損傷が確認されていないボルトに対しては、ボルト取替え工に直接移るのではなく、本工法にて経過観察されるケースが多い。

工法の特徴		評価	
効果	回避効果	－ － －	×
	軽減効果	第三者被害防止にはなるが、構造的な安全性の面は軽減されない	△
	転嫁効果	－ － －	×
	受容効果	第三者被害防止にはなるが、構造的な安全性の面は軽減されない	○
	特記事項	第三者被害防止にはなるが、構造的な安全性の面は軽減されない	
設計の成立性（対象とする事例への適合性）		特になし	◎
既設構造物への影響	形状・線形への影響	特になし	◎
	荷重の増加	特になし	◎
	既設構造物の補強の要否	特になし	◎
	その他（外観、使用性の変化等）	対策工（ネット、キャップ）が目立つ	△
工法適応にあたっての制約条件		特になし	○
耐久性	耐久年数や不具合事例など	抜本対策にはなりえない	△
	耐久年数経過後の補修工法		
施工性作業性	施工実績	実績多数	◎
	工期		
対応可能な交通規制	対象道路および周辺道路	交通規制なし	基本的には不要（ただし下路橋では必要となるケースもある）	△
		夜間の一車線規制日数	（対象案件による）	－ － －
		夜間の全止め日数	（対象案件による）	－ － －
		昼夜間の一車線規制日数	（対象案件による）	－ － －
		昼夜間の全止め日数	全止めは不要	Ω
	施工時期の制約	特になし	◎
足場等の安全設備の必要性		必要	○
維持管理上の留意点		損傷部位は残るため、継続した維持管理が必要	△
経済性	工事費	経済的だが抜本対策ではない	－ － －
	ライフサイクルコスト	継続的な維持管理が必要	△
本工法の採用に対する評価		○	
		応急対策・経過観察対策としては有効であるが、恒久対策とはなりえない。	

評価の凡例：◎：最も優れている、○：適用可能、△：好ましくないが適用可能、×：適用不可

【参考文献】
1) 社団法人日本道路協会：道路橋補修・補強事例集（2012年版），2012

3.3 長寿命化技術の設計に求められること

『供用期間中に要求性能を合理的に満足するには，系統だった構造物の維持管理が必要である．そのためには，維持管理計画を策定し，着実に実施していくことが不可欠である』[1]．

では，維持管理を着実に実施するための維持管理計画を，いつ策定するのかということだが，これは，新規に鋼構造物を計画・設計する際はもちろん，鋼構造物の維持管理を実施する中で，既に策定された維持管理計画についても環境の変化や要求性能の変化等に応じて適宜見直すことが重要といえるであろう．一方，既設の鋼構造物の中には，明確な維持管理計画が存在してこなかったものもあるが，それらも含めて，維持管理計画を策定することが求められる．

文献 (1)によれば，維持管理とは，供用期間中，構造物が要求性能を満たすよう実施する一連の行為の総称であって，一般に点検，対策，記録で構成され，補修や補強は対策のひとつの方法として整理されている．また，予想される変状に対する対策は，維持管理計画に定めておくことが示されている．

これらのことから，いわゆる「維持管理計画」では，供用期間が明確にされ，その中で予想される変状に対して必要な場合は補修や補強が計画されること，PDCA により適宜，補修・補強の内容を含む維持管理計画をも見直されることを知ることができ，「長寿命化」という概念は維持管理計画の見直しの一部として整理することもできる．

他方，あえて区別すれば，供用期間をより長期に見直す際に必要となる補修や補強を長寿命化技術として定義し，一定の供用期間中，構造物の要求性能を満たすために計画される補修や補強は長寿命化技術に含まないという見方もできる．

以上のことを踏まえつつも，本検討ではこれらを明確に区別せず，いずれにしても構造物の寿命を阻害する様々な要因に対して，構造物の要求性能を満たすために実施する補修や補強を長寿命化技術と捉えて議論することとした．

ここでは，長寿命化技術の設計に求められることとして，以下に示す7項を提案する．

① 当該技術によりどれだけ長寿命化を図れるか明確にすること
② 作用を適切に設定すること
③ 当該技術の効果を評価する方法を明確にすること
④ 設計計算を行う場合は解析手法を明確にすること
⑤ 設計の前提となる材料や施工の条件を明確にすること
⑥ ライフサイクルコストを評価すること
⑦ 維持管理方法を明確にすること

なお，①～⑤は，個々の構造物の特定の事象に着目した長寿命化技術の設計にかかる事項であるが，⑥と⑦は，それに加えて構造物全体として，あるいは当該構造物を含むシステム全体として，将来的に発生する種々の事象を想定して総合的な長寿命化技術を設計する視点も示している．

(1) 当該技術によりどれだけ長寿命化を図れるか明確にすること

長寿命化技術という言葉には時間の概念が含まれており，補修や補強を実施した結果として，当該構造物の寿命をどれだけ長くできるかということを，設計で明確にするべきである．あるいは，導入しようとする補修・補強技術に関して，過去の実績等から目標とする標準的な年数を設

定しつつ，そこに近づいたら詳細調査を行うといったような，維持管理の考え方を明示すべきである．現時点では，その補修・補強技術によりどれだけ寿命を長くできるのかを明確にするのは容易ではない．構造物の置かれる環境や荷重などの作用の種類や強さの違い，劣化・損傷が生じた部位や程度，使用材料のばらつきや施工品質，構造物が造られた時代背景にも大きく左右される構造ディテールなど様々な要因を受けて，同じ補修・補強技術を適用したとしても，長寿命化される期間が異なるためである．さらに，当該補修・補強技術そのものの使用材料のばらつきや施工品質などによっても左右されるであろう．これらのばらつき等を踏まえながら，どれだけ寿命を長くできるかを精度よく設計することは，現時点では容易ではないだろうが，時間の概念を含む「長寿命化」にかかる技術を整理していくためには，「どれだけ寿命を長くできるのか」といった課題を避けて通ることはできない．後述する内容とも関連するが，新たに補修や補強技術を開発する際には，どのような条件のもとでどれだけ寿命を長くできるかを明確にすることをも含めた技術開発が必要であり，加えて，既存の補修や補強技術についても再評価を行うなどして，これらを明確にすべく取り組む必要がある．またさらには，新設構造物を含む設計体系そのものを，限界状態設計法に基づく部分係数法に移行していくなど，補修や補強技術を開発・設計するための環境を整備することにも取り組む必要があろう．このような状況における次善の対応として，導入しようとする補修・補強技術に関して，過去の実績等から目標とする標準的な年数を設定し，設定した時期に近づいたら詳細調査を行うなどして，補修・補強設計で想定した年数まで長寿命化できるのかをチェックする手段もある．当面はこれにより長寿命化技術の導入を推進し，上記課題を解決すべく，技術開発や設計体系の見直しに必要なデータを蓄積していくことも重要である．

(2) 作用を適切に設定すること

　長寿命化技術の設計においては，荷重を含めた作用を適切に設定する必要がある．文献(2)によれば，作用には，構造物に集中あるいは分布して作用する「直接作用」，構造物に課せられる変形や構造物内の拘束の原因となる「間接作用」および，構造物の材料を劣化させる原因となる「環境作用」とがある．これらは，設計供用期間中に絶えず作用する「永続作用」，設計供用期間内の変動が無視できない「変動作用」，確率統計的手法による予測は困難であるが社会的に無視できない「偶発作用」に区分される．また，これに対して，『荷重とは，構造物に働く作用を必要に応じて，構造物の応答特性を評価するモデルを介して，断面力や応力や変位等の算定という設計を意図した静的計算の入力に用いるために構造物に直接載荷される力学的力の集合体に変換したもの』と言われている．新規に構造物を設計する際に適用される技術的基準において，作用は，これまでの調査結果に基づく標準的な値や，過去に観測された最大の値を考慮して設定したもの，あるいは変動作用を確率論的に処理して一定のモデルに置き換えたものなどが示されている．これらは不特定多数な新規構造物を設計することを前提として設定されたものであるが，既設構造物においては，現に適用された材料があり自重や剛性などが概ね確定していること，当該構造物が設置されている環境特性や使用履歴を供用期間中にある程度把握できることなどから，新規構造物を設計する際に存在していた各種の不確定さをある程度は小さくできる．補修や補強の設計時には，これらを適切に考慮して設定することが求められる．なお，文献(2)によれば，『社会的に対応の必要があると判断される作用および構造物の所有者が必要と判断した作用を対象に設計を行う』とされている．すなわち，作用は設計者が個々の構造物を設計する際に設定するというよりも，

第3章　鋼構造物の長寿命化技術　　181

構造物の管理者や所有者が基準として定めるべき事項であると言える.

(3) 当該技術の効果を評価する方法を明確にすること

　補修や補強により長寿命化を図る際,寿命を阻害する要因に対して,その程度やメカニズムを踏まえながら,どのようにしてその要因を解消できるのか,その考えは何によって担保し得るのかといった,効果を評価する方法を明確にすることが求められる.例えば,鋼道路橋の桁端部に生じることのある腐食損傷は,路面の雨水が伸縮装置や橋面排水装置から漏水することで,桁端部が湿潤状態になり,腐食が発生する典型的な損傷事例である.路面の凍結防止剤が多量に散布される場合には,飛来海塩の影響を受ける橋梁よりも腐食速度が著しく速くなることがあるといわれている.このようなメカニズムで腐食した部位には,通常の防食対策である塗装塗替えを実施するだけではなく,止水や導水などの腐食環境改善をあわせて実施することで,要因を解消できることが知られている[1].この事例の場合には,理論的に考案された解決策を適用し,その後の維持管理を通じて確認してきた実績により効果が検証されており,この範囲において当該技術の効果が担保されているといえる.他方,これから開発されようとしている新技術においては当然ながら実績が無いため,研究段階で蓄積したデータの公表や,それらにかかる公的機関での技術認定等が求められる.また,当該技術の適用に伴う,他の部位や構造全体への影響,さらには周辺環境へ及ぼす影響についても,適切に評価することを忘れてはならない.

(4) 設計計算を行う場合は解析手法を明確にすること

　前項(3)において,ことさら設計計算により効果を評価する場合には,変状の状態に応じて,新設当初とは異なる部材の材料特性や構造の幾何学的特性,支持条件等,実態を適切に評価して,外的作用に対する構造物の挙動を適切に再現できる解析手法を選定していることを明示する必要がある.例えば,道路橋の設計計算に用いる解析手法として,従来,主として死荷重,活荷重等の様々な荷重の組合せに便利な方法として,はり理論,格子計算等による線形構造解析が用いられてきたが,近年のコンピューター技術の著しい進歩により,床版等を含むより多くの部材の立体的な配置を表現したモデルによる有限要素解析,幾何学的非線形性の影響をも考慮した有限変位解析,動的解析等の高度な解析手法も従来に比べてかなり一般的に用いられるようになってきた.補修・補強対策においては,構造物の構造形式や照査の目的に応じて,これらの手法を適宜選択して使用すること,さらには変状の状態に応じて材料特性や構造の幾何学的特性,支持条件等にかかる諸条件を適切に設定することが求められる.これらの比較的高度な解析手法を用いる場合であっても,上述のとおり荷重の載荷方法や変状状態を踏まえた特性に適合した適切なモデル化がなされなければ十分な精度を有する解が得られないので注意が必要である.さらに,例えば,有限要素解析で得られる応力の算出結果の設計への反映方法等,解析方法ごとに結果の取扱いやその評価の方法について十分な検討が必要であることは,新規の構造物を設計する際と何ら違いはない[3].具体的な一例をあげると,設計自動車荷重が20トンで設計された鋼道路橋のRC床版を,現行の25トン荷重に対応できるよう補強する際,RC床版下面のコンクリート表面に炭素繊維シートを接着する方法がある.この方法を適用する場合,一般的に,部材断面における許容応力度設計法の体系を踏襲する中で,炭素繊維シートを鉄筋量換算してRC断面として計算する解析手法が採用される.これに対して,当時の建設省土木研究所らが実施した輪荷重載荷試験

により，この解析手法で設計された供試体について，一定の条件の下で，疲労耐久性があることが確認されている[4]．このことを通じて，この解析手法により設計計算すれば，所要の補強効果を期待できるということができる．長寿命化技術の設計で設計計算を行う場合には，この事例のように，実験により妥当性が検証された解析手法を適用していることを明示するという方法もある．

(5) 設計の前提となる材料や施工の条件を明確にすること

補修・補強技術を設計する際，設計の中で想定した材料の特性や品質，またそれらの前提となる施工の条件を明示する必要がある．言い換えれば，新規に構造物を設計する場合と同様，使用する材料は所要の特性を有するとともに安定した品質が確保されていることが確認できること，それらを実現するための施工方法が確立されていることが，使用上の前提条件となる．このことは，主たる材料である鋼材やコンクリートだけでなく，例えば接着剤や新材料などについても同様である．

(6) ライフサイクルコストを評価すること

長寿命化対策を実施する場合，当該技術による経済性については，ライフサイクルコスト（以降，LCC と称す）により評価することが求められる．

一般的には，何らかの補修・補強等を実施しようとする段階で，どのような補修・補強技術を適用するのが LCC において最も経済的かという問題を検討する．LCC には，対策した後にかかる費用をも含めることから，対策後に実施すべき維持管理のシナリオを可能な限り明確に想定して，それらの費用を積算することになる．このためには，個々の構造物の変状や作用環境，構造形式や使用材料にかかる特徴などを踏まえて劣化予測を行う必要があり，予測される将来の状態に対して適用可能な補修・補強技術とその効果（どれだけ寿命を長くできるか，どれだけ性能を回復できるか等）を明らかにすることが求められる．さらに，何らかの補修・補強等を実施しようとする段階だけではなく，例えば定期点検に合わせる等して，当初の維持管理計画において想定された維持管理のシナリオに対して実態がずれていないかなどを検証し，必要に応じてその段階でLCC を再評価して維持管理のシナリオを補正するといったことも求められる．なお，さらなる高度化を見通した場合には，個々の部材・部位の補修・補強対策だけに着目してライフサイクルコストを評価するだけではなく，構造物全体として経済的となるよう配慮すること，さらには，当該構造物を含むシステム全体（例えば，橋梁の場合「当該橋梁を含む区間や路線全体」）として経済的となるよう配慮するといったことも考えられる．

(7) 維持管理方法を明確にすること

導入しようとする補修・補強技術に関して，過去の実績等から目標とする効果（どれだけ寿命を長くできるか，どれだけ性能を回復できるか等）を設定し，その後の維持管理を通じてこの効果をチェックすることが重要となる．当面はこのようにして長寿命化技術の導入を推進し，上記課題を解決すべく，技術開発や設計体系の見直しに活用できるデータを蓄積していくことが重要となる．ある補修・補強技術を適用した構造物のその後の維持管理において，何に着目して，どの程度の頻度で，何をどのように確認するか（どのような計測機器を用いて，どのようなデータを計測するか）など，維持管理方法をあらかじめ明確に設定することが不可欠である．また，常時

のみでなく，大地震等異常時における確認のポイントも整理しておくべきであろう．

【参考文献】
1) 土木学会鋼構造委員会：2013 年制定 鋼・合成構造標準示方書 維持管理編，2013.
2) 国土交通省：土木・建築にかかる設計の基本，2002.
3) 公益社団法人日本道路協会：道路橋示方書・同解説，2012.
4) 国土交通省国土技術政策総合研究所：国総研資料第 28 号 道路橋床版の疲労耐久性に関する試験，2002.

3.4　長寿命化技術の施工に関する留意事項

　社会基盤施設における鋼構造物は，主に道路橋，鉄道橋，水門，水圧鉄管港湾施設等があり，それぞれの役割や周囲の環境，使われ方などに応じて，長寿命化対策を施工する際に留意すべき事項があると考えられる．

　本章では，このうち鋼橋（道路橋，鉄道橋等）に着目して，長寿命化技術の施工に関する留意事項について調査・検討した成果を報告する．

3.4.1　長寿命化工事（補修・補強）の特殊性
(1) 既に存在し供用されていること

　補修・補強工事の対象となる鋼橋は，交通・輸送網を支える上で重要な役割と責任を担っており，保守点検，補修・補強工事のためとはいえ，一般的には交通を安易に制限することはできない．また，工事対象となる橋梁の周囲は長い供用期間にそれなりの周辺環境を形成し，秩序が保たれ，安定した状況にある．このような中で工事を進めなければならないことは，新設工事にはない大きな特徴である．また，このような背景から，関係機関との協議や地域社会との調整は複雑になり，新設工事に比べてこれらに多くの時間を要する．さらに材料や機材の搬出入等に関する条件は，その時どきの協議等に応じて様々であり．施工方法や積算体系の標準化を困難にする一因ともなっている．

(2) 高度な専門的技術

　設計により要求された性能を実現するため，補強・補修工事を施工する者が，品質や出来形を適切に確保することが極めて重要である．このため，施工者には，新設橋の設計，製作，架設における専門的技術とともに，過去の技術基準の内容，当時の使用材料や施工技術の特徴などにかかる十分な理解が求められる．例えば，交通供用下で行う支承の取替工事で，桁の扛上から降下までの一連の作業を仮受けで行う場合，上部工や下部工に及ぼす影響を照査しなければならない．また，塗装塗替工事や防食対策として行われるブラスト・金属溶射などでは，施工に伴う周辺環境への騒音や粉じん対策を行うだけでなく，作業者の健康被害防止の観点から旧塗膜に含有される有害物質（鉛，PCB，クロム等）を調査するなどして適切な対策を講じることが求められる．

(3) 施工上の制約

　補修・補強工事の施工では，多種多様な制約を受ける．工事ごとにその内容は異なり，その影響は工事全般に及ぶことが多い．

　以下，補修・補強工事に特有の制約について，一般的な新設工事と対比しながら整理する．
1) 施工規模，施工時間の制約

　補修・補強工事は，一般的には小規模な内容となり，施工量が少ない．その上，交通規制等の条件により短い作業時間しか確保できないことや，工事区間を小さく分割せざるをえないといった制約がある．

　他方，工事発注に際して一定規模の施工量を確保する観点から，これら小規模な補修工事をまとめられることがある．しかし，広範な地域に点在し，工種が異なる小規模な工事をまとめて発注されても規模のメリットが効かず，かえって小規模工事が輻輳して工事全体が繁雑になる等デ

メリットとなることもある.

2) 交通供用下における施工制約

　補修・補強工事は，そのほとんどが交通供用下で行われる．工事に必要な足場の設置撤去などは交通を制限せざるを得ない場合もあり，夜間に交通規制するなど，限られた時間と空間での作業となることも多く，新設工事に比べて一般的には作業の効率が低下する.

3) 作業空間および作業姿勢の制約

　支承取替や桁端部の補修・補強工事，床版下面の補修工事などでは，狭隘な空間での作業となることが多い．特に跨道橋や跨線橋の補修工事においては，十分な作業空間を確保できず，厳しい姿勢での作業となることが多い．適当な作業空間を確保できるかどうかによっても，工事の効率が大きく左右される．同種の同数量の工事であっても，現場によって工事の進捗に大きな差が生じるのは，当該制約が主な原因のひとつである.

4) 機材の運搬および設置の制約

　補修・補強工事は供用下の施工となることから，短期間で工事を完了させることを要求される場合が多い．また，実作業時間に対する段取り，調整，片付け，盛替えおよび待機に要する時間の割合が高いといった特徴もある．そういった状況に対応するため，人員や資機材などの資源を適切に配分したり，綿密な工程計画を策定・実践したりする等，高いノウハウが求められる．このようなことから，各種機械の稼働率は新設工事に比べ低下する傾向となる.

5) 各関係機関との協議における留意事項

　補修・補強工事では，新設工事とは異なり供用下での施工となるため，施設の管理者（発注者）による事前の関係機関協議だけでなく，工事契約後の施工業者による具体の施工計画に基づいた協議や申請等が必要になる場合が多々ある．これに多くの日数を費やすことを余儀なくされ，実質的に施工にかける日数が短くなってしまう事例もある．施工者は契約工期を順守しつつ求められる施工品質等を確保するため，想定以上の人員や機材を短期間に投入する必要が生じるばかりでなく，施工の品質や出来形などの管理も非常に高度なものを要求されることになる．安定した施工品質や出来形を確保するため，発注者も，できるだけ事前の関係機関協議等を効果的に進めるなど工夫して，実質的な施工に必要な工期を設定することが重要である．工事する際に協議を行うことの多い関係機関には**表** 3.3 のようなものがある.

表 3.3 主な関係機関

関係機関	摘　要
道路管理者	工事対象橋梁と交差する道路などを管理する機関
河川管理者	工事対象橋梁と交差する河川を管理する機関
港湾管理者	海岸や港湾近傍に架橋されている工事対象橋梁の場合
交通管理者（警察）	工事対象橋梁や交差道路の交通を管理している機関
公共交通機関(バスなど)	道路や交差河川を使用している公共の交通機関
地元自治会	工事対象橋梁の近接住民，その自治会
鉄道（JR 各社，私鉄など）	鉄道近接工事等の場合
漁業関係者	河川を渡河する橋梁で漁業権がある場合
その他	工事対象橋梁に添加している電力，電話，上下水道など

3.4.2　補修・補強設計における留意事項

　一般的に発注される工事では，設計と施工を分離したものが多く，工事が発注される時点で，既に詳細設計が完了している場合がほとんどである．しかし，補修・補強設計のために足場をかけるなどして詳細に既設橋の形状寸法や変状を調査することは少なく，施工の準備段階で明らかになることが多いのが現状である．

　詳細設計による図面をそのまま施工図面として工事を進めて，工事中に不具合が発生することもある．様々な板厚の鋼材を少量ずつ組み合わせて製作し，制約の多い現場に搬入することなどを適切に考慮して，設計で前提とした事項や施工への申し送り事項を明示するなどの工夫が求められる．詳細設計において配慮すべき，工場製作や製品加工面の留意事項を，以下に述べる．

(1)　設計－施工計画

　鋼橋新設工事と補修・補強工事の作業の違いを**図 3.4**に示す．鋼橋の新設工事では，工場製作の完了後に架設（現場施工）を行うといった具合に，施工フローの区切りが明確であるのに対して，補修・補強工事の場合は，細部設計～工場製作と現場施工が並列的に進行するところに大きな違いがある．

1)　実測調査

　補修・補強工事では，既設構造物への部材取付けを行うため，既設構造物の詳細な実測調査が必要不可欠となる．設計で要求する品質を確保するためには，現場での実測の精度とそれに基づいた図面の修正，工場製作への実測データの反映などが重要となる．実測調査は，近接による調査となるため足場を設置した後に行うことになる．この調査は，鋼橋の専門的な技術者の他に工場製作に携わっている技術者（設計や原寸）も同行しないと，精度の良いデータは得られないこともあるため配慮が必要である．

2)　工場との連係

　鋼橋の補修・補強の材料は工場で製作するものが中心であり，コンクリート構造物のように現場近隣から材料を調達し，現場で構築できるものは少ない．補修・補強工事の出来形や品質の精度を確保するためには，設計・工場製作と施工計画・現場施工が連係しながら一体となって進めていくことが肝要である．例えば，橋台・橋脚にブラケットを設置する際，既設鉄筋を避けてアンカーボルトの位置を決定したうえで補強部材を加工する必要があるため，**写真 3.1**, **写真 3.2**に示すように型紙など使って正確に寸法をおさえ，工場製作に反映させることはその典型といえる．

第 3 章 鋼構造物の長寿命化技術

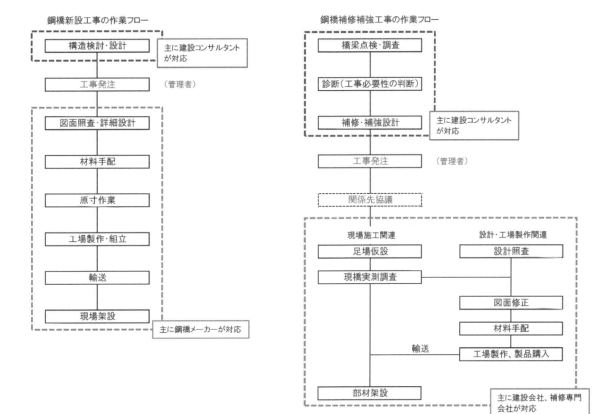

図 3.4 鋼橋新設工事と補修・補強工事の作業フローの違い

写真 3.1 アンカーボルト位置計測状況

写真 3.2 孔位置写真計測状況

(2) 既存の図面に関する配慮

　補修・補強設計において，既設橋の調査は不可欠である．調査に際して，変状の広がりや程度は比較的容易に確認されるが，既設部材の取り合い寸法や添架物の大きさや位置などを把握することも忘れてはならない．橋梁が建設された当時の竣工図には，図 3.5 に示すように当該橋梁そのものしか表現されていないが，現況では，供用開始後に設置された添架物や取付支材等が存在する場合もあるので，設計の際には留意が必要である．例えば，箱桁内部に補強部材を設置する際，竣工図面をもとに判断すれば搬入できた部材であっても，実際には多くの添架物が支障となってしまう写真 3.3 のような事例や，配管類が干渉して作業用足場の設置に支障となる写真 3.4 のような事例などが挙げられる．設計の段階でこのような干渉物を把握し，設計図面に反映することにより，当初は予定していなかった補修部材の設計変更や干渉物の移設などにかかる時間や手間が発生しないよう，対策することができる．なお，補修・補強工事の竣工図や施工計画書などは，将来の維持管理に重要な基礎資料となるため，工事規模の大小に関係なく，適切に保管しておくことが重要である．

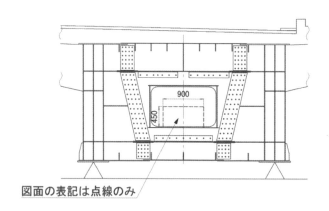

図 3.5 竣工図での表記

写真 3.3 実際の箱桁の内状況

写真 3.4 作業足場と干渉する配管類

(3) 鋼材や製品の手配期間の確保

既設構造物の補修・補強工事では，製作する部材が少量となるため，新規に建設する構造物の場合とは異なり，市中品による材料手配となりやすいという特徴がある．市中品がない場合は鋼材をロール手配することになるが，いずれにしても，入荷までに通常は2〜3ヶ月程度かかる．

前述のとおり，補修・補強工事では設計図をもとに内容を照査し，必要に応じて修正を加えて鋼材の発注手続きを行うため，あらかじめこの期間を考慮した工程を考えることが求められる．しかし，補修・補強は小規模な工事が主体のため，これら材料手配に必要な工程は過少に見積もられることがある．現場施工に必要十分な期間を確保するためには，製作のための適切な期間を設定することが不可欠であるため，事前に材料流通の動向を調査するなど工夫することが望ましい．また，2次製品となる鋼製支承（標準支承も含む）は，金型や鋳型から製作するため，鋳型製作期間(約30日程度)を工期に見込んだ設定が必要となる．鋼製高欄の取替についても，橋面の縦断勾配を反映させた製作が必要であり，現場の形状に合わせるための期間を考慮することが求められる．

3.4.3 施工計画における留意事項

(1) 作業スペースに対しての留意事項

補修・補強工事の現場は，対象構造物そのものや添架物などが輻輳していることが多く，十分な作業空間が確保できずに非効率な作業となることがある．このため，現場状況を勘案して作業スペースを計画したり，スペースの制約を踏まえた補強部材の分割を計画したりするなどの配慮が肝要である．例えば，**図 3.6**や**写真 3.5**のように部材搬入時のマンホールの大きさを事前に把握したうえで補強部材の大きさを検討したり，アンカー削孔や高力ボルト締め付け等に用いる機械の寸法を事前に確認したうえで既設の部材に干渉しないよう検討したりすることが求められる．

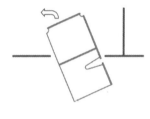
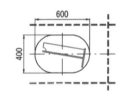

図 3.6 既設マンホールと部材

理論的に優れた補修や補強方法を設計したとしても，実際の現場でうまく取付かなければ効果を発揮できない．また，作業員の施工姿勢（上向き，横向き）もイメージした施工計画を立案できれば，より一層，設計で期待した品質を確保する環境を整えることができる．

塗装塗替えに際して塗膜を除去する場合，施工計画には十分な配慮が必要である．

塗膜除去を目的としたブラスト施工には，大型のコンプレッサーが常時必要であり，その作業半径は最大でも200m程度である．機材を設置する場所の選定が，効率的な施工に不可欠である．また，ブラストの工法によっては，研削材を30〜40kg/m²程度使用し，施工後

写真 3.5 マンホールからの取込

はそれらが足場上に積層することになる．このようの場合には，使用済みの研削材の重量を考慮した足場の仮設計画を立案する必要がある．

(2) 部材運搬への配慮

供用中での施工が条件である補修・補強工事では，橋梁を新設する工事とは異なり，必ずしも重機を使用できるとは限らない．また，補強部材を取り付ける位置まで運搬するルートにも制約を受けることが多い．例えば，補修・補強工事における人力の運搬では，2人で70kg程度の部材を運ぶのが限界で，それを超えると写真3.6のような運搬用の設備等が必要となる．また，橋面から荷降ろしを行い，桁下に引き込む写真3.7のような設備が必要となることもある．このような取込や運搬に関する設備計画は，取付け位置まで部材をいかに安全に運搬するかも含めて，現場に応じたものとする必要がある．

写真3.6 作業足場上で運搬台車設備　　　写真3.7 トロリーを使用した引き込み設備

(3) 品質管理基準

補修・補強工事では，明確な品質管理基準がないのが現状である．このため，道路橋示方書や各管理者（発注者）が新設橋梁を建設する際に用いる共通仕様書を参考にする場合が多い．しかし，既設橋の経年変化や架設時の誤差への配慮が必要となるなど，新設の基準・規格をそのまま適用するのが困難な場合も見受けられる．また，補修・補強工事は様々な現場固有条件のもと，工種も多種多様であり，新設の基準・規格を準用して，一様に管理基準を設定することが難しい場合もある．そのため，経験の浅い技術者が担当したり，不慣れな工種を担当したりする場合には，品質管理の基準値や目標値を決めるために，相当の労力を要することがある．

さらに，同じ工種の工事であっても，現場毎に施工条件が異なるため，類似の施工事例において設定した基準値等を準用できない場合があるので留意が必要である．

3.4.4 主な損傷の対策にかかる施工上の留意事項

(1) 疲労き裂対策の施工上の留意事項[1]

疲労き裂の対策は，応急的対策と恒久的対策に大別される．

一般的に，応急的対策では，き裂の先端を除去するストップホール工法が適用される．恒久的

対策では，き裂の除去後に溶接で埋め戻したうえで止端仕上げして強度等級を向上させたり，高力ボルトで補強部材を添接したりするなどして，構造を改善して応力集中を緩和する手法がとられる．現場溶接により補修を行う場合，交通供用下における振動や溶接姿勢等の条件，母材の耐溶接性などを十分に考慮して，溶接品質を確実に確保できるか確認する必要がある．

(2) 腐食対策の施工上の留意事項[2]

腐食した鋼橋の性能を回復して長寿命化を図る際，性能を回復させるための工法を適用する前処理として，腐食損傷の原因をきちんと取り除くことが重要である．

腐食が軽微な場合には，塗装塗替えを行うことが多い．腐食により鋼部材の断面減少が進んだ場合に適用される代表的な工法には，当て板工法がある．当て板工法は，腐食による断面減少が生じた部位に対して，鋼板や形鋼などの鋼部材（当て板）を添えることで部材断面を補う工法である．断面剛性を回復させるとともに，発生応力を低減させて，腐食した部材の性能回復を図る．

腐食損傷の再発を防ぎ，当て板工法に期待した効果を継続的に発揮させるためには，前処理として行うケレン作業（素地調整）により，さび等を確実に除去することが求められる．

他方，ケレン作業後の部材表面に生じる不陸が大きくなる場合には，当て板との間に不陸ができ，そこから水が浸入して，腐食が進行する恐れもある．また，隙間の影響により，設計で期待した応力低減等の効果を発揮できない恐れもある．このような場合の対処方法として，**図 3.7** のように母材と当て板との間にエポキシ樹脂や金属パテを塗布して隙間を埋める等により工夫された事例がある．また，当て板と母材との間に水が浸入するのを防ぐため，当て板の周囲を弾性シール材で処理する等により工夫された事例がある．なお，当て板工法は一般的に，高力ボルトにより添接することが多い．現場溶接による添接を検討する場合には，交通供用下における振動や溶接姿勢等の条件，母材の耐溶接性などを十分に考慮して，溶接品質を確実に確保できるか確認する必要がある．

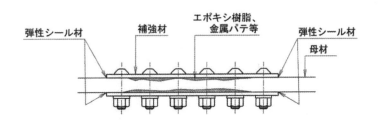

図 3.7 添接面の不陸修正

【参考文献】
1) 土木学会：鋼橋の疲労対策技術，2013
2) 土木学会：腐食した鋼構造物の性能回復事例と性能回復設計法，2014

3.5 鋼構造物の長寿命化対策事例

　本章では，予防保全型と事後保全型それぞれの長寿命化対策事例と，長寿命化するために用いられた新たな技術シーズの適用事例について紹介する．

　一つ目の事例は，吊橋の老朽化対策であり，診断から対策を自治体と国が連携して実施した事例を紹介する．リスクマトリクスの「軽減」対策を講じたものである．

　二つ目の事例は，鋼材の腐食に対して，塗装の調査，劣化予測を実施し，計画的に塗装の塗り替えを予防保全的に実施している本州四国連絡橋の事例で，リスクマトリクスの「軽減」対策である．

　三つ目の事例は，鋼床版のデッキプレート貫通き裂等，鋼材のき裂対策について予防保全として実施している阪神高速道路の事例で，リスクマトリクスの「回避」対策である．

　四つ目から六つ目の事例については，き裂や腐食，床版等に対する補修補強を行った阪神高速道路の事例を紹介する．リスクマトリクスの「軽減」対策を講じたものである．

　七つ目の事例は今後100年寿命を延ばす政策方針のもとで，劣化要因を除去するための補修や耐震性能を向上させる補強などを実施した東京都の事例で，リスクマトリクスの「軽減」対策である．

　八つ目の事例は，予防保全型の事例として，発見された損傷に対して各種の調査や試験により検討を重ねて標準工法を開発し，同じ構造ディテールで損傷が確認されていない部位にも予防保全的に対策を実施した東海道新幹線の事例を紹介する．これは，1.で整理したリスクマトリクスの「回避」対策である．

　また，新たな技術シーズを適用した事例では，鋼床版の疲労き裂対策として導入した鋼繊維補強コンクリート（以降「SFRC」という）舗装の事例，当て板補修の際に腐食減肉部にエポキシ樹脂系接着剤を塗布した事例について紹介する．なお，これらはいずれもリスクマトリクスの「軽減」対策である．

【事例執筆者一覧】

阪神高速道路株式会社　建設・更新事業本部　大阪建設部　設計課　田畑　晶子

国土交通省　四国地方整備局　土佐国道事務所　事業対策官　桝田　雄樹

東京都　建設局　道路管理部　橋梁構造専門課長　本間　信之

東海旅客鉄道株式会社　伊藤　裕一

3.5.1 国土交通省の事例
(1) 対象橋梁の概要
1) 大渡ダム大橋について

高知県北西部に位置する仁淀川町の「大渡ダム大橋」は，昭和58年12月に完成したもので，図3.8に示す仁淀川の大渡ダム上流に架かる，単純補剛トラス吊橋（中央径間240m）を有する橋長444m（7径間）の橋梁である．ダム建設に伴う補償工事として建設省四国地方建設局（当時）が建設を行い，現在は仁淀川町が管理している．

道路施設の老朽化対策に関しては，平成25年6月の道路法改正を受け，平成26年3月に公布された「定期点検に関する省令・告示」により，橋梁等道路施設の5年に1度の定期点検が義務づけられた．各道路管理者は，定期点検を行い，そしてその結果を踏まえて，適切な措置をはかっていくことになる．しかし，一方で技術者が不足している自

図3.8 位置図

治体では，適切な措置の方針を検討するにあたって，高度な技術力が必要と判断すれば，様々な助言を得ながら検討を進めることになり，大渡ダム大橋においても同様の課題を抱えていた．

平成26年8月，国は同橋梁を管理する仁淀川町からの要請を受け，平成26年9月に現状を把握するための調査を行い，現状と今後の点検・維持管理等に関する技術的助言を行った．また，大渡ダム大橋は吊り橋構造を有する橋梁であり，修繕には高度な技術が必要となるため，平成27年度に仁淀川町は国に対して改めて修繕の要請を行い，地方公共団体への緊急かつ高度な技術力を要する補修の支援策として同年，国が仁淀川町に代わって修繕に着手，平成29年3月に竣工した．

2) 橋梁諸元

大渡ダム大橋の橋梁諸元を表3.4に示すとともに，橋梁一般図を図3.9に示す．

表3.4 橋梁諸元

	諸 元
路線名	町道仁淀吾川線
橋梁所在地	高知県吾川郡仁淀川町高瀬～森山
管理者	仁淀川町
橋梁形式	〔A1～A2（5径間）〕 1径間単純合成鈑桁＋1径間補剛トラス吊橋＋単純合成鈑桁橋3連 〔A2～A3（2径間）〕 2径間連続非合成鈑桁橋
橋　長	401.0m（A1～A2）＋43.0m（A2～A3）＝444.0m
適用示方書	昭和47年道路橋示方書
架設年	昭和58年12月

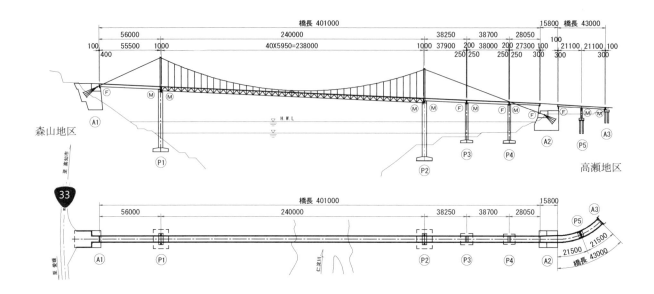

図 3.9 橋梁一般図

3) 国による診断の結果

平成 26 年に行った調査では，高所作業車や橋梁点検車等を用いた近接目視点検により重大な損傷が発生していないか確認したほか，橋梁の耐荷性能に及ぼす部材の影響度を念頭に置いた上で，橋梁の措置方針について助言を行うための調査を実施した．

その結果を基に，部材毎の耐荷性能に及ぼす影響や今後の損傷の進行性，ケーブル等の不可視部分の不確実性も加味し，大渡ダム大橋の現状評価や今後の維持管理方法に関し，技術的観点から助言をとりまとめた．主な部材（吊り橋部）に関する直轄診断の技術的助言は表 3.5 のとおりである．なお，直轄診断の内容の詳細について，文献 [1],[2] を参考にされたい．

表 3.5 主な部材に関する技術的助言

部材名	技術的助言
メインケーブル	多くのケーブルバンド部の防水機能が劣化し，一部ではラッピングワイヤが腐食破断している状態であり，早急にラッピングワイヤの補修やケーブルバンド部の防水対策の更新など防食システムの機能回復が必要な状態である．
ケーブルバンドボルト	軸力の低下が生じていることから軸力の回復の必要がある．このとき，軸力管理が容易なものにするという観点で，軸力管理が容易になるようなものへ交換することが望ましい．
ハンガーロープ	防食の劣化が確認された．防食内部での腐食については，防食機能の回復措置に合わせて，腐食状況の確認を行って必要な保全対策を行うのがよい．
主塔・補剛桁	全体に塗膜劣化が進行しており，全面塗替えをするのがよい．また，疲労の観点から塗膜除去後に，隅角部・格点部の全溶接箇所において，き裂調査を行うのがよい．
アンカレイジ	防水対策を行うのがよい．

(2) 詳細調査

修繕の着手前に，吊り橋の主要構造部材である「メインケーブル」と「ハンガーロープ」の耐荷性能を確認するため，特に腐食損傷の進行している部材を選定して詳細調査を行い，保全対策について検討を行うとともに，その他主要箇所の詳細調査を行った．

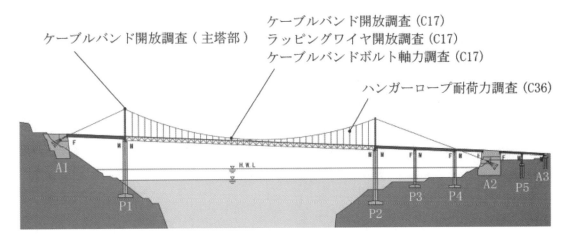

図 3.10　詳細調査箇所図

1) メインケーブル

ケーブルバンド取合い部のラッピングワイヤは，写真 3.8 に示すように腐食破断が確認され，漏水の影響でメインケーブルを構成する素線が腐食している可能性があったため，健全性を確認する必要があった．

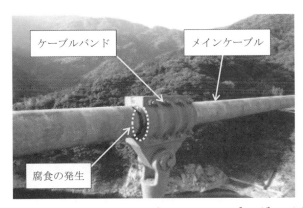

写真 3.8　ラッピングワイヤの腐食状況（右：拡大）

健全性の確認は，写真 3.9 のとおりケーブルバンドを取り外したのち，開放くさび調査に影響のある範囲のラッピングワイヤを一旦撤去し，腐食の進行が懸念されるケーブルバンド取り合い部の内部が確認できる位置において，写真 3.10 に示す「開放くさび調査」を行った．

調査の結果は，表面には部分的に白錆と赤錆が混ざった状態が見られたが，中心に向かうほど健全であり，表面の素線についても断面減少を伴う腐食は確認されなかった．

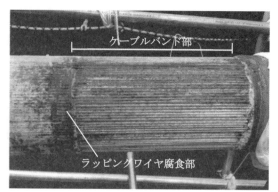

写真 3.9 ケーブルバンド開放状況

写真 3.10 開放くさび調査（右：開放部拡大）

2）ケーブルバンドボルト

　吊り橋のケーブルバンドボルトは，通常 M30 以上のボルトが使用されているが，当橋梁は「HTB F10T ボルト（M22（センターステイボルトは M30））」が使用されていた．また，ケーブルバンドを固定するボルトの締付力は経年的に低下することが，既往の実績から判明している．ボルトが緩むとバンドスリップにより吊橋に悪影響を及ぼすため，軸力調査により現状を確認したところ，設計必要軸力の 156kN から平均で約 60kN（約 38%）に低下しており，早期に軸力回復を図る必要があることを確認した．

3）ハンガーロープ

　ハンガーロープ素線の防食被覆は大半で劣化が見られ，殆どの箇所で上部ソケット付近において写真 3.11 に示すような腐食が進行していた．腐食状態の確認と合わせ耐荷性能試験を行うため，最も腐食が進行していた箇所のハンガーロープを撤去し，写真 3.12 のとおり耐荷力調査（引張試験）を実施するとともに，構成するストランドの発錆状態を確認した．引張試験については破断荷重まで確認した結果，製作時保証強度の 1,260kN を上回っており，必要な耐荷性能を有していることが分かった（破断荷重 1,391kN）．

写真 3.11 ハンガーロープの腐食状況

第3章　鋼構造物の長寿命化技術

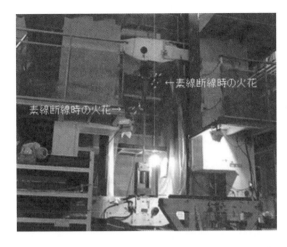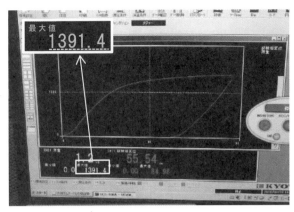

写真 3.12　ハンガーロープの耐荷力調査状況
（左：破断時の状況，右：破断強度（1,391kN）を示す試験結果）

ハンガーロープは，7本のストランドで構成されており，腐食は写真 3.13 のとおり外面部よりも内面部で進行しており，ハンガーロープの断面図では，図 3.11 に示す状態であることが確認された．

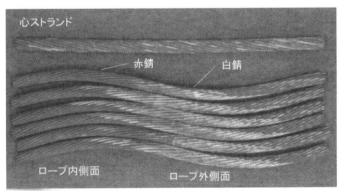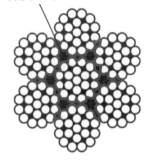

写真 3.13　ハンガーロープをバラした状況　　　図 3.11　ハンガーロープの腐食状況

写真 3.14 は更にストランドを構成する素線までバラした状態であるが，素線は外側素線外側面に錆が発生しているが，中心部ほど発錆が少なく，芯は錆が発生していなかった．

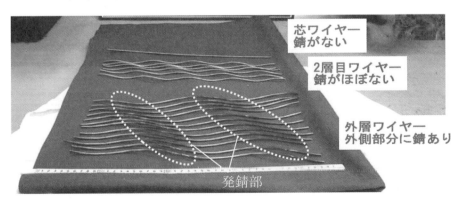

写真 3.14　素線の状態

4) 主塔・補剛桁

主塔，補剛桁の外観は**写真 3.15** に示すように全体的に塗装劣化が進行しており，防食機能が大きく低下していたため，塗り替え塗装を当初から計画していたが，主塔内部についてもマンホールを開放して劣化状況を確認した結果，**写真 3.16** のとおり水平部材において，架設用ボルト孔の処理跡，マンホールの隙間からの雨水進入による内部腐食が確認された．

なお，塗装割れが確認された溶接部については，磁粉探傷試験によるき裂調査を行い，その他の箇所についてはケレン後目視点検により確認したが，き裂は確認されなかった．

写真 3.15　補剛桁の劣化状況

写真 3.16　主塔水平部材内部の腐食状況（左：マンホール部，右：内部）

5) アンカレイジスプレー室

アンカレイジスプレー室（以下，「スプレー室」）のメインケーブル開口部は，**写真 3.17** に示すように雨水が進入する構造となっていたため，アンカーフレームの一部に滞水による腐食が生じていたが，顕著な板厚減少や断面欠損は生じておらず，耐荷性能に影響を与えるものでは無いことを確認したが，スプレー室底版は湿潤状態であり，排水機能の改善が必要な状態であった．

写真 3.17　スプレー室開口部

(3) 補修内容

詳細調査の結果をもとに，**図3.12**のフローにより各部位における防食機能の回復及び，将来的な維持管理を想定し，工法や使用する材料を検討した上で補修を行った．

各部位における補修内容は以下のとおり．

1) メインケーブル

大渡ダム大橋の腐食環境は海上部のような塩害を考慮する必要がなかったため，ラッピングワイヤの健全部では，防食システムの回復を目的とし，素地調整を3種ケレンとした．

また，塗装については，**表3.6**に示すとおりケーブルの伸縮に追随可能な柔軟型塗装で塗替えを行うこととした．

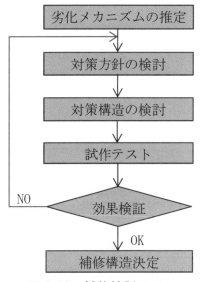

図3.12 補修検討フロー

表3.6 メインケーブルの塗替塗装仕様

塗装系記号	適用部位	素地調整	第1層	塗装間隔	第2層	塗装間隔	第3層	塗装間隔	第4層
X_4	主ケーブル（丸ワイヤラッピング外面）	3種	柔軟形エポキシ樹脂塗料（はけ300）	1d〜7d	柔軟形エポキシ樹脂塗料（はけ300）	1d〜7d	柔軟形フッ素樹脂塗料（はけ150）	1d〜7d	柔軟形フッ素樹脂塗料（ローラ-150）

※（ ）内の数値は塗料の標準使用量（単位：g/m²）を示す。

なお，ラッピングワイヤ開放調査箇所の補修については，将来的な維持管理を想定して，素線状況調査時に開放調査が比較的容易な「防食テープ」とし，当該橋梁では「ペトロラタム系テープ」を採用した．補修手順については**写真3.18**，**写真3.19**に示すとおりである．

 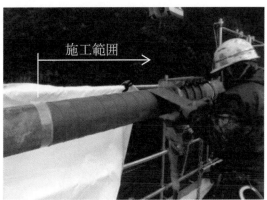

写真3.18 メインケーブルの補修
（左：手順①ペトロラタム系ペースト塗布，右：手順②ペトロラタムテープ巻き付け）

写真 3.19 メインケーブルの補修
（左：手順③絶縁アルミテープ巻き付け，右：手順④硬化型テープ巻き付け）

2) ケーブルバンド

　ケーブルバンドは，メインケーブルのような高い伸縮性能が必要でないこと，発錆は部分的であった等の理由から LCC を考慮して素地調整は 3 種ケレンを採用し，RC-Ⅲ塗装系にて塗替塗装を行った．

　ケーブルバンド取合部の腐食は，シーリング材の劣化が原因と推察された．今回は図 3.13 に示すとおりブチルゴムとシリコンの 2 重構造で止水のうえ，柔軟型塗装を行う構造とした．

3) ケーブルバンドボルト

　ケーブルバンドボルトは全数交換とし，施工性と今後の軸力管理及び，軸力

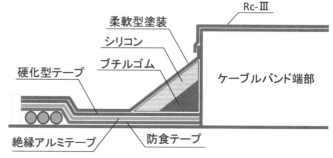

図 3.13 ケーブルバンド部の補修構造

導入の均等性から写真 3.20 に示すように 1 次締め付けをトルク法により順次交換したのち，ボルトテンショナー※による全数一括増し締め（2 次締め付け）を行う方法で軸力の導入を行った．

写真 3.20 ケーブルバンドボルトの締め付け状況
（左：トルク法による 1 次締め付け，右：ボルトテンショナーによる 2 次締め付け）

※ボルトテンショナー
　　ボルトナット側のねじ切り部に設置し，ボルトを引っ張ることで予め軸力を発生させた後，ナットを締める装置で一度に複数本のボルトを締めることが可能

ケーブルバンドの締付力は，(2) 2)でも記述しているが，経年的に低下することが確認されている．このことから，定期的な軸力管理が必要であるが，その観点から，ボルトは軸力測定や増し締めが容易なものに交換することが望ましい．

　本工事では，HTB F10T（M22（センターステイボルトは M30））を用いたが，工事完了後でも増締めが可能なようにねじ山の余長を長くすると共に，ボルトテンショナーで軸力の導入が可能なよう，**写真 3.21** に示す特殊ワッシャーを当該橋梁に合うように別途製作し使用した．

　なお，ケーブルバンドボルトの交換にあたっては，実際の施工方法及び，施工後の軸力管理が可能か本施工前に試作ボルトを作成し試験施工により確認をしている．

写真 3.21　ケーブルバンドボルト（左：交換前，右：交換後）

　施工後，軸力変化の経過を確認するため，すべり安全率を考慮したケーブルバンド箇所には**写真 3.22** に示す超音波計測器による軸力確認が可能な平坦仕上げボルト[※※]を採用した．

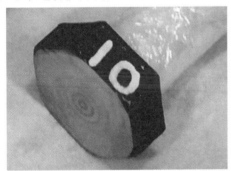 

写真 3.22　軸力管理用の平坦仕上げボルト（左：頭部，右：ネジ先）

　設置後はマイクロメーター及び超音波による計測を行った後，腐食防止を目的に写真 3.23 のとおりボルト両端にウレタンキャップを設置した．なお，軸力確認時に必要となる基準ボルトは，現地に施工したものと同じものを別途作成し保管するようにした．

※※平坦仕上げボルト
　　軸力管理用ボルト．施工前に無応力状態での初期値を測定することで，その測定結果を基に軸力変化の経過
　観察が可能

写真 3.23 ボルトの設置状況
（左：マイクロメーターによる計測，右：ウレタンキャップの設置状況）

4) ハンガーロープ

腐食が最も進行していたハンガーロープの引張試験結果において，製作保証強度以上であることが確認できたため，交換は行わずロープ表面に発生している錆の進行抑制を目的とした補修を行った．

補修工法は防食テープ，柔軟塗料の刷毛塗り，浸漬塗装による塗り替えについて比較した結果，今回の施工範囲が小規模の施工（腐食範囲のみ）であること，特殊な施工機械が必要ないことなどから，図 3.14 に示すような防食テープによる工法を採用した．

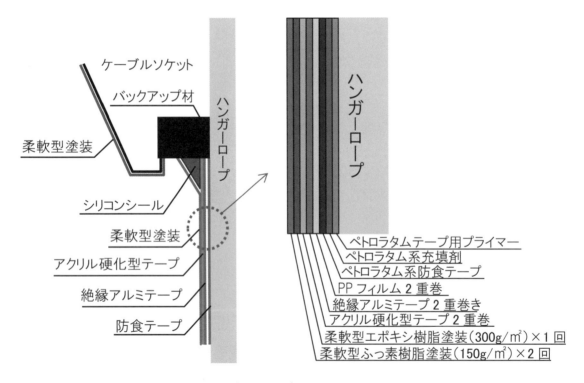

図 3.14 ハンガーロープの補修構造（右：拡大イメージ）

なお，防食テープを巻いた後，防食テープの劣化防止のため，写真 3.24 のように柔軟型塗装を行った．また，メインケーブルからケーブルバンドを伝う雨水が腐食の一因と推測されることから，腐食要因を軽減するため，写真 3.25 に示すようにメインケーブル及びケーブルソケット部に

水切りを設置したが，以後の点検等においてその効果が明らかで無い場合は，新たに対策することが望ましい．

写真 3.24 ハンガーロープの施工状況

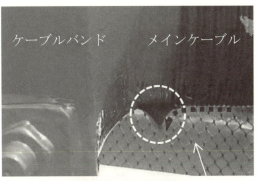

写真 3.25 水切り構造
（上：メインケーブル，下：ソケット部）

ハンガーロープの下端ソケット部についてもシーリング材が劣化していたため，ロープを伝う雨水等がソケット内部に侵入して腐食を誘発させないよう，図 3.15 及び，写真 3.26 に示すように，シーリング材の交換と合わせて，防食対策としてエポキシ樹脂塗料による含浸措置をした上で，柔軟型塗装を施工した．

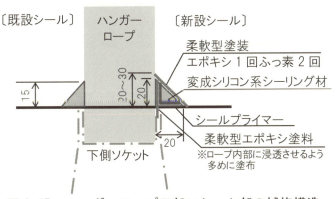

図 3.15 ハンガーロープ下部ソケット部の補修構造

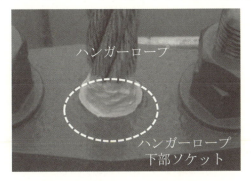

写真 3.26 ハンガーロープ下部ソケット（左：施工前，右：施工後）

5) 主塔・補剛桁

主塔・補剛桁の防食機能回復を目的とした塗装塗り替えについて，大渡ダム大橋周辺は海岸から離れた内陸部で，腐食環境としては飛来塩分の影響を考慮する必要がないことから今後の耐久性も考慮し，腐食が発生していた主塔内面は一般的に内面塗装として使用されているRd－Ⅲ塗装系とし，その他外面はRc－Ⅲ塗装系とした．

また，塔内部への雨水進入の原因となっていた，架設用ボルト孔処理跡及び，マンホール部の隙間については，**写真3.27**及び，**写真3.28**に示すとおり止水対策を行うとともに，結露等で内部に水滴が発生した場合でも外部へ抜けるよう，**写真3.29**のとおり最底部に水抜き用の孔を設けた．なお，削孔した箇所には内部へ昆虫等が浸入しないようメッシュシートを設置している．

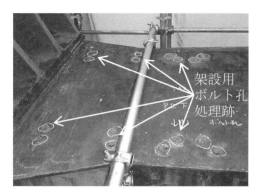 

写真3.27　主塔上部水平材（架設用ボルト孔跡）の補修状況
（左：補修前，右：補修後（塗装前））

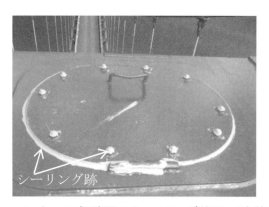

写真3.28　マンホール部隙間のシーリング状況（塗装前）

 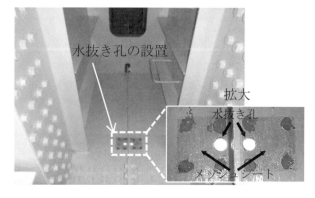

写真3.29　主塔上水平材の内部（左：塗装前，右：塗装後）

6) アンカレイジスプレー室

スプレー室内は雨水等の流入により湿潤状態になることが確認されており，メインケーブルを伝いスプレー室内に浸入する雨水を遮断するため，写真 3.30 に示すスプレー室開口部前面のメインケーブル及び開口部上部に水切りバンド、庇を設置した．

また，アンカーフレームのタイプレートの腐食が確認されていたため，写真 3.31 のようにタイプレート部に滞水しないよう水抜き孔を設けると共に，腐食箇所は F-12 塗装系による塗装を行った．

写真 3.30　スプレー室開口部の雨水対策

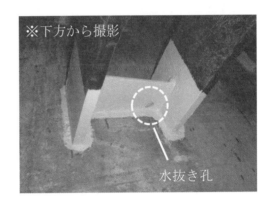

写真 3.31　タイプレートの削孔，塗装状況（左：施工前，右：施工後）

スプレー室の床面は，写真 3.32 に示すとおり結露水がスプレー室に滞水しないよう，床面の勾配を改善した．

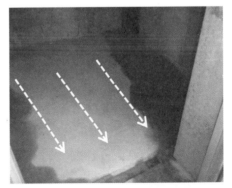

写真 3.32　スプレー室内の排水勾配改善状況（左：施工前，右：施工後）

なお，現況ではスプレー室内の点検時は，その都度仮設足場や梯子を設置する必要があったため，写真 3.33 のようにアンカレイジ上面からスプレー室入り口を繋ぐ検査路を設置し，点検時の負担軽減や緊急時の即時対応等が可能となるようにした．

写真 3.33 検査路の設置状況

(4) 維持管理の留意点

修繕完了後は当該自治体において維持管理を行うようになるが，合理的に維持管理を行うためには，今回の補修工事の内容や補修工事の内容も含め，留意する事項を記録に残すのがよい．

たとえば，平成 24 年道路橋示方書・同解説において，共通編 1.7 や 6.3 では，「将来の劣化や損傷などの不具合への発生の対処のために，設計及び施工の記録，構造設計上の配慮事項など，設計施工時点でないと後から推定することが困難となり得る事項について，記録を残すことがよい」とされている．

今回は，管理者が継続的に当該橋梁をマネジメントできるよう，工事の完成時に仁淀川町に対して，工事の完成図書と合わせて，工事内容及び今後の維持管理に関する留意点をまとめた「引継ぎ書」を作成し工事の引継ぎを行った．

引継ぎ書の内容は以下のとおり．
① 工事竣工調書
② 竣工図（完成図）
③ 工事関係書類
④ その他（参考資料）
　・各部材の調査及び試験結果（施工前）
　・軸力管理資料及び管理用基準ボルト
　・維持管理上の留意事項　等

引継ぎ書の作成にあたって最も考慮したのは④であり，自治体が今後自ら管理していく観点から，これらの 3 点については，特に詳細な記録を残すことにした．

例えば，吊り橋の管理上重要となる「ケーブルバンドボルトの軸力管理」については，基準ボルトと合わせて，基準ボルトのセット位置及び，軸力測定方法を明記した説明書を既存のセットアップデータと共に参考資料として附した．

また，当該橋梁において補修した内容を加味し，日常的な管理における留意点をとりまとめ引き継ぎ資料の一部とした．

(5) あとがき

大渡ダム大橋は吊り橋構造を含む橋梁であったが，これまで四国管内の直轄管理区間に吊り橋は架設されておらず，維持管理に関する実績も無いことから，全国の吊り橋における工事記録等

を参考に，施工着手前の点検及び，補修方針について試行錯誤を繰り返しながら検討を行ったが，吊り橋毎に施工規模，設置箇所，施工時期，構造等様々であり，当該橋梁独自で対応策を検討するケースもあった．

　従って，本橋梁で行った補修対策は一事例であり，本稿で示した対策がそのまま他の橋梁に当てはまるとは限らないことから，補修にあたっては，対象となる橋梁固有の条件（地理的地形的条件，環境条件，設計思想及び設計手法，使用材料，部材等の形式，細部構造の形式，防食等の仕様，過去の補修や補強の履歴，劣化や損傷の進展状況など）を十分に考慮して，適切な対応となるよう留意しなければならない．

【参考文献】

1) 国土交通省四国地方整備局：直轄診断報告書【大渡ダム大橋】, 2015

2) 玉越隆史, 村越潤, 桝田雄樹：吊り橋の健全性診断の事例, 土木技術資料 Vol.58, No.5, pp. 49-50, 2016

3.5.2 本州四国連絡橋における予防保全の事例
(1) 概要

本州四国連絡橋（以下，本四連絡橋という）は写真3.34に示すように外面塗装面積は膨大であり，塗替塗装費が維持修繕費に占める割合は高い．本四連絡橋は，腐食環境が厳しい海上部に建設されており，また一般の橋に比べ塗替塗装の施工上の制約が多いことから，塗替え回数の低減が図れる耐久性に優れた塗装仕様を建設時より採用している．外面塗装の仕様は，図3.16に示すように下地に無機ジンクリッチペイント（以下，「無機ジンク」という．）を用いて犠牲防食効果による防食性能を期待し，この上に下塗りとして無機ジンクを保護する耐水性に優れたエポキシ樹脂塗料を，さらに中塗りを介して耐候性に優れるポリウレタン樹脂塗料あるいはふっ素樹脂塗料を上塗りとして塗り重ねる重防食塗装系を採用している．この塗装系の再塗装は，現場では一種ケレン（ブラスト）の施工や無機ジンク塗布時の品質管理（湿度，作業間隔他）が難しく，費用も膨大となることから，極力無機ジンクを保護する下塗りが露出するまでに上塗りと中塗り塗膜のみを塗替えることを基本とした予防保全型の管理を行っている．無機ジンクが劣化し，鋼材の腐食が始まってから塗替える事後保全に比べ予防保全の塗替え費用は1/3程度と試算している．

無機ジンクを保護する下塗りを極力消耗させないタイミングで上塗りと中塗りを塗替えることになるが，短期間で塗替え可能な一般の橋とはちがい，大規模な本四連絡橋の塗替えには長い年数を要するため，上塗り及び中塗りの塗膜が消失する時期を予測し，それまでに塗替塗装が完了するよう塗替塗装の施工期間を設定することを塗装の維持管理の基本としている．さらに，塗替塗装サイクルの延長を可能とする耐久性に優れた塗装の開発等も実施している[1]．

なお，塗装の維持管理は塗膜の状態を把握した後，状態の評価を行い，全面的な塗替えを行うのか，部分的な塗替えを行うのか，あるいは局部的な補修するのかを塗膜点検結果より判定している．

(a) 瀬戸大橋

(b) 来島海峡大橋

写真3.34 本州四国連絡橋

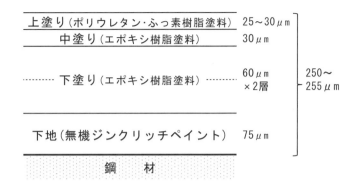

建設時塗装仕様	1次下地処理		2次下地処理	第1層	第2層	第3層	第4層	第5層	第6層	合計膜厚(μm)
E 外面用	原板ブラスト	無機ジンクリッチプライマー (20)	製品ブラスト	厚膜型無機ジンクリッチペイント (75)	ミストコート	厚膜型エポキシ樹脂 (下塗) (60)	厚膜型エポキシ樹脂 (下塗) (60)	エポキシ樹脂 (中塗) (30)	ポリウレタンorふっ素樹脂 (上塗) (30or25)	(255or250)

図 3.16 本州四国連絡橋における重防食塗装の塗膜構成

(2) 寿命を左右する要因と原因

1)維持管理計画

重防食塗装仕様の塗膜劣化のイメージを図 3.17 に示す．塗装は，①塗装表面の光沢度の低下，②樹脂成分の劣化に伴う白亜化（チョーキング）の進行，③上塗り，中塗り，下塗り塗膜の消耗，と進展するのが一般的である．現在，塗替塗装の施工時期については，塗膜消耗に着目した劣化予測による塗替塗装の完了時期を設定し，塗替塗装に要する期間を仮定して，塗替塗装の着手時期が手遅れとならないように設定している．劣化予測に基づく計画的な塗装の予防保全を実践するためには，点検，調査により塗装の状況を適切に把握，評価する必要がある．

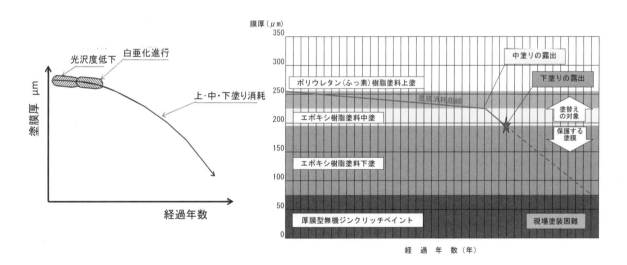

図 3.17 塗装の劣化イメージと劣化予測

2)点検・調査（塗膜調査）

塗膜の変状については，点検時に外観の状態を①汚れ，②滞水，③結露，④変退色，⑤われ，⑥ふくれ，⑦はがれ，⑧さび，⑨未塗装に分類，整理される．劣化した塗装の外観例を写真 3.35 に

示す．上記とは別に，塗膜の劣化予測を行うために定量的な調査として，橋毎に設けた塗膜調査用の定点において，光沢度の低下，塗膜の消耗量を計測している．また，ある橋において塗替え計画の策定が必要となる時期となった場合に，その時点における残存する膜厚を把握するために膜厚測定を実施することとしている．なお，調査点数については，高い信頼度で劣化予測が可能となるのに必要な点数として設定している[2]．

(a) 塗膜消耗（すけ）　　　　　　(b) 局部腐食（ボルト部）

写真3.35 塗膜の劣化状況

 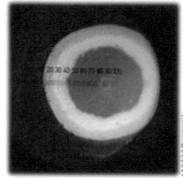 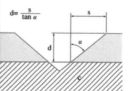

(a) 実橋での計測状況　　　　　　(b) 残存膜厚の計測例

写真3.36 残存膜厚計測

3) 劣化予測手法

図3.17の塗膜劣化予測のイメージでは，一律の（残存）塗膜厚，消耗速度となっているが，実際の構造物においては，残存する塗膜厚は一様ではなく，塗膜の消耗速度も日射条件などの影響を受けるため一様ではない．そこで，図3.18に示すような（残存）塗膜厚と消耗速度の平均値とばらつきを現地調査より把握した値を考慮した劣化予測手法を塗替え計画に反映している[2]．

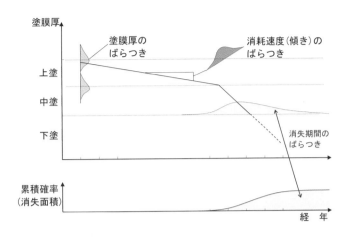

図 3.18　塗膜厚と消耗速度のばらつきを考慮した劣化予測のイメージ

(3) 長寿命化するための予防保全型対策

塗替塗装は，劣化予測に基づく塗替塗装計画に従った全面塗替え（足場計画に伴う部分塗替えの場合も含む）と，部分的なはがれや局部的なさびが発生した部位に対する局部補修に大別される．塗替塗装の施工実績と上塗り塗料の変遷を図 3.19 に示す．計画的な塗替塗装は，橋梁が古く，上塗りにふっ素樹脂塗料を採用していない大三島橋，因島大橋，大鳴門橋で 1 回目の塗替塗装が完了しており，現在瀬戸大橋で塗替塗装を実施中である．なお，大島大橋，生口橋もふっ素樹脂塗料を採用していないが，箱桁断面のため塗装面積の大半を占める桁下面は，①紫外線の影響を受けにくいこと，②平面部材で構成されているため塗替えが短期となること等の理由から現時点では塗替塗装に着手していない．

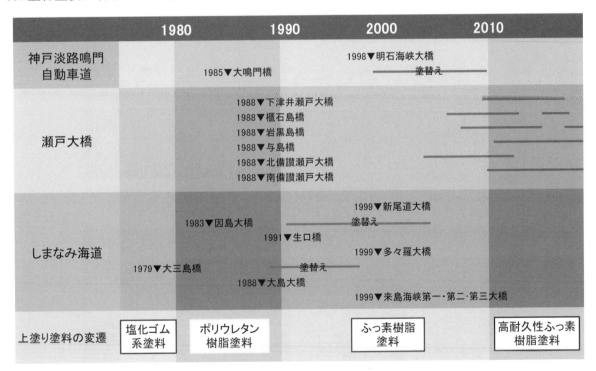

図 3.19　塗替塗装の施工実績と上塗り塗料の変遷

1)作業足場

　塗替塗装は，まず対象となる部材に対する作業性の確保および作業中の飛散防止対策等を目的とした作業足場を構築する．複雑な形状のトラス桁における主要な足場を**写真 3.37** に示す[3]．

（a）外面作業車

（b）架設足場

写真 3.37　作業足場

2)塗替塗装

　塗替塗装は，**写真 3.38** のように，まず部材表面に付着した塩分を水洗いにより除去し，劣化した塗膜を取り除くための素地調整を**写真 3.39** のように実施する．この時，健全な塗膜（活膜）は極力残すように作業を行う必要があり，熟練が必要な作業である．

　次に**写真 3.40** にように接着層となる中塗りの塗布を行った後，**写真 3.41** の上塗りの塗布を行う．

写真 3.38　水洗い状況

写真 3.39　素地調整状況

写真 3.40　中塗り塗布状況

写真 3.41　上塗り塗布状況

3)品質管理

塗替塗装においても塗装の耐久性を確保する上で品質管理は重要な役割を担っており，以下に代表的な品質管理の項目を示す．

(a) 付着塩分量測定

塗膜表面の付着塩分量の測定は，写真 3.42 に示すように塗装面 50cm×50cm の範囲内を脱イオン水で湿らせたガーゼで拭き取り，塩素イオン検知管にて測定を行う．1 ㎡あたり 20mg 以下の塩化物量であることを確認し，塗装を行うこととしている．

写真 3.42　付着塩分量の測定状況

(b) 塗膜厚測定

塗膜厚の測定は最終的には乾燥後に実施するが，所要の塗膜厚を確保するために塗料を塗った直後の膜厚を写真 3.43 のように計測することによる管理も実施している．

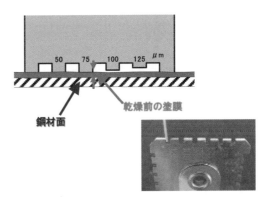

写真 3.43　ウェット膜厚の計測状況

(c) 付着力試験

塗膜の乾燥後に付着力が所要値を満たしているかを確認するために写真 3.44 に示す付着力試験（アドヒージョン試験）を実施している．1 ㎟あたり 1N 以上であれば合格としている．

写真 3.44 付着力試験状況

(4) 技術開発の現況

　塗替塗装サイクルの延長を可能とする高耐久性ふっ素樹脂塗料を開発し，実橋での塗替塗装に適用している．これまでの各種調査の結果では，従来のふっ素樹脂塗料に比べ光沢度の低下が小さいことを確認しており，その効果が期待できる状況にある[1]．

　さらに，経済化や環境負荷の低減が期待される塗料の開発を進めている．これは，従来の中塗りと上塗りを1工程で塗布する仕様で，実橋での試験施工と暴露試験によって性能の確認を進めている．施工3年後の調査では，光沢度や付着力などに大きな問題は生じていない．今後も調査を継続し実用化を判断する予定である．

　上記のような上塗塗料の高耐久化の効果は，下地である無機ジンクの長期にわたり健全性が維持されていることや，塗装の劣化が塗膜厚の消耗により塗膜の表面から進展することを前提としている．実橋では，一部の橋梁において限定的ではあるが塗膜間でのはく離や無機ジンク層の劣化に起因すると思われるはがれ等の変状が確認されている．このため，上塗塗料の耐久性向上の検討とともに，その他の各種要因による劣化について，劣化特性を把握するための検討を行っている．

　一方，実橋における腐食は，部材の端部やボルト添接部などに局部的な箇所で生じている場合が多い（写真 3.35(b)）．このような局部的な腐食を長期間放置すると鋼材の減肉を生じる可能性が高く，適時の対応が必要となる．そこで，局部的な補修を確実に実施することで部材の腐食の進展を抑えて橋全体の塗装の延命化を図り，結果として塗替塗装サイクルの長期化を目指している．なお，このような局部的な腐食に対する補修塗装を安全、確実かつ効率的に実施するためには部材への近接手段の整備が不可欠であり，既設の点検補修用作業車の改良や簡易足場の開発を進めている．

【参考文献】
1) 大川宗男，森山彰，熊井貴弘：高耐久性ふっ素樹脂塗料の開発と適用，橋梁と基礎,Vol.49, No.10,pp24-27,2015.10
2) 大塚雅裕，楠原栄樹：重防食塗装の劣化予測の高度化，本四技報, Vol39, No.124, pp2-9, 2015.3
3) 真辺保仁：瀬戸大橋塗替塗装の現況，Structure Painting,Vol.37, No.2, pp8-15, 2009

3.5.3 阪神高速の鋼構造物の長寿命化の事例（1）
(1) 概要
　阪神高速で管理する鋼床版の設備数量は1,426径間にのぼり，国内の鋼床版の管理資産数において最多である[1]．近年，大型車混入率の高い湾岸線や，兵庫県南部地震で被災した橋梁の復旧で採用された神戸線において，Uリブ鋼床版の疲労き裂が著しく増加している．そのため，阪神高速では，疲労対策マニュアル[2]を定め，発見されたき裂の補修に加え，平成27年度に事業化した特定更新等工事において，予防保全を実施し，疲労耐久性を確保すべく必要な対策を講じている．

(2) 寿命を左右する要素と原因
　Uリブ鋼床版の損傷タイプは図3.20に示すように多岐にわたり，それらの損傷発生メカニズムも複雑である．平成14年の道路橋示方書以前に建設されたUリブ鋼床版はデッキプレートの板厚が12 mmと薄く，デッキプレートとUリブ溶接部のとけ込み量も小さい．そのため，大型車の輪荷重がデッキプレートに直接載荷されると，デッキプレートやUリブの面外変形に伴い溶接部周辺に応力集中が起こり，これが車両走行で繰り返されると，疲労き裂が発生する．

　損傷タイプのなかでも，図3.21に示すデッキプレートを貫通するき裂や，図3.22に示すデッキプレートとUリブ溶接ビードを貫通するき裂の割合が，損傷全体の半数近くを占める．損傷発生傾向としては，大型車交通量の多い区間での損傷率は高いが，同じ橋梁でも径間により損傷の発生傾向が異なることもあり，損傷予測は困難な状況である．

(3) 長寿命化のための対策
1) 舗装上からのデッキプレート貫通き裂の非破壊検査技術の開発と運用

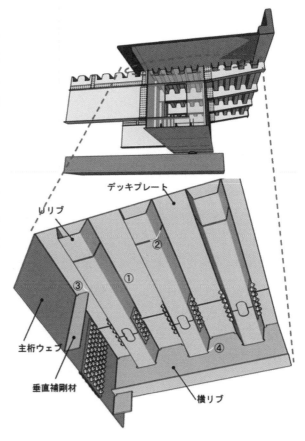

図3.20　Uリブ鋼床版の損傷タイプ

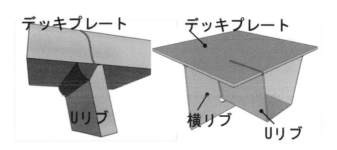

図3.21　デッキプレート貫通亀裂

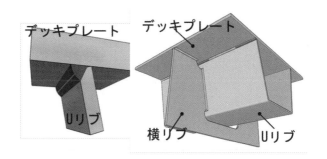

図3.22　Uリブ溶接ビード貫通亀裂

図 3.22 に示すデッキプレート貫通き裂は，デッキプレートと U リブ溶接部の未溶着部からデッキプレート板厚方向に進展するため，舗装を除去しない限り目視確認が不可能であり，正確な損傷数の把握が困難な状況にある．また，デッキプレート下面から，全ての溶接線を超音波探傷試験により検査するのは合理的でない．この問題解決のため，阪神高速では，渦流探傷技術を用いた非接触の検査方法として，**写真 3.45** に示す舗装上面からの非破壊検査走行車[3]を開発し，デッキプレート貫通き裂の調査を実施している．後述する SFRC 舗装の対象径間については，施工に先立ち，車線単位での調査を行っている．き裂信号が確認された場合は，鋼床版下面からの超音波探傷試験または**図 3.23** のような舗装撤去による詳細調査を実施して，き裂長の把握に努めている．

写真 3.45　舗装上面からの非破壊検査走行車の状況通亀裂の例

図 3.23　舗装撤去後のデッキプレート貫通亀裂の例

2) デッキプレート貫通き裂に対する緊急資材（当て板）の備蓄の適用

　前述のデッキプレート貫通き裂は，舗装の損傷を誘発し，ドライバーの走行安全性を脅かす可能性がある．そのため，この種の損傷が発見された場合，可及的速やかにき裂先端のストップホールの設置と当て板による補修を実施している．しかしながら，き裂長に応じてここで設計図の作成や当て板の製作には時間を要することから，損傷発見から補修完了までのリードタイムを短縮する目的で，補修用の当て板を標準化し，製作・旋盤加工済みの状態で備蓄する試みを実施している．特に，き裂長に応じた再加工手間を省略するため，**写真 3.46** に示すように当て板は全てユニットとし，き裂長に応じて枚数を配置して対応している．

(1)鋼床版下面から当て板設置状況

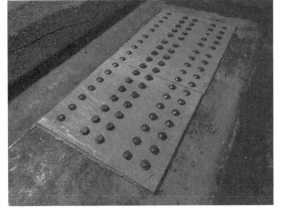
(2)デッキプレート上面の当て板設置状況

写真 3.46 備蓄材によるき裂補修の例

3) デッキプレートとUリブ溶接部のき裂に対する補修方法

デッキプレートとUリブ溶接ビードのき裂は，写真 3.47 も示す補修溶接を基本としている．しかし，実橋の振動加速度が大きく，施工にあたっては常に交通規制が必要である．また，上向き溶接となるため，施工難易度が高いうえに，溶け込み量や脚長をコントロール可能な熟練技能者の確保が困難な状況にある．この問題解決のため，阪神高速では，交通規制を必要とせず，供用振動下で施工可能な補修方法として，後述 4) で予防保全のために開発した下面対策工の一部である図 3.24 の「スタッドを用いたあて板工法」を補修工事に展開している[4]．あて板の設置にあたり，デッキプレートとの接合にはスタッドを，Uリブとの接合には片面施工ボルトを採用している．ねじ付きスタッド（M20）はデッキプレート下面に上向きで溶接し，100kN 程度の軸力を入れて摩擦接合用ボルトとして使用している．

写真 3.47 補修溶接

4) 予防保全の実施

前述のデッキプレート貫通き裂等に対する予防保全は，写真 3.48 に示すようなアスファルト舗装の一部を鋼繊維補強コンクリート舗装（以下 SFRC 舗装という．）に置き換えてデッキプレートの曲げ剛性を向上させる工法を標準としている．これは 45mm 厚の SFRC 舗装を専

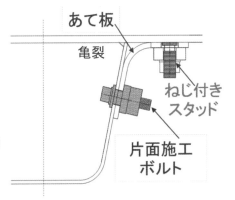
図 3.24 スタッドによるあて板補修

用の接着剤を用いてデッキプレートに接着接合し，一体化することによって，溶接部に発生する応力を大幅に低減するものである．前述 3) のき裂が既に発生している橋梁では SFRC 舗装工事と同時期に補修工事を実施している．一方で，SFRC 施工は連続した交通規制が必要となるため，交通渋滞による社会的影響が大きい．また，雨天時に施工できないため工程管理が難しい．この

問題解決のため，SFRC 舗装に代わり，交通規制を不要とする鋼床版下面で施工が完結する補強工法（下面対策工）の開発を，民間との共同研究により進めている[4]．実橋での試験施工状況の一例を**写真 3.49**に示す．

写真 3.48　SFRC 舗装

写真 3.49　下面対策工の試験施工の例

【参考文献】

1) 土木学会：鋼構造シリーズ 19　鋼床版の疲労[2010 年改訂版]，2010
2) 阪神高速道路株式会社：既設鋼床版の疲労対策マニュアル，平成 24 年改訂版（社外秘）
3) 阪神高速道路株式会社ホームページ，阪神高速の取り組み H-MOS　http://www.hanshin-exp.co.jp/company/torikumi/anzen/ijikanri/h-mos.html
4) 茅野茂，田畑晶子，佐藤彰紀：阪神高速における更新事業－大規模更新・大規模修繕－，土木施工,vol.57.pp78-pp81.2016

3.5.4 阪神高速の鋼構造物の長寿命化の事例（2）
(1) 概要

図 3.25 に示す 3 径間連続鋼斜張橋（149＋355+149m, 1982 年供用）の鋼床版箱桁内主桁ウェブのコーナープレートとデッキプレートとの溶接止端部から写真 3.50 に示すようなデッキプレートを貫通するき裂が発見された．発見されたき裂長さは 1m 以上と長く，き裂からの漏水並びに車両走行にともなうき裂の開口挙動があった．き裂を発見後，直ちにストップホールの設置及びジャッキによる仮受の応急対策を施し，当て板による補修を完了した[1]．

図 3.25 3 径間連続鋼斜張橋

(2) 寿命を左右する要素と原因

古い時代に建設された鋼床版箱桁内の主桁ウェブに隣接する部分は製作上 U リブを設けることができず，かつ輪荷重を支持するために図 3.26 のようなコーナープレートが設置されている．コーナープレートとデッキプレートとは角度をもち狭隘部であるため溶接作業が難しく，デッキプレートの平坦度など影響をうけ，組み立て時ののど厚不足やビード不整が起きやすいとされている．本き裂は，供用中，直上の輪荷重によりコーナープレート部の鋼床版に板曲げが発生し，溶接止端部から疲労き裂が発生したものと考えられる．

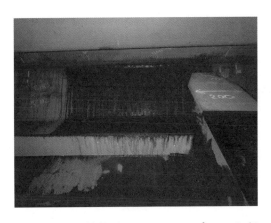

写真 3.50 箱桁内面コーナープレート部の損傷

き裂は溶接止端部からデッキプレート板厚方向へ進展・貫通し，舗装上面から雨水が浸水したものと想定された．き裂発見後直ちに目視及び超音波探傷試験を実施した結果，き裂長は 1.4m であり，うち貫通長さは 1.2m であった．き裂は第二走行車線左タイヤ付近に発生していた．ウェブとコーナープレートの同一溶接線上に対して，目視及び舗装上からの渦流探傷検査の結果，同様の損傷は発見されなかった．

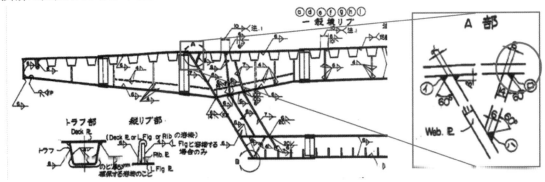

図 3.26 主桁の構造一般図（竣工図より抜粋）

(3) 長寿命化のための対策

1) 応急対策

き裂に対するストップホールは，舗装を撤去し磁粉探傷試験によりき裂先端を確認した後，デッキプレート上面から実施した．ストップホール設置後の状況を図3.27に示す．き裂先端付近は，橋軸方向から枝分かれし，橋軸直角方向へも進展していた．施工にあたっては，き裂先端より板厚の2倍程度に未貫通部があると想定し，き裂先端より約12mm先方を中心にφ24.5mmのストップホールを設置した．施工後，磁粉探傷試験によりストップホール壁面のき裂の反対側を確認し，き裂がなくなるまでグラインダで切削した．また，補修までの間，車両の走行安全性を確保するために，箱桁内の横リブ間には，ブラケットと横梁の受け台を設置し，写真3.51のようなジャッキによる仮受を実施するとともに，き裂の進展監視を継続した．

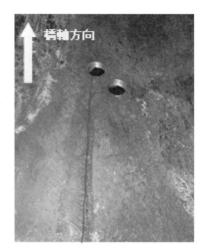

図3.27 ストップホール設置状況

2) 補修

き裂による断面欠損を補うため，デッキプレート上下面に当て板による補修を実施した．

図3.28には補修断面図を示す．当て板の設置にあたりき裂が生じたコーナープレートは横リブ間にわたり撤去し，ガス切断後仕上げを行った．当て板のサイズについて，橋軸方向は横リブを跨いで，橋軸直角方向はUリブランナーが接近可能な位置まで，それぞれ当て板の縁端を確保した．

写真3.51 損傷部周辺の仮受状況

当て板をデッキプレートにボルト接合すると，当て板の厚さに加え，ボルトヘッドの凸部によりアスファルト舗装のかぶり厚が薄くなるため，舗装耐久性が低下し易い問題があった．そこで，ボルト接合部の凸をなくし平滑化を目的として開発した写真3.52の皿型ボルト（M22，F10T）による摩擦接合[2]を採用し，当て板の表面を平滑にして舗装の耐久性の確保に努めた．皿型ボルトは，頭部形状と部材の皿孔加工部との組合せによって，部材表面からボルト頭部の浮きや沈み込みが発生し，防食性やリラクセーションに影響する．これを踏まえ，ボルト頭部角度や皿孔加工部には寸法許容値を定めて管理した．図3.29にボルト，皿孔加工部と専用ゲージの形状を示す．皿孔加工部の製作精度の判定は，添接板の皿孔加工部に専用ゲージを挿入し，円頭部の出代，皿孔部の見え方で評価した．

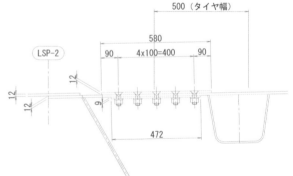

図3.28 当て板補修断面図

写真3.52 皿型ボルト

当て板及び皿孔加工部は，無機ジンクリッチペイントを目標膜厚 75μm で塗装した．現地での当て板設置後の状況を**写真 3.53** に，ボルト頭部の設置状況を**写真 3.54** に示す．全てのボルトの収まりは良好で浮きや沈み込みはなく許容値内となり，実橋の補修工事で皿型ボルトの適用は可能であることを確認した．

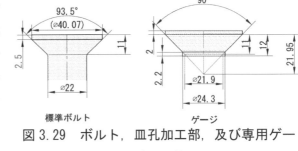

図 3.29　ボルト，皿孔加工部，及び専用ゲージの形状

写真 3.53　当て板設置後の状況

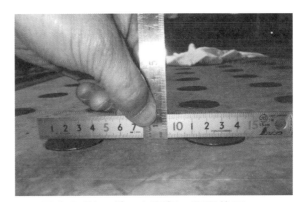

写真 3.54　ボルト頭部の設置状況

3) 予防保全に向けた取り組み

本損傷が溶接止端部を起点に発生したこと，また，長大橋のため同一溶接線の延長が長いことを踏まえ，効率的な予防保全対策として，ピーニング技術に着目した．ピーニングとは，超音波を利用して高速で振動させたピンで溶接止端部を打撃し，溶接止端部の塑性変形による圧縮残留応力の導入，溶接止端部の形状改善による応力集中の低減により，疲労強度を改善するものである．ピーニングには，超音波衝撃処理（UIT）やニードルピーニング（UNP）などが実用化され，新設橋梁では既に実績があり，予防保全対策として確立されている[3]．そこで，当該橋梁をケーススタディとして，実橋でのピーニング技術の適用可能性について，**写真 3.55** 及び**写真 3.56** のような施工性や環境評価，疲労強度の改善効果などの観点から検証しているところである．

写真 3.55　実橋でのピーニング施工状況

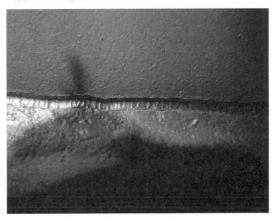

写真 3.56　ピーニングによる溶接止端部の改良後

【参考文献】

1) 田畑晶子，小林寛，仲田晴彦，坂根英樹：連続鋼斜張橋の鋼床版に発生した疲労き裂と補修，土木学会年次学術講演会, I-267, 2017.

2) 田畑晶子,金治英貞,黒野佳秀,山口隆司:皿型高力ボルトを用いた摩擦接合の継手特性に関する研究,構造工学論文集 vol59A,pp.808-819, 2013

3) 土木学会鋼構造委員会，鋼橋の疲労対策に関する新技術調査研究委員会：鋼橋の疲労対策技術，第4章4.2.2超音波ピーニング，土木学会鋼構造シリーズ22号，2013.12

3.5.5 阪神高速の鋼構造物の長寿命化の事例（3）
(1) 概要

鋼桁端部では，伸縮装置の不具合等に起因する漏水により，写真 3.57 のような腐食損傷が多発している．鋼桁端部は，狭隘なため十分な補修が出来ず，再劣化を繰り返している．これら鋼桁端部の腐食に対して，阪神高速では，ノージョイント化の推進を事業方針として掲げている．これは，桁連結や床版連結を実施し，漏水の原因となる伸縮装置を撤去することによって，鋼桁端部の腐食環

写真 3.57 鋼桁端部の腐食状況

境の改善はもとより，道路利用者に対する走行快適性の向上，また沿道住民に対する騒音・振動の軽減を目標としている．当社では，定期的に路線単位での通行止めを伴う舗装や伸縮装置の補修工事を行っており，こうした機会を利用して，ノージョイント化を推進している．

(2) 寿命を左右する要素と原因

阪神高速の鋼橋では「腐食」が最も多い損傷であるが，なかでも鋼桁端部は伸縮継手の劣化に起因する漏水によって錆・腐食が多くみられる．特に，昭和 54 年阪神高速設計基準（標準図集）以前の基準を適用した鋼桁には桁端マンホールが設置されておらず，維持管理空間が十分でないことも，損傷の進行を助長する一因となっている．これまで，塗装補修や断面欠損が生じている場合はあて板による補修を実施しているが，作業空間が狭隘であり，素地調整など，十分な対策を講じるのが困難な場合が多い．また，漏水を止めるために，桁下からの止水対策を行っているが，設置した止水材の再劣化や脱落など，漏水を完全に遮断できないため，補修後も再劣化を繰り返している．こうしたことから，平成 27 年に事業化した特定更新等工事では，ノージョイント化の推進を事業方針として掲げ，鋼桁端部の腐食対策として計画している．

(3) 長寿命化のための対策

桁連結によるノージョイント化は，兵庫県南部地震後に上部工耐震として全路線で展開し，桁種別が同一，桁高さ・桁通りが概ね一致する等の適用条件を満たす箇所においては，概ね完了している．現在，適用範囲の拡大を目的として，床版連結に着目し，種々の構造改良を踏まえ，事業を推進している．床版連結は，隣り合う床版同士を繋ぎ合わせることで連結化を行う，ノージョイント化工法の一つである．主桁同士を堅固に繋ぐ桁連結に比べ，床版連結は上フランジ及び床版のみの連結であるため，汎用性と経済性に優れているが，施工においては，高速道路橋面上からの作業を要するため，通行止めが必須である．そこで，限られた施工時間で実績を伸ばすために，施工省力化を目的とした改良構造の検討を実施した[1]．図 3.30 に示す従来構造のうち，下段鉄筋の簡略化が，施工の省力化に寄与することから，これの省略・代用・簡略化を目標に図 3.31 に示す改良構造を検討した．改良構造の性能は，写真 3.58 のように実橋の床版連結部を模擬した供試体による載荷試験を行い耐荷力や破壊形態を確認した．実験の結果，設計回転角を与えても構造は良好に保持し，ひび割れ発生以降の挙動も改良前と比べ緩やかで安定していた．また，終局に至っても床版が欠け落ちることはなく，図 3.32 のような貫通ひび割れが発生する程度であっ

た．

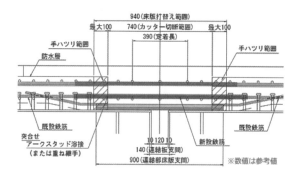

図 3.30　従来構造

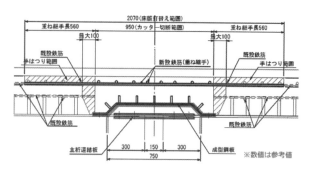

図 3.31　改良構造

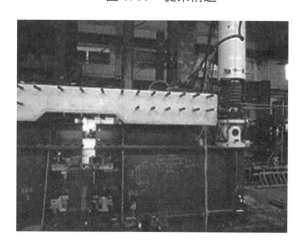

写真 3.58　載荷試験の状況

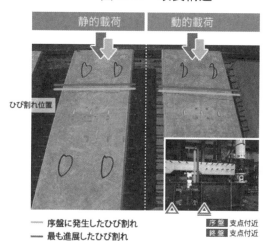

図 3.32　試験結果

　上記試験結果をもとに，本線の通行止めによる補修工事の期間を利用して実橋での施工を実施した．成形鋼板設置状況を**写真 3.59**に，配筋状況を**写真 3.60**に示す．その結果，現場工期の短縮効果が大きいことを確認した．また，施工実施前後で鉄筋，成型鋼板，および連結板の応力計測を行った結果，床版連結後に各部に生じている応力は許容値に対して十分に小さいことを確認した．今回の実橋施工で良好な結果を得た要因として，既設構造物の状態が良く，概ね図面通りの施工が可能であった点や，工事数量が少量に対して作業員の充実を図れた効果も高かったと考えられる．今後，実績をさらに重ね，様々な条件下で施工時間がどのように推移するか，引き続き調査する必要がある．

写真 3.59　成形鋼板設置状況

写真 3.60　配筋完了状況

【参考文献】

1) 阪神高速道路株式会社ホームページ，技術のチカラ，技術・工法ライブラリー，
http://www.hanshin-exp.co.jp/company/skill/library/tech/11116.html

3.5.6 阪神高速の鋼構造物の長寿命化の事例（4）

(1) 概要

　高速道路本線分流部に設置される縦目地部直下の鋼桁において，著しい腐食損傷が発見された．損傷の発生原因は，本線側の橋梁と分流側の橋梁とが隣り合う遊間に設置された伸縮装置が損傷し，路面の雨水が桁下に漏水したことが要因と考えられた．損傷は，側縦桁のウェブ及び下フランジに生じている孔食及び断面減少が広範囲に及ぶこと，また，狭隘な作業空間であるため素地調整や当て板による補修が困難な状況であった．そのため，鋼桁本体の部分取り替えを提案するとともに，縦目地の撤去が困難であり，取り替え後も漏水があると想定し，雨水が滞水しない構造への形状改良を試みた．

(2) 寿命を左右する要素と原因

　鋼桁の腐食損傷は伸縮装置の不具合等に起因して鋼桁端部で多く発生しているが，本線分合流部に設置される縦目地部でも同様の損傷が生じやすい．対象橋梁の位置図を図 3.33 に，路面状況を写真 3.61 に示す．腐食損傷は写真 3.62 及び写真 3.63 に示すように主として側縦桁外側から発生し腐食により孔食が進行していた．こうした状況から，縦目地から浸入した雨水が，側縦桁下フランジや添接部等に滞水し，腐食の要因となったと考えられる．また，側縦桁内側の腐食については，ウェブに発生した孔食から雨水が浸入し，一部に腐食が生じたものと推察された．

図 3.33　対象橋梁

写真 3.61　分流部の縦目地

写真 3.62　側縦桁ウェブ腐食状況

写真 3.63　側縦桁下フランジ腐食状況

(3) 長寿命化のための対策

1) 補修方針

本損傷は，側縦桁の径間全域に渡って腐食が発生しており，特にウェブと下フランジの断面欠損が著しく，側縦桁としての機能を喪失している状況であった．また，孔食が広範囲に及び，補修のための素地調整や当て板の設置が困難な状況であった．そこで，既設鋼桁の主桁ウェブ及び下フランジの孔食部を含む部材を切断撤去し，工場製作した部材に取り替えることとした．側縦桁の取り替えにあたっては，滞水しにくい桁形状の採用（逆 T 型から L 型への見直し）を行うとともに，ボルト接合部の滞水防止と塗膜耐久性の向上を目的として，皿型ボルト[1]を採用した．

2) 取替え方法

側縦桁の活荷重による応力は低いと考えられるが，当該部位が分流部であり直上を車両が通過する可能性に鑑み，通行規制を実施した上で側縦桁の取替えを行うこととした．通行規制については，高速道路本線を規制することになるため，実施可能な時間が夜間のみとなる．したがって，複数回に渡り規制を行い，部分的に側縦桁を取替える方法を採用した．

側縦桁切断の概略を**図 3.34** に示す．側縦桁の取替えに先立ち，縦桁ウェブ切断箇所のケレン作業，新設縦桁取付けのための高力ボルトの孔空け作業を実施した．事前作業として側縦桁に空けたボルト孔の様子を**写真 3.64** に示す．また，既設側縦桁と既設横桁の接合箇所についても，事前に切断し，L 型部材により仮止めを行った．

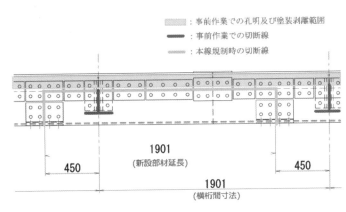
図 3.34 側縦桁切断概略

写真 3.64 添接部ボルト孔

3) 側縦桁の形状改良

既設の側縦桁は逆 T 型形状であり，上部に設置されている縦目地から浸入した雨水が下フランジ上面に滞水し，腐食を発生させる要因となっている．桁取り替え後も縦目地は撤去できないことから，縦目地からの漏水を完全に遮断することは困難である．よって，新設側縦桁は L 型形状とし，雨水が滞水しない構造とした．取り替え前後の側縦桁の形状を図 3.35 に示す．

当該箇所では，滞水の生じやすい添接部付近で特に腐食が進行していたこと，補修後も縦目地からの漏水を阻止することは困難であることに鑑み，新設側縦桁の添接には，図 3.36 に示す摩擦接合用の皿型ボルトを採用した[1]．これを用いることで，ボルトヘッドが突出せず，添接部の塗膜等の防食の耐久性の向上が期待できる．また，雨水の滞留が無くなることにより，腐食要因の排除が可能となる．皿型ボルトを添接に用いる場合，ボルトヘッド側の添接板に皿孔加工を施す必

要がある．皿孔の加工精度については，所定の皿孔加工管理用ゲージを製作して管理した．また，現場での作業性を考慮して，呼び径φ22のボルトに対し，26.5mmのボルト孔とする拡大孔を採用し，施工性を確保した．**図3.37**に皿型ボルト添接部の詳細を示す．

現地での側縦桁の取り替え前後の状況を**写真3.66**に示す．全てのボルトの収まりは良好で浮きや沈み込みはなく施工が完了した．

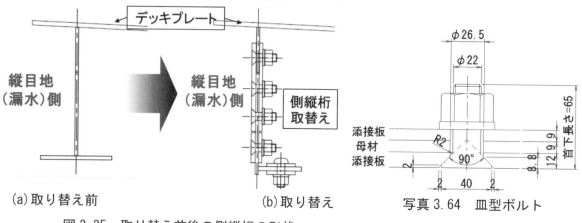

図3.35 取り替え前後の側縦桁の形状　　写真3.64 皿型ボルト

写真3.65 ボルト本締め完了

図3.37 皿型ボルトの形状

(a)取り替え前

(b)取り替え後

写真3.66 取り替え前後の側縦桁の形状

【参考文献】

1)田畑晶子,金治英貞,黒野佳秀,山口隆司:皿型高力ボルトを用いた摩擦接合の継手特性に関する研究,構造工学論文集 vol59A,pp.808-819, 2013

3.5.7 東京都における予防保全型の事例
(1) 管理橋梁の現状
1) 橋梁の架設年次

　東京都建設局では現在，約 1,200 の道路橋を管理している．橋梁の建設年次は，図 3.38 に示すように関東大震災後の復興期と昭和 30 年代後半から昭和 40 年代後半にかけての高度経済成長期の二つのピークがあり，特に後者の占める割合が大きい．

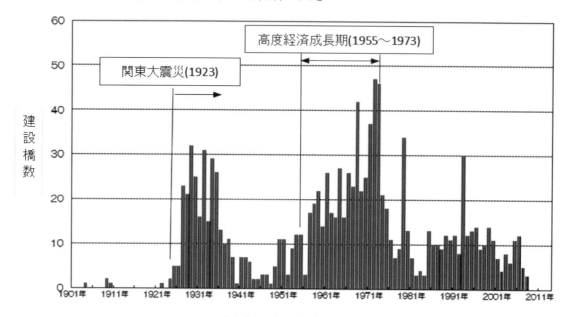

図 3.38　橋梁の架設年次

2) 高齢化する橋梁

　2016 年度に供用年数 50 年を超える橋梁は図 3.39 に示すように管理橋梁の約 4 割であるが，20 年後には約 7 割を占める見込みであり，国や他の自治体に比べて 10 年程度高齢化が進んだ状態となっている．

3) 健全度の推移

　平成 26 年 7 月に道路法施行規則が施行され，各道路管理者に 5 年に一度の近接目視による点検が義務付けられた．東京

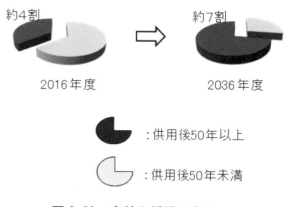

図 3.39　高齢化橋梁の割合

都においては，昭和 46 年から橋梁点検を開始し，昭和 62 年の第三次点検から管理する全ての橋梁を対象に 5 年に一度の点検を実施しており，平成 25 年度に第八次点検が完了したところである．点検は，近接目視によって，鋼部材の腐食やき裂，コンクリート部材のひび割れなど 31 項目について実施している．各橋梁の健全度は，部材単位で a（健全）ランクから e（危険）ランクまでの 5 段階評価を行った後，さらに耐久性，安全性の 2 つの指標を用いて径間単位，橋梁単位で A ランクから E ランクまでの 5 段階総合評価を行っている．

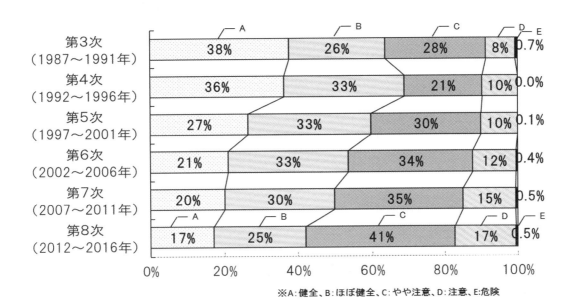

図 3.40 橋梁健全度の推移

　第三次点検から第八次点検までの結果から各健全度ランク別割合の推移をみると，図 3.40 に示すように劣化は確実に進行しており，特に補修や補強が必要とされる C，D ランクの橋梁が増加している．鋼橋の主な損傷・劣化は，腐食，塗装劣化（防食機能の劣化），疲労損傷であり，コンクリート系の橋梁については，抜け落ち，剥離・鉄筋露出，ひび割れ，遊離石灰，などの損傷が確認されている．

(2) 東京都の既設橋梁の維持管理

1) 対症療法型管理から予防保全型管理への転換

　東京都ではこれまで橋梁の点検により発見した損傷や劣化に対し，その都度必要な対策を実施する対症療法型管理により第三者事故の発生を未然に防いできた．

　今後，橋梁の高齢化が進むと，劣化が進行し，損傷が激しくなり，補修や補強では，必要な性能を確保することが困難となるため，交通規制や架け替えが必要となってくる．橋梁の寿命を現在の架け替えサイクルである 50 年～60 年程度とすると，数年後には高度経済成長期に建設してきた数多くの橋梁の架け替え時期のピークを迎えることになる．このため，更新ピークの平準化と総事業費の縮減が必要である．

　このような問題を解決するために，平成 21 年 3 月に，これまでの対症療法型管理から予防保全型管理に転換する「橋梁の管理に関する中長期計画」を策定した．本計画では，過去の定期点検結果をデータベース化し，劣化の進行を予測し，劣化が著しくなる前に，計画的な維持管理を実施することを目指している．特に重要な橋梁については，長寿命化対象橋梁と位置づけ，多額の費用を要する更新を行わずに，最新の基準に適合させる性能設計により長期耐久性の向上を図るべく長寿命化工事を実施し，更新ピークの抑制と総事業費の縮減に取り組んでいる．

2) 橋梁の管理に関する中長期計画

　計画は，30 年間を計画対象期間として，図 3.41 に示すように管理橋梁を長寿命化対象橋梁，一般管理対象橋梁，小橋梁（架替え対象）の 3 つに区分し，それぞれの管理方針を定めている．

長寿命化対象橋梁は，歴史的な価値の高い著名橋，橋長 100m 以上の長大橋，跨線橋・跨道橋など，社会的価値が高い橋梁や架け替えると多額の費用や交通に大きな影響が発生する橋梁，212橋を対象とした．これらの橋梁は現行の道路橋示方書，指針など最新の技術基準に適合することを目標として対策後 100 年以上の寿命となるような対策を講ずることとしている．特に，国の重要文化財に指定されている勝鬨橋，永代橋，清洲橋については可能な限り寿命を延ばしていく方針である．一般管理橋梁 459 橋は，橋梁ごとに LCC が最小となる対策を実施する．橋長が 15m 未満の小橋梁 576 橋は物理的な寿命により架け替えていくこととしている．

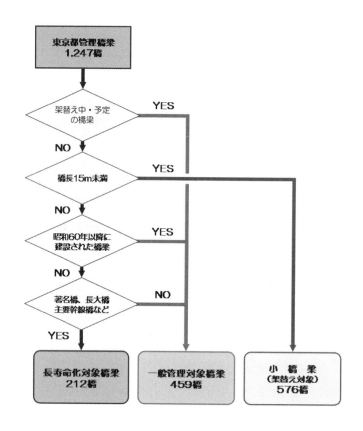

図 3.41　対象橋梁区分の流れ

3）長寿命化対策の設計と施工

「橋梁の管理に関する中長期計画」の中心となる長寿命化対策の設計と施工について述べる．

設計では，まず，健全性，安全性（耐震・耐荷・耐風など），耐久性（中性化・塩化物・疲労・防食），維持管理性などについて，現行基準に対する保有性能照査を行う．照査の精度を上げるためには，竣工図書，補修や点検の履歴，建設時の設計基準など既存資料調査を丁寧に行うとともに，中性化，塩化物イオン，強度，クラック，漏水などの現地調査を実施し，現状把握をすることが重要である．竣工図書がない場合は，現地計測や鉄筋調査と合わせて，復元設計を行う．次に，現行基準に適合すべく長寿命化対策設計を実施する．設計においては，支承条件の変更や上部工の連続化，軽量化など橋梁全体系での性能向上を目指し，LCC が最少となる案を採用する．また，維持管理性を向上させるために，検査路の設置や沓座面の排水勾配の確保など，細目にも配慮が必要となる．

工事においては，契約後速やかに足場を架設し，近接目視，打音等による詳細調査を実施する

ことが望ましい．設計時に確認できなかった新たな損傷が発見されるケースもある．そうした際には，設計時の調査結果と合わせて，当初設計の再照査が必要となる．損傷の状況によっては，当初設計の大幅な見直しが必要となる場合がある．最終的な工事内容を受注者と確認した後に工事を実施する．図 3.42 に長寿命化事業フロー図を示す．

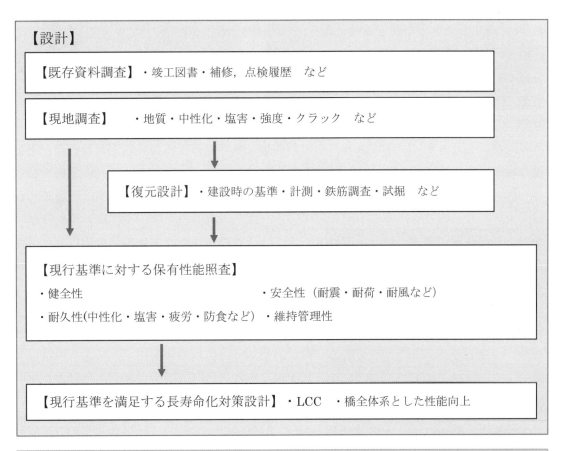

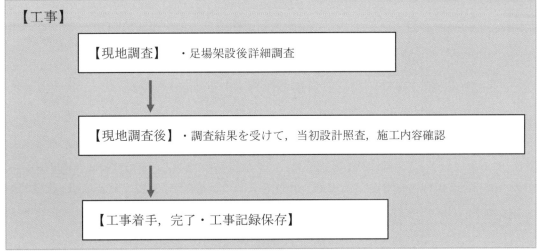

図 3.42 長寿命化事業フロー図

(3) 長寿命化工事の施工事例

「橋梁の管理に関する中長期計画」策定以前の平成19年度に着手し平成24年度に完了した駒留陸橋長寿命化工事を紹介する．

本陸橋は，世田谷区内の環状七号線に位置する昭和41年に竣工した区道を跨ぐ陸橋である．当陸橋は，国道20号と国道246号の間に位置し，約60,000台/日・大型車混入率20%以上の通過交通がある都内でも有数の重交通路線に架橋されている．位置図を図3.43に示す．

図3.43　位置図

本陸橋はこれまでに，床版取替えや耐震補強工事等の大規模な補強工事を行うとともに，小規模な維持工事を繰り返し約40年供用されてきた．しかし近年において，RC床版の損傷及びゲルバー構造部（伸縮装置部）の不具合による騒音や振動による苦情の増加等，橋梁の劣化に伴う問題が大きくなり維持管理業務が増大していた．また，車両の大型化や住民の環境意識への高まりなど，社会状況の変化から，耐荷対策や遮音壁設置等の性能向上対応が求められていた．このような中，本工事は，当初実施した対処療法型の補修設計から予防保全型設計に見直しを行い，東京都の既設橋梁の長寿命化工事の先駆けとして進められたものである．平成19年度から平成22年度の4年間で桁，床版，支承取替え等の上部構造工事，平成24年度までにフーチング補強，遮音壁設置工事を実施した．

ここでは，多彩なメニューを実施した長寿命化設計及び上部構造工事の施工，地元対策，渋滞対策についてまとめる．

1) 橋梁諸元

本陸橋は，A1～P1，P1～P2及びP5～A2の単純桁部と交差点を跨ぐP2～P5の3径間ゲルバー桁部で構成された6径間の橋梁である．橋梁諸元を以下に，側面図を図3.44に示す．

〔竣工／適用示方書〕：昭和41年／昭和39年道路橋示方書（以下，道示）・TL-20
〔橋長／幅員〕　　　：143m／14m（4車線）
〔上部工形式〕　　　：単純合成鈑桁／ゲルバー鈑桁
〔下部工形式〕　　　：半重力式橋台／RCラーメン橋脚／場所打杭　φ600　L=7m

2) 補修履歴

昭和49年，昭和50年に，交通量の増大と車両の大型化が主原因と考えられる床版の損傷が生じたため，昭和47年道示に基づき，単純桁部はRC床版の打替え工事（t=16cmから18cmへ），ゲルバー桁部は鋼床版への取替え及びゲルバー吊桁部の取替え工事を実施した．概要図を図3.45に示す．

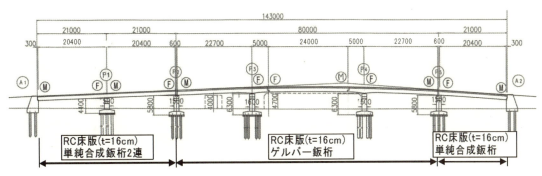

図 3.44 竣工時側面図

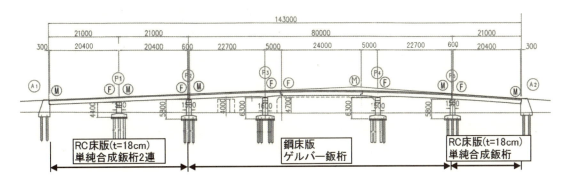

図 3.45 昭和 49 年，50 年上部工補修　側面図

平成 10 年には，平成 7 年 1 月の兵庫県南部地震を契機として改定された平成 8 年道示に基づき橋脚の鋼板巻き立て及び落橋防止装置設置等の耐震補強工事を行った．表 3.7 に主な補修履歴及び基準の変遷を示す．

表 3.7　主な補修履歴と設計基準の変遷

年次	工事	調査	内容	技術基準の変遷等
S39				S39 道示（TL-20）
S41	駒留陸橋完成		橋長143m/幅員14m/5径間	
S47				S47 道示（TL-20）
S49 S50	床版取替		《床版抜け落ちのため》中央径間部 ⇒ 鋼床版・吊桁取替　/側径間部 ⇒ RC床版打替	
S55		定期点検		S55 道示（TT-43）
S61		RC床版詳細調査	側径間部 ⇒ ひび割れ密度、圧縮強度、中性化深さ	
S63	舗装	定期点検		
H1	伸縮装置取替			
H5	舗装・伸縮装置取替	定期点検		H5 道示（B活荷重）
H6	ゲルバー定着桁緊急補修		《定着桁鋼床版のボルト欠落・上フランジとウェブの溶接部亀裂》中央径間部 ⇒ ボルト取替/主桁補強	
H8				H7.1兵庫県南部沖地震 H8道示（耐震設計強化）
H10	耐震補強	定期点検	橋脚補強（鋼板巻き起て）/落橋防止装置設置	
H14				H14 道示（性能規定型・疲労設計）
H15	RC床版部分補修	定期点検	《床版陥没》側径間部 ⇒ P5～A2 ⇒ 鋼板接着	
		RC床版詳細調査	側径間部 ⇒ひび割れ密度、圧縮強度、中性化深さ ⇒ 要対策	
H16	ゲルバー伸縮装置部緊急取替え		《異常音増大》ゲルバー伸縮装置部が原因の振動、騒音苦情がピーク	
H19～H24	長寿命化工事		床版取替／桁取替、連続化、補強／フーチング増厚／遮音壁取替	
H24				H24 道示（レベル2地震動、落橋防止システム、疲労設計）

3)健全性の評価

①3 径間ゲルバー桁部（P2～P5）

昭和 49 年，昭和 50 年に鋼床版や吊桁の取り替えを実施している．外観では特に損傷は見られないが，**写真 3.67** に示すようなゲルバー支点部周辺において，平成 6 年に定着桁の接合部のボルト欠落及び主桁上フランジ溶接部のクラック，平成 16 年には伸縮装置部の段差による車両走行時の異常音，などが生じており，これまで 2 度の緊急工事を実施している．ゲルバー支点部は，応力集中を生じやすい部位である．現在の約 60,000 台/日・大型車混入率 20%以上の重交通に対して，耐荷力が不足しているため，構造上の弱点となっていると考えられる．

②単純桁部（A1～P2・P5～A2）

昭和 49 年，昭和 50 年に RC 床版打ち替え工事を実施している．桁には損傷が見られないが，RC 床版については，昭和 61 年及び平成 15 年の詳細調査結果から以下のように劣化の進行が明らかとなった．クラックは，**写真 3.68** に示すように，ほぼ全域に，0.1～0.2mm 間隔 20～30cm のひび割れが 2 方向に発生．ひび割れの多くは，角落ちしており，車両通行によるひび割れの開閉が見られる．

ひび割れ密度，圧縮強度及び中性化深さの調査結果を**表 3.8** に示す．ひび割れ密度は，陥没の恐れのある 14m/m^2 前後の値となっており，昭和 61 年から表-2 RC 床版調査結果比較 40%程度劣化が進行している．みかけの圧縮強度は，19～27N/mm^2 と建設当時の設計基準強度 28N/mm^2 を下回っており，昭和 61 年から 50～60%程度劣化が進行している．

写真 3.67　ゲルバー支点部

写真 3.68　RC 床版損傷状況

表 3.8　ひび割れ密度，圧縮強度及び中性化深さの調査結果

調査年次	ひび割れ密度（m/m^2）	圧縮強度（N/mm^2）	中性化深さ（cm）
①昭和61年（1986年）	10	38～46	0.9～1.3
②平成15年（2003年）	13～15	19～27	0.9～1.6
②÷①	1.3～1.5	0.5～0.6	1.0～1.2

以上から RC 床版については早急な取替え・補強が必要との結果となり，平成 15 年に床版が一部陥没したことを踏まえて，取り替える必要があると判断した．

4) 長寿命化設計の概要

①補修設計と長寿命化設計の比較

一般的に補修設計は損傷箇所を改善することに重点を置く対処療法型であり，工法選定はイニシャルコストの比較による．一方，東京都が実施する長寿命化設計は損傷箇所の補修にとどまらず，対策実施後，100 年は十分使用できるように，最新の技術基準に適合することを目指し，LCC の比較により工法選定を行うものである．そのため耐疲労性能や基礎の耐震性能も含めた照査を

行い，これまでの補修設計のように対象となる部材に着目するのみにとどまらず，橋梁の構造全体系から改変することも含めた，高度な設計が求められる．平成14年道路橋示方書(以下道示)に対する性能照査，補修設計及び長寿命化設計の結果をまとめたものを表3.9に示す．

長寿命化設計による補強メニューを図3.46に示す．対策の内容は，基礎の耐震性，耐久性，車両の走行性，環境改善，維持管理性等を考慮して総合的に判断し決定した．

表3.9 補修設計と長寿命化設計の比較

		H14道示 性能照査		補修設計	長寿命化設計
		設計レベル	健全性		
中央径間部(鋼床版3径間ゲルバー桁)	B活荷重対応	床版、桁⇒out	ゲルバー部が構造上の弱点	○ ゲルバー部の連続化桁補強	○ 床版、桁を取替3径間連続鋼床版
	疲労設計	未対応		× 未対応	○ 主桁下フランジ板厚up等
	耐震性	柱⇒ok 基礎⇒out		× 未対応	○ フーチング増厚 杭基礎⇒耐力ok
側径間部(RC床版単純合成桁3連)	B活荷重対応	床版、桁⇒out	RC床版の損傷が著しい	○ PC床版に取替桁補強	○ 鋼床版に取替桁連続化・桁補強
	疲労設計	未対応		× 未対応	○ 主桁ウエブと垂直補剛材溶接部の止端仕上げ
	耐震性	柱⇒ok 基礎⇒out		× 未対応	○ フーチング増厚 杭基礎⇒耐力ok
橋梁全体の走行性		ジョイント⇒7箇所	ジョイント部は損傷しやすい	△ 中央径間部の連続化ジョイント⇒5箇所	○ 中央径間部側径間部の連続化ジョイント⇒4箇所

○：対応，△：部分的に対応，×：未対応

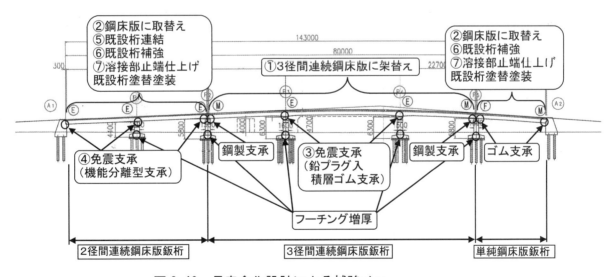

図3.46 長寿命化設計による補強メニュー

②杭基礎の耐震性の向上

既設の杭基礎の耐震性能を平成14年道示レベルとするためには，杭基礎に生じる地震力を低減させるか，増杭等により補強を行う必要がある．

本橋においては，RC床版の損傷・ゲルバー部の改善・疲労耐久性の向上等，上部構造に課題が

多いこと及び増杭の施工性，コストを考慮して，上部構造を軽量化して，杭基礎に生じる地震力を低減させて既設杭の耐震性能をH14道示レベルとすることとした．

さらに，桁の連続化を図り，地震時に落橋しにくい構造とした．

③上部構造の軽量化

3径間ゲルバー桁部（P2～P5）は連続鋼床版鈑桁に架替えて死荷重を当初の 60%，単純桁部（A1～P2・P5～A2）はRC床版を鋼床版に取替えて，死荷重を当初の70%に低減することとした．表 3.10 に上部工死荷重の変化を示す．

表 3.10　上部工の軽量化（　）は竣工時に対する割合

年　次	側径間部		中央径間部		側径間部	
	A1～P2		P2～P5		P5～A2	
昭和41年 竣工	RC床版 t=16cm	5,056kN	RC床版 t=16cm	12,814kN	RC床版 t=16cm	2,528kN
昭和49、50年 床版取替え、打替え	RC床版 t=18cm	5,324kN	鋼床版	9,690kN	RC床版 t=18cm	2,662kN
平成10年 耐震補強	橋脚補強（鋼板巻き立て）、落橋防止装置設置					
平成22年 長寿命化	2径間連続 鋼床版	3,645kN （▲28%）	3径間連続 鋼床版	7,582kN （▲41%）	単純 鋼床版	1,796kN （▲29%）

④構造系の改変（免震・連続化）

3径間ゲルバー桁部（P2～P5）は，連続桁として，免震支承（鉛プラグ入積層ゴム）を採用した．単純桁部のうち A1～P2 の2連についついては，桁の連続化を図り，機能分離型免震支承を採用した．

⑤耐荷性及び耐久性の向上

耐荷性向上対策として，TL-20 で設計されていた，床版，桁に対して，B活荷重で設計を行った．3径間ゲルバー桁部（P2～P5）は，連続鋼床版鈑桁に架け替え，単純桁部（A1～P2・P5～A2）は，鋼床版に取替えるとともに桁の当て板補強を実施した．

耐久性向上対策として，平成 14 年鋼道路橋疲労設計指針に基づき疲労性向上の対策を実施した．新設する鋼床版は，橋軸方向の溶接位置を輪荷重位置の直下としないなど，構造細目について配慮した．また，単純桁部の既設主桁は疲労強度を満足させるため，ウェブと垂直補剛材のすみ肉溶接部をなめらかに仕上げる止端仕上げを実施した．

⑥車両の走行性，周辺環境，維持管理性の改善

桁の連続化により伸縮継ぎ手箇所を7箇所から4箇所に減らし，車両の走行性を改善し，走行車両による騒音，振動を低減させるとともに，コストも含めて維持管理のしやすい構造とした．

5）長寿命化工事の施工

①鋼桁取替え及び床版取替え工事の施工概要

ここでは，平成 20 年～平成 22 年に実施した桁取替（3径間ゲルバー桁部）及び床版取替え（単純桁部）について記す．

工事中の渋滞を最小限に抑えるため，現況交通の片側2車線のうち片側1車線を確保しながら施工することとした．施工ステップを**図 3.47** に施工フローを**図 3.48** に示す．

桁及び床版の撤去及び架設は，現場周辺に地組やクレーンの組み立てヤードがないため小ブロックにより，3種類の工法使い分けて行った．

交差点部では，ベントが設置できないため，1期施工及び3期施工は**写真 3.69**に示すような架設桁工法，2期施工は**写真 3.70**に示すような門型クレーン工法により施工した．交差点部以外では，トラッククレーン・ベント工法により施工した．

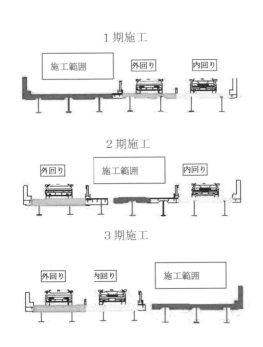

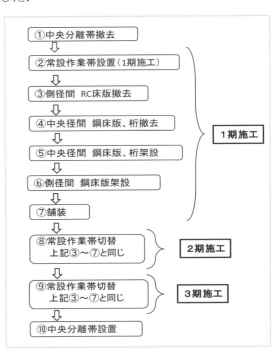

図 3.47　施工ステップ図　　　　　　　図 3.48　施工フロー図

写真 3.69　架設桁工法　　　　　　　　写真 3.70　門型クレーン工法

重交通路線上での3分割施工，住宅が隣接する狭隘な現場状況など難易度の高い工事であったが，交通渋滞や騒音，振動苦情などの想定されるリスクを事前に洗い出し，予め対策を立てることにより，予定通りの工程で工事を完了することが出来た．工事工程表を**表 3.11**に示す．

表 3.11 工事工程表

② 地元対応

都市土木工事を円滑に進めるためには，地元対応は大きな要素である．どんな工事でも多少の騒音・振動の発生は不可避であり工事の円滑な進捗には，地元の理解と協力が必須である．

本工事では，官民一体となりソフト面・ハード面で様々な対策を行い地元住民との信頼関係を維持しながら工事を円滑にすすめることができた．特に，工事に伴う交通規制は最小になるように留意した．以下に実施した対策を記す．

a) ソフト面での対策
・地元3町会への工事説明
・わかりやすい広報板の設置
・2週間毎に工事内容，騒音の有無を記載したチラシを沿道の700軒に手渡しで配布

b) ハード面での対策
・重複施工により，常設作業帯設置期間を標準工程28ヶ月から20ヶ月に短縮
・駒留交差点の規制を最小限とするために架設桁工法，門型クレーン工法を採用
・RC床版撤去作業時の騒音，振動対策として，写真3.71に示すようなワイヤーソーによる既設壁高欄の切断，撤去．写真3.72に示すような防音シート養生（主桁上のRC床版はつり時）．はつり等の騒音作業は昼間の9時から17時の間とし連続2日までとした．

写真 3.71 ワイヤーソーによる壁高欄切断　　　写真 3.72 防音シート使用状況

③ 渋滞対策とその効果

本工事の実施に当り最も危惧されたのが工事渋滞による社会的影響であった．通過交通の10～20%を環状六号線，八号線に迂回させることを目標として行った．様々な広報活動を表 3.12 に示す．

表 3.12 広報活動一覧表

項目	内容
広報	東京都/世田谷区/目黒区/杉並区
地元町内会説明	地元3町会
警視庁	信号サイクル変更/マルチパターン(道路上の掲示板)
(財)道路交通情報センター	TV(NHK)/ラジオ各局
横断幕設置	横断歩道橋 58箇所に設置(東京都内/川崎市内/横浜市内)
チラシ配布	18,000枚 (13警察署/5国交省工事事務所/6東京都建設事務所/5区役所/タクシー・バス・トラック16団体)

結果としては下記の効果があり工事による社会的影響や損失を減じることができた．

朝ピーク時は図 3.49 に示しように環状六号線に約 10%の車両が迂回し，夕ピーク時は図 3.50 に示しように環状八号線に約 10%の車両が迂回した．また，ピーク時の渋滞長は当初予測 7km であったが 1～3km 程度とすることができた．

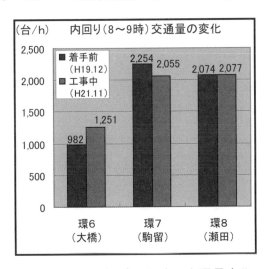

図 3.49 朝ピーク時の交通量変化

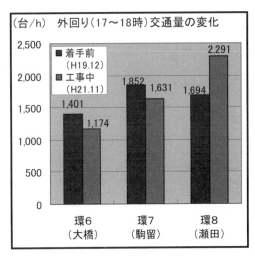

図 3.50 夕ピーク時の交通量の変化

(4)まとめ

既設橋梁の長寿命化設計において，調査時の『その橋梁の建設時の設計思想，施工，補修履歴等の歴史を丁寧にひもとくこと』と『現況の健全性をできるだけ正確に把握すること』が精度の高い合理的な設計につながる．前者については建設時や補修工事の竣工図書を大切に保管し整理する必要がある．後者については，日常点検や定期点検だけではなく，非破壊試験を含めた可能な限りの詳細調査を実施し，現況を適正に評価して，既設橋梁の弱点はどこにあるのかを把握したうえで設計にとりかかることが重要である．設計時には，構造全体系での照査を基本とし，上部構造の軽量化，連続化，免震化などの検討を行うとともに，新材料や新工法についても適否を精査のうえ積極的に採用していくことが望ましい．また，維持管理上，重要な事柄の一つとなる排水対策や点検施設の設置等にも配慮が必要である．

長寿命化工事においては，そのほとんどが，現道を供用しながらの工事となる．桁架け替えや床版取り替え等，長期間にわたる場合，近隣住民及び道路利用者との信頼関係を築き継続していくことが事業成功の鍵となる．土木工事の持つマイナスイメージを払拭して工事の必要性を理解してもら

うために，工事の目的，方法，工期を丁寧に説明するとともに，工事騒音や工事渋滞に対するきめ細かい配慮が必要となる．そのためには，発注者と受注者が共通の認識を持つことや交通管理者等の関係機関との連携を深める事が重要である．

3.5.8 鉄道における鋼構造物の予防保全事例[1]
(1) 概要

予防保全型の事例として，まず開業50周年を迎えた東海道新幹線でこれまで行われてきた取り組みを紹介する．

東海道新幹線には約9.5万トンの鋼橋があり，これを短期間に多量に設計・施工（従来は年間約1.5万トン）する必要があったため，リベット構造に替わり溶接構造を全面的に採用するとともに，標準設計を多用した．

このため東海道新幹線の設計にあたっては，様々な形で応力集中に対する配慮が行われ，構造各部に対し，図3.51に示すように，できるだけ応力集中を小さくするディテールを標準化し，より有効なものを選べるようにした．

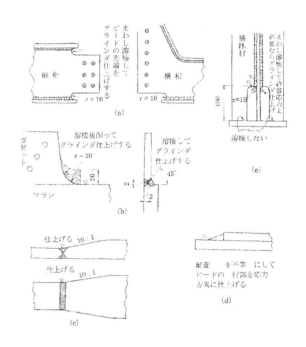

図3.51 疲労を考慮した細部設計

写真3.74 S跨線橋疲労損傷状況

ところが，設計段階でいろいろ配慮したものの，供用を開始してみると一部で10年もたたないうちに疲労き裂が発生するものも現れた．写真3.74に1974年に発見されたS跨線橋の損傷状況を示す．このき裂は，中間横桁の端部でウェブが斜めに破断したもので，発見後，直ちにベントによる下支えと，当て板による仮補修の処置がとられた．図3.52に当該部の設計図を示す．図からわかるように，横桁の下フランジはウェブの切り欠き部までで止めていたこと，さらに，横桁の端部でウェブと下フランジが連結されていないことがウェブの切り欠き部に起こる応力集中の原因であった．このディテールは，現在では使っていけないことになっているものの，当時の標準的なディテールで，広く用いられており，いわゆる「基準不適合」ともいえる．

しかし，これらの疲労損傷はこれまでの在来線に比べ発生率が高いものの，当時の設計示方書

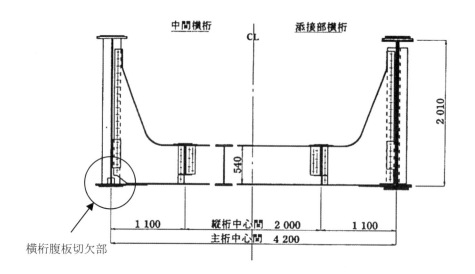

図 3.52 S 跨線橋横桁端部設計図

に従ってチェックされた主要な部材・箇所から生じたものではなく局部的なもので，検査の充実や局部の予防保全的な補強・改良により対処できると判断された．このことが，東海道新幹線では事前に状況を把握する検査を充実させ，予防保全的に手を打っていく体制を整える必要があるとした根拠になっている．

(2) 寿命を左右する要素と原因

本事例における，当該鋼橋の寿命を左右する要素は，物理的要素である．すなわち，疲労き裂による断面欠損により，耐荷力性能が低下している．

この大きな原因として，本橋では，リベット構造に比べ疲労に敏感な溶接構造を採用したことがあげられる．また前述したように，疲労の起因となる応力集中に対しては様々なディテールの配慮をしていたが，今から見ると不適切といえるものがあったといえる．これについてはその後時間と労力をかけ，実橋測定から始まり，FEM 解析，疲労試験など多方面からの検討・開発が実施された．その結果，原因は主にディテール上の問題で生じた損傷であることが明らかになった．さらにこの損傷発生には切り欠き部の加工面の良否や，沓座の損傷，レールジョイントの存在なども影響を与えることがわかった．

(3) 疲労損傷に対する予防保全型対策

当該事例の場合，同時期に供用を開始した鋼橋が多量（約 9.3 万トン）にあり，損傷箇所と同様なディテールが広く採用されていることから，「予防保全型」の対策が実施された．

まず実橋測定により，疲労によるダメージの実態を定量的に把握することから始めた．同時にFEM 解析を実施して実橋測定の検証を行うとともに，疲労試験を実施して対策として提案された技術の検証も行った．ここで用いられた測定や診断方法は，その後の維持管理における疲労の診断手法として標準化されるとともに，新しい設計に用いるディテールとしても標準化された．

改良したディテールは，図 3.53 に示すように下フランジを連結部までウェブに沿って延長させるもので，「鋼橋のディテール集」に加えられることで標準化も図られた．また補修補強工法につ

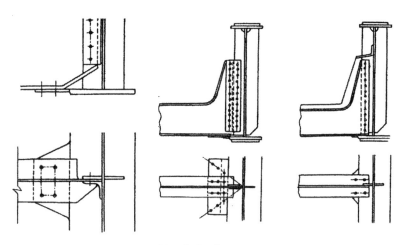

図 3.53 改良ディテール

いても，「鋼構造物の補修・補強・改造の手引き」などに順次反映されていった．

また，疲労試験などの結果により「当て板」を高力ボルトで取り付けた補修は，き裂を残したままでもその後のき裂進展は見られないことが確認され，「当て板工法」として標準化されるとともに，東海道新幹線についてはき裂が発見されていない部位についても予防保全策として採用され，1977 年までに心配となる当該箇所すべてに施工された．

当該事例に挙げた東海道新幹線は，短期間に多量に設計・施工されたため，従来のリベット構造から疲労に敏感な溶接構造への技術的変革をもたらすと共に，標準設計を多用することで，同じような疲労損傷が内在する結果となった．

この結果から，必然的に「予防保全型」の対策技術が進歩し，今日の鋼鉄道橋の技術を支えているものといえるだろう．なお，同様の予防保全策は，東海道新幹線の運営主体が国鉄から JR 東海に変わった後も引き続き行われている．最近では 2013 年から東海道新幹線土木構造物大規模改修工事と称して，全線の下路トラス桁や下路プレートガーダーを対象とした床組接合部補強等が行われている[1]．

【参考文献】
1) 鍛治秀樹・高橋和也・伊藤裕一：東海道新幹線土木構造物維持・強化-鋼橋の維持・強化，橋梁と基礎，11 月号，2012

3.6 新たな技術シーズの適用

3.6.1 基本的考え方

これまでに整理してきたように，長寿命化対策の選定は，その寿命を左右する要素の把握，その原因の特定，鋼構造物の置かれた環境や重要度などを考慮した対策技術の選定という流れが基本となる．この選定の過程で比較検討される対策技術は，ある程度の効果が確認されているという理由から，既往の実績を有する技術であることが多い．

しかし，既設構造物は長期間の供用を経る中で様々な原因を受けて変状が生じており，既往の対策技術では必ずしも効果的な解決を期待できない場合がある．

このような場合には，他の分野で用いられている技術や，例えば企業が有する技術，ノウハウ，設備，知見など，全く異なるところに目を向けることで，技術シーズがみつかるかも知れない．長寿命化のニーズは複雑化，高度化する一方で「待ったなし」の状況にあり，そういった技術シーズの活用も含めて，長寿命化を実現することが求められる．

以降には，新たな技術シーズを適用した事例として，鋼床版の疲労き裂対策として導入したＳＦＲＣ舗装の事例，当て板補修の際に腐食減肉部にエポキシ樹脂系接着剤を塗布した事例について紹介する．

3.6.2 鋼床版の疲労き裂対策として導入したＳＦＲＣ舗装の事例 [1]

近年，特に大型車の交通量の多い主要幹線道路に位置する鋼床版において，横リブと縦リブの溶接部，縦リブとデッキプレートとの溶接部，縦リブ相互の溶接部などに疲労き裂が発生した事例が確認されている．中でも，閉断面リブとデッキプレートの溶接線に沿ったき裂は，デッキプレートに貫通した場合に外側からの発見が難しく，車両走行の安全性に大きな影響を及ぼす．

この主な原因は，デッキプレートの剛性が小さく，輪荷重の載荷により板曲げが生じることと考えられ，デッキプレートの剛性確保が課題となっていた．

本項で紹介するのは，1970年頃からコンクリートの引張特性を改善するために繊維補強コンクリートの開発・実用化された技術シーズである SFRC を，鋼床版上の舗装に活用してデッキプレートの剛性を確保した事例である．

当該橋梁は，**図3.54**に示しように31径間，全長987mの道路橋のうちの，3径間連続鋼床版2箱桁橋で，デッキプレート厚は12mm，Ｕリブは幅320mm，高さ200mm，厚さ6mm，支間長は40m+56m+50mである．1983年に上り線2車線が完成し，2005年に上り線に並行して下り線2車線が開通した橋梁で．上下線で分離した上部工が共通の橋脚によって支持されている．

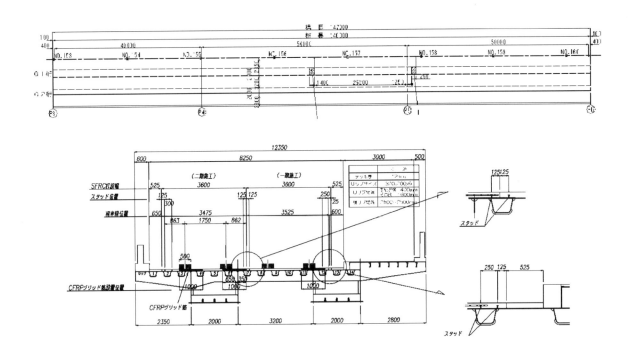

図 3.54 平面図および断面図[1]

　本橋はすでに20 年以上供用しており，車輪通過直下の鋼床版溶接部には，デッキプレートと閉断面リブとの溶接部等に疲労損傷が見られた．

　デッキプレートの剛性を向上させて局部変形を低減する必要があったことから，対策工法の比較検討において，当て板補強やストップホール，新規部材への交換などの従来から用いられてきた対策技術にとどまらず，SFRCの活用が検討された．SFRCを用いることで，鋼床版の局部変形を抑えて局部応力を低減させ，疲労耐久性を向上させることが期待された．

　SFRC舗装は，名古屋高速道路公社で使用実績のある技術であったが，当時は縦断勾配の大きいランプ部や料金所等における舗装の損傷対策として用いられていた技術である．鋼床版の疲労対策としては，横浜ベイブリッジ下層の一般国道357 号，湘南大橋，首都高速道路(株)で採用された実績がある．

　本橋では，SFRC舗装を幅員方向に二分割して施工した．径φ9mm，高さ30mm スタッドジベルを施工幅の両端部および施工目地部に橋軸直角方向2列，300mm間隔に設置している．

　接着剤は水浸輪荷重疲労試験にて付着強度の低下がなかった高耐久型のエポキシ系接着剤を塗布量1.4kg/m^{2}で使用している．接着剤とスタッドジベルの状況を**写真3.55**に示す．また，接着剤はデッキプレートとSFRCとの接合だけでなく，SFRC同士の施工目地部やSFRCと伸縮装置との接合などの，立ち上がり面にも使用された．

　コンクリートは，早強コンクリートを用い，コンクリートの設計基準圧縮強度29.4N/mm^2，膨張剤20kg/m^3，スチールファイバーは長さ30mm を120kg/m^{3}としている．また，箱桁主桁ウェブ直上のSFRC舗装内には負曲げによるひび割れ後の剛性確保のため，100mm メッシュのCFRP（炭素繊維）グリッド筋を主桁ウェブ中心に幅方向1.0m，下かぶり30mmで用いている．CFRPグリッド筋の設置状況を**写真3.56**に示す．なお，CFRPグリッド筋の断面積は39.2mm^2，引張強度は1400N/mm^2 と

している.

写真 3.55 接着剤とスタッドジベル[1)]

写真 3.56 CFRP グリッド筋の設置[1)]

3.6.3 当て板補修の際に腐食減肉部にエポキシ樹脂系接着剤を塗布した事例

定期点検において写真3.57に示すような箱桁外面の桁端ウェブのき裂について,箱桁内から詳細調査を実施したところ,写真3.58に示すような大規模な層状剥離した錆が確認された道路橋の事例である.錆を除去し,減肉厚を調査したところ,最大5mm程度の減肉が確認され,一部は疲労き裂と重なり,貫通している部分もあった.この原因は,桁端部で急激に断面変化する支承ソールプレート近傍で応力集中が生じたこと(き裂),箱桁内側の水抜き用スカーラップが塵埃で詰まるなどして滞水したこと(減肉),腐食減肉による応力集中でき裂が助長されたことと考えられた.

写真 3.57 外面からのき裂状況

写真 3.58 内面における錆の層状剥離

本項では,当該損傷に対し,疲労き裂と腐食減肉が生じた部位への当て板補強について,エポキシ樹脂系接着剤を塗布した事例を紹介する.

支承ソールプレート近傍の主桁ウェブに発生した疲労き裂の対処には,一般的に当て板補強が適用され,施工実績も多い.

一般的な当て板補強の設計思想は,当て板を高力ボルト(支圧接合もしくは摩擦接合)にて連結し,き裂発生部位における作用応力度を低減させることを目的としている.

一方,当該当て板補強の前提は,母材(ここでは主桁ウェブ)がき裂部以外健全であることである.これは当て板補強を高力ボルトで連結する際,ボルトの支圧に抵抗できるか,もしくは摩

擦接合面を確保できるかが，設計上必要となるためである．

　本橋では，主桁ウェブ（t=9mm）に5mm程度の腐食減肉が確認されているため，母材に支圧耐力が期待できず，摩擦接合面も確保できないことから，き裂補強として，高力ボルトによる当て板補強の採用が困難と考えられた．当て板補強が困難となる場合，当該き裂損傷部の一部撤去・復旧という「部分取替え」工法の採用が検討されたが，本橋は主要幹線道路上に位置し，非常に重要度が高いため，施工期間中の安全確保，社会的影響に配慮し，仮受け期間が短く，既設構造物への影響を最小にできる「当て板補強」の採用を再度検討することとなった．

　腐食減肉部への当て板補強に関しては，腐食部材への当て板補強を目的とした研究が実施されており，村越らの研究[2),3)]によれば，腐食減肉が生じた部位にエポキシ樹脂系接着剤を塗布し，通常の高力ボルト接合（摩擦接合）を行うことで，母材が健全な場合の当て板補強と同等の性能が得られることが報告されている．この研究によれば，5mm程度までは摩擦接合継手と同等のすべり耐力が得られるとされていたため，本橋においても，「エポキシ樹脂系接着剤と高力ボルト（摩擦接合）による併用継手」を採用する方針で検討が進められた．

　橋梁補修に対するエポキシ樹脂系接着剤の適用は，以前より使用事例があり，特にコンクリートの補修で実績が多くみられる．鋼構造の事例は少ないが，接着剤のみや，高力ボルトと併用した継手の事例がある．しかしながらこれらは薄層の接着剤塗布の実績であり，接着剤自体の層間剥離や，接着剤のクリープによる高力ボルト軸力の低減が懸念される腐食面への接着剤塗布の適用については，別途に検討する必要があった．

　そこで，本工法を採用するにあたり，次の点に留意し，**図 3.59** のようなすべり試験を実施し，当該継手の保有性能を確認したうえで，設計上の許容値が設定された．

　　① 使用する接着剤の種類
　　② 接着剤の塗布時期（夏季か冬季か）
　　③ 塗布から当て板設置までのインターバル
　　④ ボルト締め付けタイミング
　　⑤ 許容値の設定方法（実験結果のばらつき，安全率等）
　　⑥ 補強効果の検証（補強前：FEM）（図 **3.60** 参照）
　　⑦ 補強効果の検証（補強後：応力頻度計測）（図 **3.61** 参照）

　また，実施工に先立ち，施工時期に配慮した施工手順を実験・設計段階で決定し，施工計画書を立案して，実施工している．さらに，施工後にも，技術シーズによる補強効果を確認するための試験を行うなどして，技術シーズに期待した性能が発現されているかを確認している．

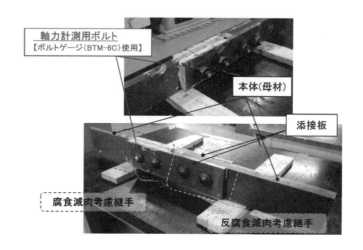

図 3.59 すべり試験体

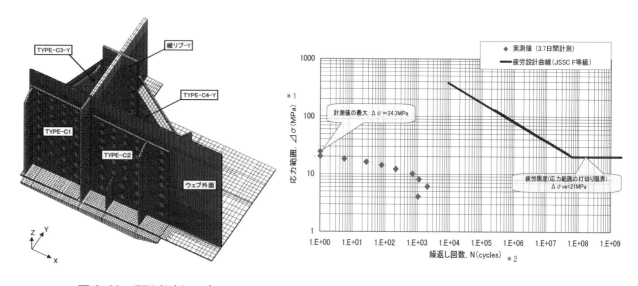

図 3.60 FEM 解析モデル　　　　図 3.61 応力頻度計測結果

【参考文献】

1) 児玉孝喜, 緑川和由, 玉越隆史, 村越潤, 山本洋司, 一瀬八洋, 大田孝二：大平高架橋の鋼床版における SFRC 舗装によるひずみ低減効果, 土木学会, 第六回道路橋床版シンポジウム論文報告集, 2008

2) 独立行政法人土木研究所構造物研究グループ橋梁チーム：接合面にエポキシ樹脂を塗布したボルト継手に関する検討（土木研究所資料第 4091 号）, 2008

3) 村越 潤, 田中良樹, 船木孝仁：接合面にエポキシ樹脂を塗布したボルト継手の力学的挙動に関する実験的研究, 土木学会, 構造工学論文集 Vol.54A, 2008

鋼・合成構造標準示方書一覧

書名	発行年月	版型：頁数	本体価格
※2008年制定 鋼・合成構造標準示方書 耐震設計編	平成20年1月	A4：224	3,000
※2009年制定 鋼・合成構造標準示方書 施工編	平成21年7月	A4：180	2,700
※2013年制定 鋼・合成構造標準示方書 維持管理編	平成26年1月	A4：344	4,800
※2016年制定 鋼・合成構造標準示方書 総則編・構造計画編・設計編	平成28年7月	A4：414	4,700

鋼構造架設設計施工指針

書名	発行年月	版型：頁数	本体価格
※鋼構造架設設計施工指針［2012年版］	平成24年5月	A4：280	4,400

鋼構造シリーズ一覧

	号数	書名	発行年月	版型：頁数	本体価格
	1	鋼橋の維持管理のための設備	昭和62年4月	B5：80	
	2	座屈設計ガイドライン	昭和62年11月	B5：309	
	3-A	鋼構造物設計指針 PART A 一般構造物	昭和62年12月	B5：157	
	3-B	鋼構造物設計指針 PART B 特定構造物	昭和62年12月	B5：225	
	4	鋼床版の疲労	平成2年9月	B5：136	
	5	鋼斜張橋－技術とその変遷－	平成2年9月	B5：352	
	6	鋼構造物の終局強度と設計	平成6年7月	B5：146	
	7	鋼橋における劣化現象と損傷の評価	平成8年10月	A4：145	
	8	吊橋－技術とその変遷－	平成8年12月	A4：268	
	9-A	鋼構造物設計指針 PART A 一般構造物	平成9年5月	B5：195	
	9-B	鋼構造物設計指針 PART B 合成構造物	平成9年9月	B5：199	
	10	阪神・淡路大震災における鋼構造物の震災の実態と分析	平成11年5月	A4：271	
	11	ケーブル・スペース構造の基礎と応用	平成11年10月	A4：349	
	12	座屈設計ガイドライン 改訂第2版［2005年版］	平成17年10月	A4：445	
	13	浮体橋の設計指針	平成18年3月	A4：235	
	14	歴史的鋼橋の補修・補強マニュアル	平成18年11月	A4：192	
※	15	高力ボルト摩擦接合継手の設計・施工・維持管理指針（案）	平成18年12月	A4：140	3,200
	16	ケーブルを使った合理化橋梁技術のノウハウ	平成19年3月	A4：332	
	17	道路橋支承部の改善と維持管理技術	平成20年5月	A4：307	
※	18	腐食した鋼構造物の耐久性照査マニュアル	平成21年3月	A4：546	8,000
※	19	鋼床版の疲労［2010年改訂版］	平成22年12月	A4：183	3,000
	20	鋼斜張橋－技術とその変遷－［2010年版］	平成23年2月	A4：273＋CD-ROM	
※	21	鋼橋の品質確保の手引き［2011年版］	平成23年3月	A5：220	1,800
※	22	鋼橋の疲労対策技術	平成25年12月	A4：257	2,600
※	23	腐食した鋼構造物の性能回復事例と性能回復設計法	平成26年8月	A4：373	3,800
	24	火災を受けた鋼橋の診断補修ガイドライン	平成27年7月	A4：143	
※	25	道路橋支承部の点検・診断・維持管理技術	平成28年5月	A4：243＋CD-ROM	4,000
※	26	鋼橋の大規模修繕・大規模更新－解説と事例－	平成28年7月	A4：302	3,500
※	27	道路橋床版の維持管理マニュアル2016	平成28年10月	A4：186＋CD-ROM	3,300
※	28	道路橋床版防水システムガイドライン2016	平成28年10月	A4：182	2,600
※	29	鋼構造物の長寿命化技術	平成30年3月	A4：262	2,600

※は、土木学会および丸善出版にて販売中です。価格には別途消費税が加算されます。

定価（本体 2,600 円＋税）

鋼構造シリーズ 29
鋼構造物の長寿命化技術

平成 30 年 3 月 30 日　第 1 版・第 1 刷発行

編集者……公益社団法人　土木学会　鋼構造委員会
　　　　　構造物の長寿命化技術に関する検討小委員会
　　　　　委員長　髙木　千太郎
発行者……公益社団法人　土木学会　専務理事　塚田　幸広

発行所……公益社団法人　土木学会
　　　　　〒160-0004　東京都新宿区四谷 1 丁目（外濠公園内）
　　　　　TEL　03-3355-3444　FAX　03-5379-2769
　　　　　http://www.jsce.or.jp/
発売所……丸善出版株式会社
　　　　　〒101-0051　東京都千代田区神田神保町 2-17　神田神保町ビル
　　　　　TEL　03-3512-3256　FAX　03-3512-3270

©JSCE2018／Committee on Steel Structures
ISBN978-4-8106-0941-7
印刷・製本・用紙：勝美印刷（株）

・本書の内容を複写または転載する場合には、必ず土木学会の許可を得てください。
・本書の内容に関するご質問は、E-mail（pub@jsce.or.jp）にてご連絡ください。